泰山松

韦中朴　主编

中国林业出版社
China Forestry Publishing House

图书在版编目（CIP）数据

泰山松 / 韦中朴主编. -- 北京：中国林业出版社，

2025. 8. -- ISBN 978-7-5219-3252-2

Ⅰ. Q949.66

中国国家版本馆CIP数据核字第2025SM9350号

策划编辑：康红梅
责任编辑：李春艳
装帧设计：刘临川

出版发行：中国林业出版社
　　　　　（100009，北京市西城区刘海胡同7号，电话010-83143579）
电子邮箱：30348863@qq.com
网址：https://www.cfph.net
印刷：北京博海升彩色印刷有限公司
版次：2025年8月第1版
印次：2025年8月第1次
开本：889mm×1194mm　1/16
印张：23.5
字数：500千字
定价：298.00元

《泰山松》编委会

序 言

泰山松是泰山文化的代表符号之一。早在上古时期，其便与泰山萦绕在一起。《尚书·禹贡》中言"岱畎（泰山之谷）丝、枲、铅、松、怪石"，《诗经·鲁颂》中咏"徂徕之松，新甫之柏"。一代高士鬼谷子也有赞誉岱松的名句："子不见嵩、岱之松柏，华、霍之檀桐乎？上枝干于青云，下根通于三泉，千秋万岁，不受斧斤之患。"至秦始皇敕封"五大夫"，更使泰山松载誉史册。此后凡记泰山，几乎没有不写及苍松雄姿者。如东汉·马第伯《封禅仪记》中"仰视岩石松树，郁郁苍苍，若在云中"；前秦·苻朗《苻子》"太山下临千仞之渊，上荫百尺之松，萧萧然神王乎一丘矣。"后世相继出现摩顶松、处士松、望人松、六朝松、姊妹松等众多名松，"泰山八景"其一便列"秦松挺秀"。致力于泰山松种植者代不乏人，如清人宋思仁补种天门上下长松，章丘信士王宇伦等植松千株于东山之坡，留下绿化名岳的佳话。

职是之故，围绕泰山松，形成一泰山松文化——诗文家咏松赞松，传唱千古名句，如唐·李白"长松入云汉，远望不盈尺"；金·元好问"涧壑风来号万窍，尽入长松悲啸"；元·王旭"天门回首一长啸，落日万壑松风鸣"；明·朱元璋"岱山高兮，……其苍松也，始天地而生，倚丹崖而长；松之所以长，千寻不比；丹崖所以高，万仞何量。盖由太古之岁月，以至于今。苍松扫丹崖而莓苔不秀，丹崖映苍松而五色交辉"；清·乾隆帝"岱岳最佳处，对松真绝奇"。画家摹松绘松，传留丹青百轴，如唐·王维有《泰岱秦松》；元·柯九思有《寿高秦松》；明·沈周有《乾坤四大景图》（其一为泰山松）、《大夫松图卷》《泰山乔松》，王宠有《泰山图》，谢时臣有《泰山松嶂图》，盛茂烨有《泰山松图》，宋旭有《岱麓秦封》，陈焕有《泰岱乔松图轴》；清·王翚有《泰岳松风图轴》，王槩有《泰岱乔松图》，李鱓有《五松图》十二幅，唐岱有《泰岳苍松图》等。皆珠玑满目，多不胜收。

世人更将泰山松与精神层面相联系，视之为力量、高洁的象征，成为"泰山精神"的体现之一。如梁启超以泰山松为喻："泰岳岩岩雄奇峭拔者，军人之思想也；孤松寒月清傲皎洁者，军人之节操也。"现代京剧《沙家浜》中新四军官兵那段气壮山河的合唱更为人所熟知："要学那泰山顶上一青松，挺然屹立傲苍穹，八千里风暴吹不倒，九千个雷霆也难轰！"泰山松被赋予了无穷的精神力量。

泰山松的培育很早便引起世人关注，明代池显方《泰山记》便云："松古茂可置盆中。"现分布于泰山的松树种类主要有油松、赤松及黑松等，它们是松石景观造景应用的重要树种。本书作者韦中朴先生长期致力于泰山松栽培工作，在实践中积累了丰富经验，在此基础上，从微观到宏观，对泰山松做潜心研究，深入挖掘大自然这一生物杰作的内涵与价值，完成了这部《泰山松》。该书从"松"到"泰山松"再到"泰山松石景观"，层层深入，主要内容包括松树的生物学属性、松树的人文属性、泰山松概述、泰山松造型理论、泰山松造型形式、泰山松造型技术和泰山松石景观；既有现状调研，又有历史、人文考索，同时兼有技术操作指导，集理论和生产实践于一体，图文并茂，读之使人耳目一新，且深受教益。

　　"松古传秦代，根灵直到今"（明·郑芸《题大夫松》）。期盼在韦中朴先生等林业工作者的精心栽培下，泰山松子孙延绵，与岳同辉。

周郢

2024年10月22日　于泰山

前　言

　　泰安，北依泰山，南有汶河，素有"国泰民安"之誉，堪称人杰地灵之福地。

　　泰安在地理位置上距北京600千米，距离南京恰好也是600千米，属于温带大陆性半湿润季风性气候区，四季分明，寒暑适宜，光温同步，雨热同季。年平均气温13℃，平均降水量697毫米，境内的泰山海拔1532.7米，具有明显的高山气候特征。优越的地理位置和丰富的气候条件，使泰安地区植物资源丰富，在《诗经》中就有"徂徕之松，新甫之柏"的记载。二十世纪七八十年代，泰安地区培育的果树和绿化苗木就已经畅销大江南北，被誉为南北苗木的驯化基地。

　　泰安历史文化底蕴深厚，早在远古时代就诞生了"大汶口文化"。孔子"登泰山而小天下"，李白曾隐居于徂徕山，杜甫"会当凌绝顶，一览众山小"……历代文人墨客的足迹遍布泰安的角角落落。自秦至清，历代帝王对泰山"封禅"活动从未间断。自秦始皇御封"泰山五大夫松"始，泰山上的古松见证了泰山的历史变迁和文化积淀。

　　优越的地理环境和深厚的文化底蕴，孕育了"泰山松"这一品牌。现在全国各地的城市绿化中几乎都有泰山松的身影，泰山松已经成为现代园林中必不可少的景观元素。随着泰山松的不断推广应用，许多苗木经营者和园林工作者对"松""泰山松"和"泰山松石景观"的概念存在不同的理解，因此，本书对三个概念做如下阐明，请读者斟酌参考。

　　（1）关于"松"的概念。本书中所指"松"，是一个传统的概念，不具有植物分类学上的意义。通俗地讲，松树是指我们常见的油松、赤松、黑松、黄山松、马尾松、樟子松、白皮松、华山松等树种，是指松科松属中的部分树种，没有一个严格的界限。在中国古代一般是松柏不分家，松树的概念更是笼统，而现代随着植物引种的发展，松树的概念也在不断扩展。

　　（2）关于"泰山松"的概念。泰山松不是一个树种，也不是一个品种，是一个应用上的概念。本书所讲"泰山松"就是指以油松、黑松、赤松、黄山松和马尾松等为主的造型松树，是经过人为加工造型的松树的通称，也被称为"泰山景松""泰山造型松"。但泰山松不可称之为"泰山油松"，因为未经造型的行道树油松不在"泰山松"之列。泰山松也不只是油松一种，经过造型的黄山松也被称为"泰山松"。"泰山松"更不可被统称为"泰山黑松"，因为用于泰山松造型的树种南北方是有差异的，在南方地区以耐盐碱、耐湿热的黑松、黄山松、马尾松为主，而在北方地区则以耐干旱、耐寒冷的油松和赤松为主，油松在南方地区生长不良且难以成活，而黑松在北方地区易受冻害，不抗严寒。

（3）关于"泰山松石景观"的概念。"泰山松石景观"是泰山松和景石相搭配而组合的一种景观形式，并不仅仅局限于泰山松与泰山石的搭配组合，泰山松也可以与湖石、黄蜡石、黑山石等相搭配组合。"泰山松石景观"一般是以泰山松为主的景观，景石大多时候起到点缀、烘托、配合的作用。

总结泰山松的栽植造型经验，推广泰山松石景观的营建方法，弘扬泰山松文化，是作为泰安园林人应当承担起的责任和义务。我们历经两年的资料整理和近一年的总结撰写，在大家共同努力下，终于结稿完成。

在资料整理和总结中，由于笔者水平有限，必有疏漏和不足之处，敬请谅解。

编者

2024年11月

目 录

五大夫松

第一篇

松

松树，是一个古老的树种。

从古生物学上看，松树已在地球上生活了1.9亿年以上。

从寿命上来讲，松树的寿命可达五千年。据资料显示我国现存寿命最长的松树是安徽九华山的凤凰松，寿命1400年以上。而大家所熟知的黄山迎客松寿命也超过了1000年。

从人工栽培历史上看，中国古代在2200年以前已有人工种植的记载。在秦代驰道的两边"树以青松"，自此松树被人们所广泛种植。

从文化层面上看，松树是文化底蕴深厚的树种，松树曾多次出现在2500年以前的《诗经》中。而中国历代写松的诗，绘松的画，可谓繁若星辰。

松树，又是一个崭新的树种。

21世纪以来，二针的造型松（油松、赤松、黑松和黄山松等）被广泛应用于公园绿地、道路和广场等，逐步取代了传统的五针松和罗汉松，应用范围和地域越来越广泛，在全国各地的城市绿地中都能见到其身影。造型松作为城市绿化中的新秀，在新时代的园林绿化中越来越为人们所喜爱。

近年来，通过对古松景点的开发，以及松石景观的营建和松树盆景的培育等，使松树更加密切地融入和影响着人们的生活。

现代松树既有生物学属性，又有人文属性，是一个具有双重属性的树种。

作为植物，松树具有其生物学属性，具有自身的生物特性、形态特征、生态习性和生长繁育等自身的生物学规律。从形态特征上看，松树本身就是刚柔相济的融合体。松树铜枝铁干，钢筋铁骨，或高大挺拔，或屈曲遒劲，具阳刚之气；而其树冠蓬松，针簇松散，又具绵柔之美，松树本身就刚中有柔，柔中带刚。从生长习性上讲，松树是具有顽强生命力的树种。无论风吹雨打，霜欺雪压，还是立高崖，挂绝壁，干旱瘠薄，再艰苦的环境中都能生存并茁壮生长。

松树又不仅仅是一种树，它还具有人文属性。作为历代文人墨客的吟咏摩画对象，松树是具有"诗情"和"画意"的树种。松树因其常绿、高大、迎风冒雪、身处逆境等形象而衍生出其高洁、孤直、刚正等的风骨和坚贞不屈、坚韧不拔等的品格属性，从而展现了其具有真君子的品质和大丈夫的气概，代表着人们对世界、对人生的价值取向和精神追求。

现代松树的培育和应用既有技术要求，又有艺术要求。松树作为一个具有双重属性的树种，其既要遵循植物生长规律的栽植和造型技术要求，又要遵循美学标准和原则的艺术要求；既要满足植物生长所需要的土壤、光照、空气、水肥等的生长条件，又要满足人们对其精神象征意义的风花雪月、气韵情怀等艺术需求。

第一章 松树的生物学属性

松树，是对松科植物的传统称谓，是松科松属植物的通称。

松科是裸子植物门中最大的科，有10个属约235种，其中松属就有90多种，是松科也是整个裸子植物门中最大的属。我国有10个属108种，其中引种24种，绝大多数是森林树种和用材树种。山东有1属2种，引种7属36种5变种。泰山有6属23种1个变种。

松树是常绿乔木，叶呈针状，常二针、三针或五针一束。树皮多为鳞片状，果球形，雌雄同株，寿命长，可达千年。绝大多数是高大乔木，高20～50米，最高可达75米，极少数为灌木状。松树耐旱、耐寒、耐瘠薄，是强光照植物，喜光但也具有一定的耐阴性。能在平原水边自然环境下生长，也能在悬崖峭壁等恶劣环境中生存，适应能力极强（图1-1）。

本书所称的松树，专指适合于泰山松造型的二针松，主要是油松、黑松、赤松、黄山松和马尾松等。

松树作为一种常绿针叶裸子植物，其所具备的形态特征和生长习性，以及生长所要求的生理条件和生态环境等，统称为松树的生物学属性。也就是说，松树作为一种植物，其根、叶、茎、花、果实、种子的形态特征以及生长所必需的光、水、土、气、肥等生理条件和生态环境等构成其生物学特征。

松树是地球上最古老的树种之一，也是自然状态下分布最广泛的树种之一，具有强大的生命力和适应能力，是一种用途广泛且环境效应显著的植物。自古以来，松树就广泛用于人类的生产和生活中，在现代园林和荒山绿化等方面更具有不可替代的地位和作用。

图1-1　山奇松翠

第一节　松之概述

松树属于裸子植物门松纲松目松科松属。种类较多，在我国境内广泛分布。

松树因树冠蓬松，针簇松散而被称为"松"，又称"十八公"；因树冠浓密如盖而称"偃盖山"；因树干粗壮挺拔而称"栋梁材"；因铜枝铁干而称"劲节公"；因寿命长久而称"千岁木"；因岁寒不凋而称"常青树"；因屈生于涧底而称"涧底客"；因亭亭于山巅而称"凌云木"；因不惧风霜雪雨而称"霜下杰""雪中见""风里闻"；因具有坚贞不屈的风骨而称"君子树"；因具有坚韧不拔的品格而称"大丈夫"；因其高大的形象和高贵的气质而称"百木长"；因受封于秦始皇而称"五大夫"。

依据松树每束针叶的针数来分，常见的松树有两针一束的二针松，如油松、赤松、黑松、黄山松、马尾松和樟子松等；三针一束的三针松，如白皮松、云南松、思茅松和湿地松等；五针一束的五针松，如华山松、红松、偃松和日本五针松等，而最为常见且数量最多的是二针松。

在我国一般将松科松属分为4个组：即五针松组，包括红松、偃松、华山松、大别山五针松、海南五针松、乔松等；白皮松组，包括白皮松和西藏白皮松等；长叶松组，包括西藏长叶松等；油松组，包括赤松、巴山松、樟子松、高山松、长白松、油松、马尾松、黄山松、云南松和思茅松等。

本书主要介绍的松树树种：油松、黑松、赤松、黄山松和马尾松。

松树检索表

1. 冬芽褐色、红褐色或淡褐黄色，针叶长通常达8厘米以上。
　2. 针叶细柔或稍粗硬，直径约1毫米。
　　3. 针叶长12厘米以上；树脂道4~8个，边生。盾平或微肥厚，微具横脊，鳞脐微凹，无刺尖 ··· 1.马尾松 *Pinus massoniana*
　　3. 针叶较短，长不足12厘米。鳞脐具刺。
　　　4. 一年生枝淡橘黄色或红黄色，微被白粉。叶内树脂道4~6个，边生。种鳞较薄，鳞盾平或微厚。树皮橘红色 ································· 2.赤松 *P. densiflora*
　　　4. 一年生枝淡黄褐色或暗红褐色，无白粉。叶内树脂道3~9个，中生。种鳞较厚，鳞盾稍肥厚隆起。树皮灰褐色 ························· 3.黄山松 *P. taiwanensis*
　2. 针叶粗硬，长10~15厘米，径约1.5毫米。树脂道5~10个，边生，或角部有1~2个中生。鳞盾肥厚隆起，或微隆起；鳞脐凸起，有尖刺 ····················· 4.油松 *P. tabuliformis*
1. 冬芽银白色。针叶粗硬，长6~12厘米，径1.5~2毫米。树脂道6~11个，中生。鳞盾隆起，鳞脐具短刺 ··· 5.黑松 *P. thunbergii*

一、马尾松（青松、山松、枞松、枞柏） *Pinus massoniana* Lamb.

1. 形态特征

马尾松（图1-2）为常绿乔木，高可达45米，胸径1.5米。树皮红褐色，下部灰褐色，深裂成不规则的鳞状块片，枝平展或斜展，树冠宽塔形或伞形，枝条每年生长一轮，一年生枝淡黄褐色，无白粉，无毛。但在广东南部则通常生长两轮，淡黄褐色，无白粉或稀有白粉，无毛。

冬芽褐色，卵状圆柱形或圆柱形，顶端尖，芽鳞边缘丝状，先端尖或成渐尖的长尖头，微反曲。

针叶二针一束，稀三针一束，长12~20厘米，径约1毫米，细柔淡翠，微扭曲，两面有气孔线，边缘有细锯齿，横切面半圆形，皮下层细胞单型，第一层连续排列，第二层由个别细胞断续排列而成，树脂道4~8个，在背面边生，或腹面也有2个边生。叶鞘初呈褐色，后渐变成灰黑色，宿存。

雄球花淡红褐色，圆柱形，弯垂，长1~1.5厘米，聚生于新枝下部苞腋，穗状，长6~15厘米。雌球花单生或2~4个聚生于新枝近顶端，淡紫红色，一年生小球果圆球形或卵圆形，径约2厘米，褐色或紫褐色，上部珠鳞的鳞脐具向上直立的短刺，下部珠鳞的鳞脐平钝无刺。

球果卵圆形或圆锥状卵圆形，长4~7厘米，径2.5~4厘米，有短梗，下垂，成熟前绿色，熟时栗褐色，陆续脱落。中部种鳞近矩圆状倒卵形或近长方形，长约3厘米；鳞盾菱形，平或微隆起，微有横脊，鳞脐微凹，无刺尖。种子长卵圆形，长4~6毫米，连种翅长1.6~2厘米。子叶5~8枚，长1.2~2.4厘米；初生叶条形，长2.5~3.6厘米，叶缘具疏生刺毛状锯齿。花期4~5月；球果第二年10~12月成熟。

2. 分布范围

马尾松原产于广东和广西地带，现主要分布于江苏（六合、仪征）、安徽（淮河流域、大别山以南）、河南（峡口）、陕西（汉水流域以南）及长江中下游各地区，南达福建、广东、台湾北部低山及西海岸，西至四川中部大相岭东坡，西南至贵州贵阳、毕节及云南富宁，但主产于江苏、安徽、河南西部峡口等地。山东泰山药乡、蒙山海螺寺、塔山有引种。

3. 生长习性

马尾松是喜光树种，在年平均温度13~22℃，年降水量800毫米以上的地区才能生长良好，不耐过低温度，在冬季温度-13~-15℃时，幼林的针叶梢端便会枯萎。在石砾土、砂质土、黏土、山脊和阳坡的冲刷薄地上，以及石山岩缝里都能生长。不耐庇荫，喜温暖湿润气候，喜酸性和微酸性土壤，但怕水涝，不耐盐碱，在肥润、深厚的砂质壤土上生长迅速，在钙质土和石灰岩风化的土壤上往往生长不良，针叶呈淡黄色，干形弯曲而不能成材。

4. 繁殖方式

马尾松繁殖方法主要采用种子繁殖。

其生长过程在10年生以前，属幼林时期，直径生长缓慢，从10~30年生是胸径生长的旺盛期，连年生长量0.64~1.22厘米，30年生以后胸径生长逐渐减弱。

5. 主要病虫害

主要病虫害有松苗立枯病、马尾松毛虫、松球果螟、松干蚧等。

6.生产与应用

马尾松是一种终年不落叶的高大树木，寿命很长，可以生长300多年。马尾松的树干通直、木材硬度中等，纹理直，结构粗，有弹性，富树脂，材质良好、耐腐性强，适用于建筑工程等。树干可割取松脂，松脂还可以提取松香、松节油为医药、化工原料。

马尾松树冠在壮年期呈狭圆锥形，老年期内则开张如伞状。马尾松高大雄伟，姿态古奇，适应性强，抗风力强，耐烟尘，能耐水，适宜山地造林，亦适宜于庭院种植。

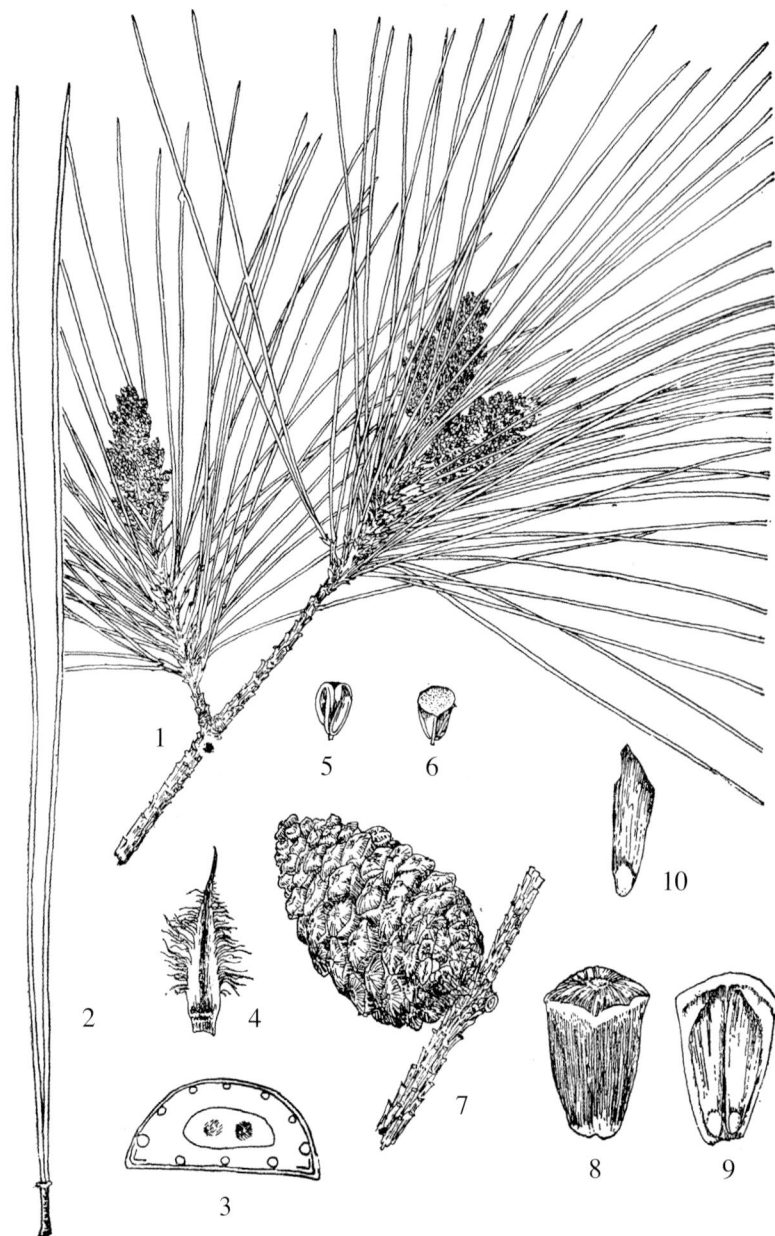

1.雄球果枝；2.一束针叶；3.针叶横切面；4.芽鳞；
5、6.花药背腹面；7.球果枝；8、9.种鳞背腹面；10.种子。

图1-2 马尾松

（山东树木志编写组，1984）

二、赤松（日本赤松、灰果赤松、短叶赤松、辽东赤松）*Pinus densiflora* Sieb. et Zucc.

1.形态特征

赤松（图1-3）为常绿乔木，胸径达1.5米，高达30米。树皮橘红色，裂成不规则的鳞片状块片脱落，树干上部树皮红褐色（图1-4）。枝平展成伞状树冠，一年生枝淡橘黄色或红黄色，微被白粉，无毛。

冬芽矩圆状卵圆形，红褐色，微具树脂，芽鳞条状披针形，先端微反卷，边缘丝状。

针叶二针一束，长5～12厘米，径约1毫米，先端微尖，两面有气孔线，边缘有细锯齿，但不柔软下垂，易与马尾松、油松区别。横切面半圆形，皮下层细胞一层，稀角上二至三层，树脂道4～7个，边生，叶鞘宿存。

雄球花淡红黄色，圆筒形，长0.5～1.2厘米，聚生于新枝下部呈短穗状；雌球花淡红紫色，单生或2～3个聚生，一年生小球果的种鳞先端有短刺。

球果成熟时暗黄褐色或淡褐黄色，种鳞张开，不久即脱落，卵圆形或卵状圆锥形，长3～5.5厘米，径2.5～4.5厘米，有短梗；种鳞薄，鳞盾扁菱形，通常扁平，稀具微隆起的横脊，鳞脐平或微凸起有短刺，稀无刺；种子倒卵状椭圆形或卵圆形，长4～7毫米；连翅长1.5～2厘米，种翅宽5～7毫米；子叶5～8枚，长2.5～4厘米，初生叶窄条形，中脉两面隆起，长2～3厘米，边缘有细锯齿。花期4月，球果第二年9～10月成熟。

2.分布范围

赤松原产于中国、日本和俄罗斯，主要分布于中国黑龙江东部（鸡西、东宁）、吉林长白山区、辽宁中部至辽东半岛、山东胶东地区及江苏东北部云台山区，自沿海地带上至海拔920米山区，常组成次生纯林。南京等地有栽培。

山东主要分布于崂山、昆嵛山、艾山、牙山等胶东沿海山地丘陵地区；泰山、蒙山亦有生长。其垂直分布可达海拔900米处，但以海拔500米以下的地方生长最好。

3.生长习性

喜光树种。深根性，抗风力强，能耐贫瘠土壤，不耐盐碱土，常生于温带沿海山区及平原地带，年降水量达800毫米以上的地区。比马尾松耐寒，能耐瘠薄土壤，能生于由花岗岩、片麻岩及砂岩风化的中性土或酸性土(pH 5～6)山地，不耐盐碱，在通气不良的重黏壤土生长不良。赤松多生长于湿润多雨的地区，例如在山东地区赤松主要分布于山东半岛，而油松则分布于鲁中南山地。

4.繁殖方式

一般繁殖方式有播种和嫁接繁殖。

5.主要病虫害

赤松的病虫害较多，主要病害有松苗立枯病、松落叶病、松针锈病、松树腐烂病、松树干枯病；主要害虫有赤松毛虫、松梢螟、松针卷叶蛾、松球果螟、松扁叶蜂、松干蚧等，其中赤松毛虫和松干蚧对赤松的危害最为严重。

6.生产与应用

赤松木材富树脂，纹理直，质坚硬，结构较细，耐腐力强，可供建筑用材。树干可割树脂，提取松香和松油，种子可榨油供食用及工业用，针叶提取芳香油。因其抗风力较强，还可作为辽东半岛、胶东等沿海丘陵地区造林树种。

赤松枝平展形成伞状树冠，树皮灰褐色或红褐色，皮色鲜活，裂成不规则的鳞片状，苍古有韵；针叶细而柔软，层次丰富；枝干婀娜多姿，线条流畅，是优良的庭园树种（图1-5）。但由于赤松的深根性，且病虫害较多，其移植成活率不如油松和黑松高。

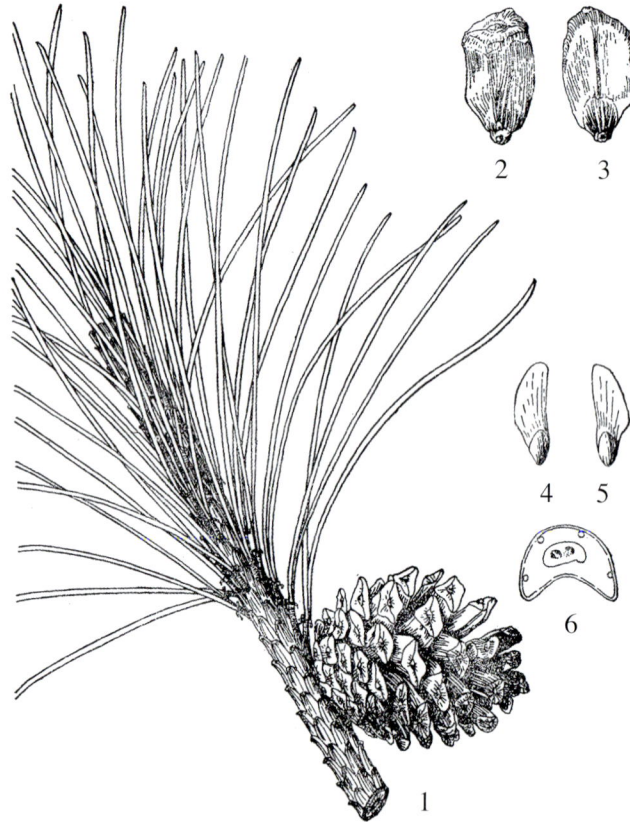

1.球果枝；2、3.种鳞背腹面；4、5.种子背腹面；6.针叶横切面。

图1-3　赤松

（山东树木志编写组，1984）

图1-4　赤松的树皮

图1-5　赤松的整形

三、黄山松（台湾松、天目松、短叶松）

Pinus taiwanensis Hayata
(*P. hwangshanensis* Hsia)

1. 形态特征

黄山松（图1-6）为常绿乔木，高可达30米。树冠伞形，树皮深灰褐色，裂成不规则鳞状厚块片或薄片。大枝平展，幼树树冠锥形，老树树冠平顶，一年生枝淡黄褐色或暗红褐色，无毛。冬芽深褐色，卵圆形或长卵圆形，顶端尖，微有树脂，芽鳞先端尖，边缘薄有细缺裂。

针叶二针一束，较细而稍硬直，长5~13厘米，多为7~10厘米，径约1毫米，边缘有细锯齿，两面有气孔线。横切面半圆形，单层皮下层细胞，稀出现1~3个细胞宽的第二层，树脂道3~9个，中生，叶鞘初呈淡褐色或褐色，后呈暗褐色或暗灰褐色，宿存。

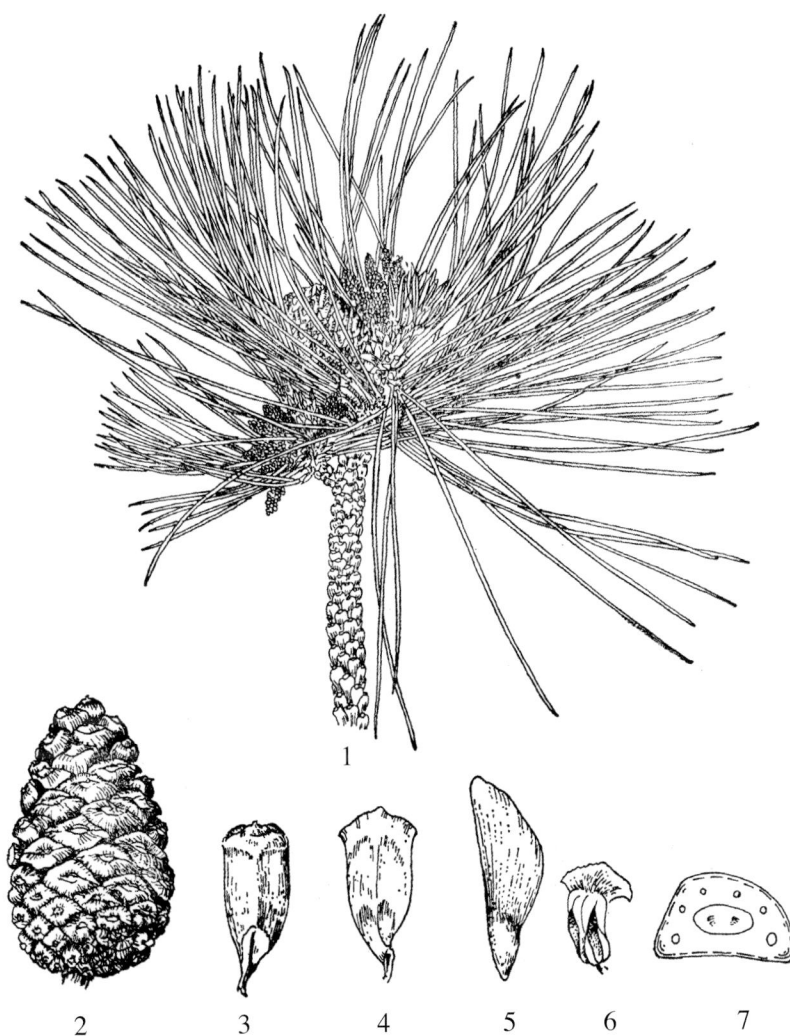

1.雌球花及雄球花花枝；2.球果；3、4.种鳞背腹面；5.种子；6.雄蕊；7.针叶横切面。

图1-6 黄山松

（山东树木志编写组，1984）

球果卵圆形，长3～5厘米，径3～4厘米，几无梗，向下弯垂，成熟前绿色，熟时褐色或暗褐色，后渐变呈暗灰褐色，常宿存树上6～7年。中部种鳞近矩圆形，长约2厘米，宽1～1.2厘米，近鳞盾下部稍窄，基部楔形，鳞盾稍肥厚隆起，近扁菱形，横脊显著，鳞脐具短刺。种子倒卵状椭圆形，具不规则的红褐色斑纹，长4～6毫米，连翅长1.4～1.8厘米，种翅浅褐色。子叶6～7枚，长2.8～4.5厘米，下面无气孔线；初生叶条形，长2～4厘米，两面中脉隆起，边缘有尖锯齿。花期4～5月，球果第二年10月成熟。

2.分布范围

黄山松分布于中国台湾中央山脉海拔750～2800米和福建东部戴云山及西部武夷山，及浙江、安徽、江西、广东、广西、云南、湖南东南部及西南部、湖北东部、河南南部海拔600～1800米山地。

山东泰山三岔、蒙山万寿宫、明光寺有少量引种造林。

3.生长习性

黄山松是喜光、深根性树种。喜生于凉爽和相对湿度大的山区，在海拔700米以上，土层深厚排水良好的酸性土的向阳山坡上生长良好，耐瘠薄，但生长迟缓。

4.繁殖方式

繁殖方式主要为种子繁殖。

5.生产与应用

黄山松材质坚实、树脂丰富，作为建材优于普通松树，其树干可割树脂，提取松香、松节油等。此外，它耐瘠薄，对恶劣环境适应性强，可作为水土保持和改造土质的重要造林树种。可供建筑、矿柱、器具、板材及木纤维工业原料等用材。为长江中下游地区海拔700米以上酸性土荒山的重要造林树种。

观黄山松之姿，品黄山松之韵，无不让人感慨大自然的神奇。由于受到海拔、日照、风霜雨雪、地球引力、山势、风向等影响，黄山松枝干遒劲，或破崖而出，或挺立高峰，或呈苍龙探海（图1-7）等翩然多姿的造型。

图1-7 黄山探海松

四、油松（短叶松、短叶马尾松、红皮松、东北黑松）*Pinus tabuliformis* Carr.

1. 形态特征

油松（图1-8）为常绿乔木，高可达25米。胸径可达1米以上；树皮灰褐色，裂成不规则较厚的鳞状块片，裂缝及上部树皮红褐色（图1-9、图1-10）；枝平展或向下斜展，幼树树冠塔形，老树树冠平顶，小枝较粗，褐黄色，无毛，幼时微被白粉；冬芽矩圆形，顶端尖，微具树脂，芽鳞红褐色，边缘有丝状缺裂。

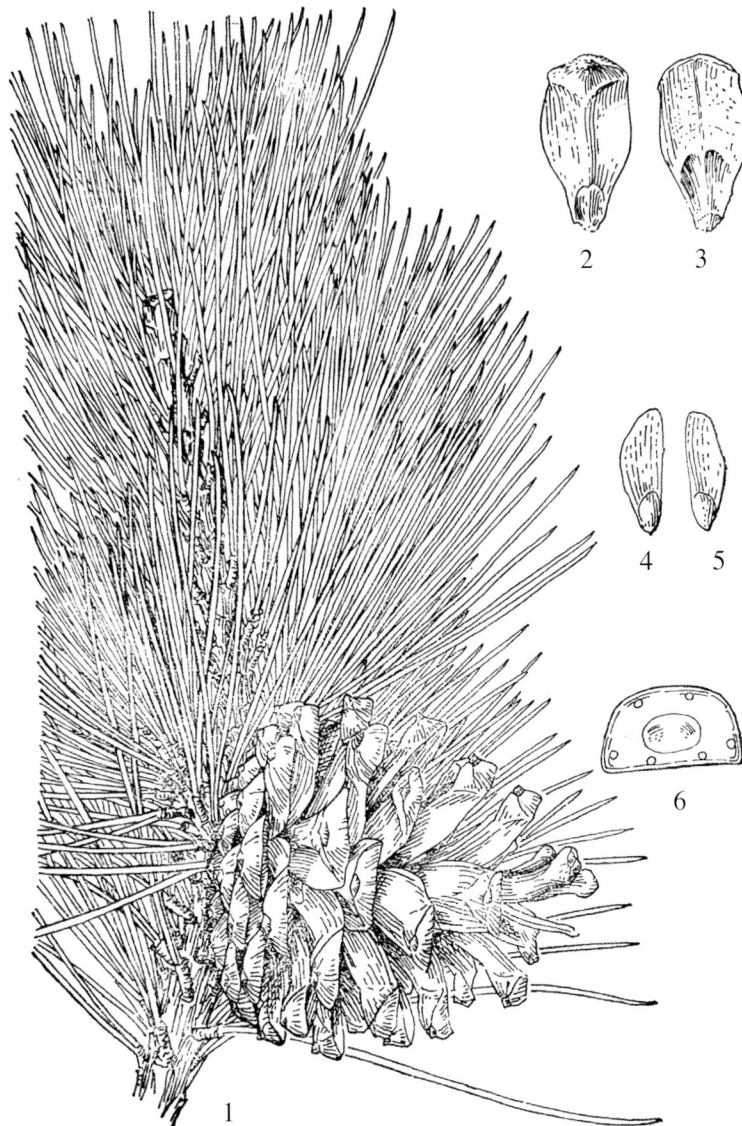

1.球果枝；2、3.种鳞背腹面；4、5.种子背腹面；6.针叶横切面。

图1-8 油松

（山东树木志编写组，1984）

图1-9　油松下部树干的树皮灰褐色　　　　　图1-10　油松上部树干的树皮红褐色

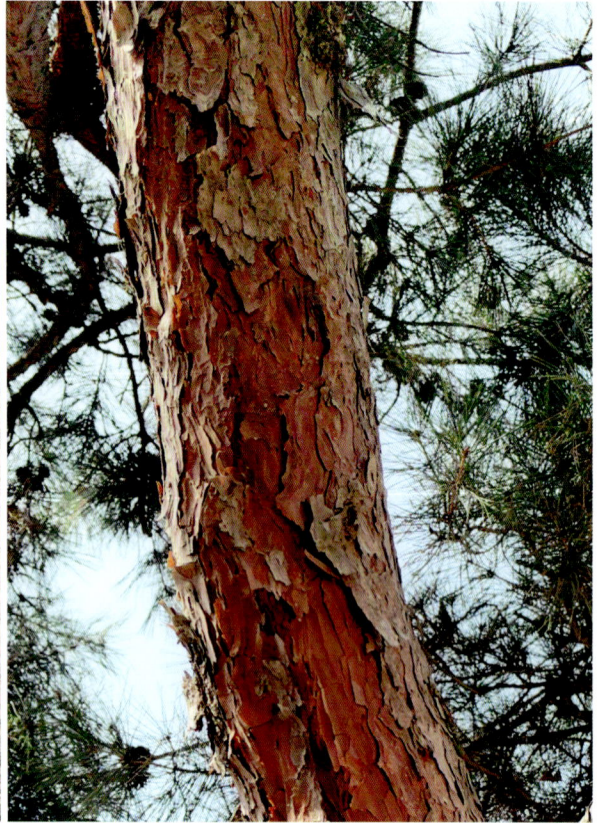

针叶二针一束，深绿色，粗硬，长10～15厘米，径约1.5毫米，边缘有细锯齿，两面具气孔线；横切面半圆形，二型层皮下层，在第一层细胞下常有少数细胞形成第二层皮下层；树脂道5～8个或更多，边生，多数生于背面，腹面有1～2个，稀角部有1～2个中生树脂道，叶鞘初呈淡褐色，后呈淡黑褐色，宿存。

雄球花圆柱形，长1.2～1.8厘米，在新枝下部聚生成穗状。

球果卵形或圆卵形，长4～9厘米，有短梗，向下弯垂，成熟前绿色，熟时淡黄色或淡褐黄色，常宿存树上近数年之久；中部种鳞近矩圆状倒卵形，长1.6～2厘米，宽约1.4厘米，鳞盾肥厚、隆起或微隆起，扁菱形或菱状多角形，横脊显著，鳞脐凸起有尖刺；种子卵圆形或长卵圆形，淡褐色有斑纹，长6～8毫米，径4～5毫米，连翅长1.5～1.8厘米；子叶8～12枚，长3.5～5.5厘米；初生叶窄条形，长约4.5厘米，先端尖，边缘有细锯齿。花期4～5月，球果第二年10月成熟。

2. 分布范围

油松是中国特有树种，原产吉林（南部）、辽宁、河北、河南、山东、山西、内蒙古、陕西、甘肃、宁夏、青海及四川等地区，生于海拔100～2600米地带，多组成单纯林。辽宁、山东、河北、山西、陕西等地有人工林。

油松在山东主要分布于泰山、蒙山、沂山山区，泰山的对松山、后石坞有几百年生的老龄纯林。

3. 生长习性

油松喜光，深根性，抗寒能力较强，能耐-25℃的低温；在土层深厚、排水良好的酸性、中性或钙质黄土上均能生长良好，但不耐盐碱，不耐湿热，在盐碱地区和南方的湿热环境下生长不良；

幼树时生长较慢，从第4或第5年起开始加速高生长，连年生长量可达40～70厘米，一直持续到30年生左右，以后高生长减缓。

4. 繁殖方式

用种子繁殖。油松6～7年生时，即可开花结实，但结实球果小，发芽率低，15～20年生后结实增多，种子质量也显著提高。30～60年为结实盛期，直至百年之后仍有大量结实。

泰山上的望人松寿命在500年以上，栽植于雍正八年的五大夫松也已近300年，两者如今仍能每年正常结实，种子的发芽率也较高，小苗生长健壮。

5. 主要病虫害

油松的主要病虫害与赤松相同，深受松毛虫的危害，但抗松毛虫的能力比赤松强。

6. 生产与应用

油松木材较坚硬，强度大，富松脂，耐腐朽，是优良的建筑用材。树干可割取树脂，提取松节油和松香，树皮含鞣质可提制栲胶，松节、松针、花粉均供药用，种子含油30%～40%，供食用或工业用。油松分布广，适应性强，为丘陵山地的主要荒山造林树种之一。

油松的姿态优美，树冠平展，有明显层次，常用作园林绿化树种栽培。主干虬曲苍劲，干枝韧性较强，主干嶙峋，侧干崎岖，容易造型。它是一种为数不多的北方常绿树种，从古至今广为人们喜欢和种植。

7. 油松的多型性

由于油松的地理分布较广，纬度变化范围在31°～44°，经度在101°30′～124°45′，从而造成了油松的多型性。

从油松树冠的变化来分，油松可分为窄冠型（尖顶型）和宽冠型（平顶型）两种。窄冠型的特点是树冠呈塔形，树冠基部较宽，枝下高距地表近；树皮块裂，厚，不易脱落，针叶较短，7～9厘米，叶着生角小，并均向上生长；树冠中部的第一级侧枝最初水平伸展，但末端斜向上，第二、三级侧枝发育差，甚至多数二级侧枝呈短枝状。与窄冠型相比，宽冠型（平顶型）的特点是树冠卵形，树冠中下部最宽，枝下高较高，树皮片状剥落增多，易脱落；叶9～12厘米，叶着生角大，向四周散生；树冠中部侧枝水平开展或角度略小，先端不斜向上，二、三级侧枝较发达。

从油松树皮颜色上分，可分为黑皮油松、红皮油松、灰皮油松和黄皮油松。

从油松树皮厚度上分，可分为粗皮油松和细皮油松（图1-11、图1-12）。粗皮类型树冠宽，干形有时弯曲，枝条粗，树皮厚（1.8～4.1厘米）而粗糙，呈条状开裂，松脂产量较高；细皮类型树冠窄，干形挺直，枝条细，树皮薄（1.1～1.5厘米），呈龟纹状开裂，松脂产量较低。

从油松树皮开裂方式上分，可分为5种类型。①深纵裂型：树皮主要呈纵裂，裂缝宽而深，横向开裂不明显，树皮极难脱落；②块裂型：既有纵向开裂，也有横向开裂，裂痕较窄、浅，树皮不易脱落；③龟纹型：树皮开裂很浅，呈龟纹状，而片状脱落明显，脱落的鳞片边缘匀滑弯曲；④鳞皮型：树木开裂也不明显，脱落鳞片呈贝壳状；⑤平滑型：看不出纵向和横向开裂的裂缝或裂纹，树皮极易脱落。

从油松球果上来分，按照鳞盾突起状况分为3种类型：①突起型；②稍突起型；③平坦型。按照球果表面的颜色（即鳞盾表面的颜色）可分为3种类型：①黄绿（包括一部分浅绿）；②黄褐；③棕褐。开裂以后，种鳞基部明显地可分为3种颜色类型：①紫色；②紫红色；③橘黄色。

从油松种子的形态特征上分为3种类型：①偏雌类型；②偏雄类型；③雌雄均衡类型。偏雌类

图1-11　粗皮油松的厚树皮

图1-12　细皮油松的薄树皮

型叶量多，生长快，干形好。

从油松材质上分为3个类型：①油松或红皮松，材质重而色黄，树脂较多；②糠松或黄皮松，材质较白，松脂较少；③粗皮松或千皮松，材质重，黄色，稍带红色。

北京大学徐化成教授主编的《油松地理变异和种源选择》中，将中国的油松按地理位置划分种群，共划分为西北群、西南群、南部群、中部群、东北群、乌拉山群、东部群、山海关群、山东群等9个种群。西北群（包括青海东部、甘肃北部永登、哈思山、正宁、宁夏罗山等地）针叶短而宽，球果和种子大小中等。西南群（包括甘肃南部和陕西黄陵、黄龙等地）针叶长，球果较大，种子较大较重。南部群（包括秦岭、伏牛山等地）针叶最长、最细，种子最小、最轻。中部群（山西各地）针叶长而宽，球果和种子亦大（图1-13）。东北群（包括赤峰以北、河北北部）在球果和种子特征方面与中部群类似，但针叶略短（图1-14）。乌拉山群球果亦大，种子最重，但针叶短而宽。东部群（包括辽东、辽西、河北东部承德以南地区以及北京和河北的小五台等地）的球果和种子亦小。山海关群种子更小，并以针叶突出短为特点。山东群以球果长宽比突出低和种子重为特点。

据1986年10月出版的《山东森林》记载：山东省的油松林中已发现油松的天然杂交种——黑油松，在泰山和蒙山均有已结实的单株，生长速度、干形和抗性均优于其亲本。而间杂于黑松人工林中的油松、赤松，通过自然授粉，也会相互间杂交，形成自然杂交种"黑油松"和"黑赤松"。油松和赤松也经常会在同一林分中存在，二者也存在天然杂交的可能性。高山松是我国西南高山地区的特有树种，过去曾划为油松的变种。

图1-13　中部群的造型油松

图1-14　东北群的造型油松

五、黑松（日本黑松、白芽松）　　　*Pinus thunbergii* Parl.

1. 形态特征

黑松（图1-15）为常绿乔木，高可达30米，胸径可达2米。幼树树皮暗灰色，老则灰黑色，粗厚，裂成块片状脱落。枝条开展，树冠宽圆锥状或伞形。一年生枝淡黄褐色，无毛。冬芽银白色，圆柱状椭圆形或圆柱形，顶端尖，芽鳞披针形或条状披针形，边缘白色丝状（图1-16）。

针叶二针一束，深绿色，有光泽，粗硬，长6~12厘米，径1.5~2毫米，边缘有细锯齿，背腹面均有气孔线；横切面半圆形，皮下层细胞一或二层、连续排列，两角上2~4层，树脂道6~11个，中生，叶鞘宿存。

雄球花淡红褐色，圆柱形，长1.5~2厘米，聚生于新枝下部；雌球花单生或2~3个聚生于新枝近顶端，直立，有梗，卵圆形，淡紫红色或淡褐红色（图1-17）。

球果圆锥状卵形或卵圆形，成熟前绿色，熟时褐色，长4~6厘米，径3~4厘米，有短梗，向下弯垂。中部种鳞卵状椭圆形，鳞盾微肥厚，横脊显著，种脐微凹，有短刺。种子倒卵状椭圆形，长5~7毫米，径2~3.5毫米，连翅长1.5~1.8厘米。种翅灰褐色，有深色条纹。子叶5~10枚（多为7~8枚），长2~4厘米，初生叶条形，长约2厘米，叶缘具疏生短刺毛或近全缘。花期4~5月，球果第二年10月成熟。

2. 分布范围

原产日本及朝鲜南部海岸地区。中国旅顺、大连、山东沿海地带和蒙山山区以及武汉、南京、上海、杭州等地引种栽培。浙江北部沿海用之造林，生长良好。山东青岛于1914—1921年由日本首先引入栽培，塔山有90余年生的大树。在胶东地区的崂山、昆嵛山等山区及沿海滩地较多，泰山亦有用以造林；海拔500米以下地带生长正常，700米以上易受冻害。

3. 生长习性

喜光树种，幼苗期稍耐庇荫。抗干旱瘠薄能力较强，不耐水湿，不耐严寒，适生于温暖湿润的海洋性气候区域，耐海雾，耐盐碱，抗风力强。

4. 繁殖方式

以有性繁殖为主，亦可用营养繁殖。其中枝插和针叶束插均可，但难度比较大。生产上仍以播种育苗为主。苗床播种、容器育苗应用都很普遍。

5. 主要病虫害

主要病虫害有松苗立枯病、松落叶病、松树干枯病、赤松毛虫、松梢螟、松干蚧、松球果螟等，抗病虫害能力较强，对松干蚧、松毛虫的抗性都优于赤松及油松。

6. 生产与应用

木材富含树脂，较坚韧，结构较细，纹理直，耐久用，可做建筑用材；亦可提取树脂。能抗海风、海雾，可做沿海地区海拔600米以下的荒山、荒地、河滩、海滩的造林树种。

黑松树形高大美观，是很好的园林绿化树种。经造型处理的景观黑松，其枝干斑驳如鳞，古拙入画；针叶刚直苍翠，四季常青；树姿或雄伟挺拔，或虬曲多姿，颇具阳刚之气、自然之美，深受人们钟爱，常被称为"男人松"。然而，景观黑松生长速度较快，无论在培育整形期，还是在定形后的养护期，都需要加强修剪。

在日本栽培品种较多，逾20种，常见的品种有'三河'黑松、'鹿岛'黑松、'龟甲'黑松、'寸稍'黑松、'黄金'黑松、'寿'黑松、'千寿丸'黑松和'千寿姬'黑松等。以黑松为母本，与油松和赤松杂交出的"黑油松"和"黑赤松"，具有两亲本的中间性状，生长迅速，具有黑松的抗虫特性和油松、赤松的抗寒性，适宜景观营建。

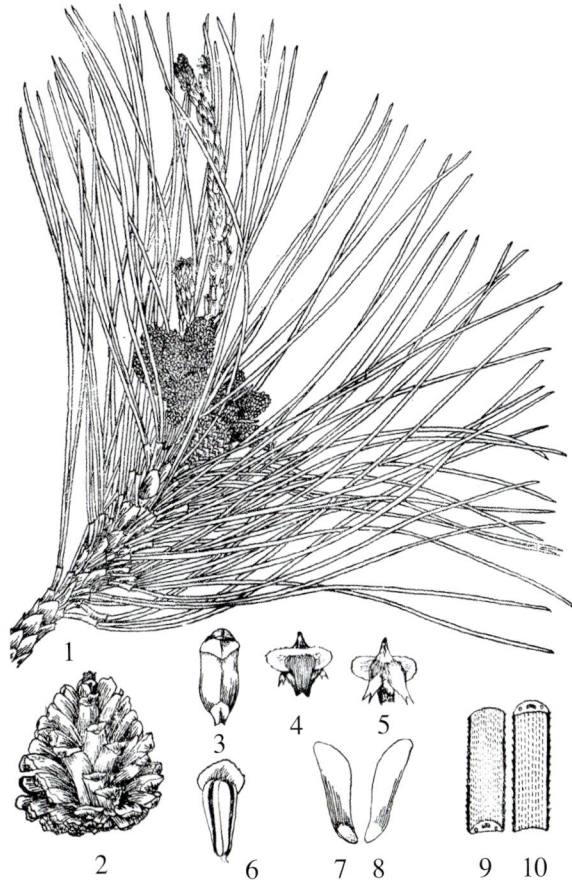

1.雌球花及雄球花花枝；2.球果；3.种鳞背面及苞鳞；4、5.珠鳞背腹面；6.雄蕊；
7、8种子背腹面；9、10针叶中段背腹面。

图1-15 黑松
（山东树木志编写组，1984）

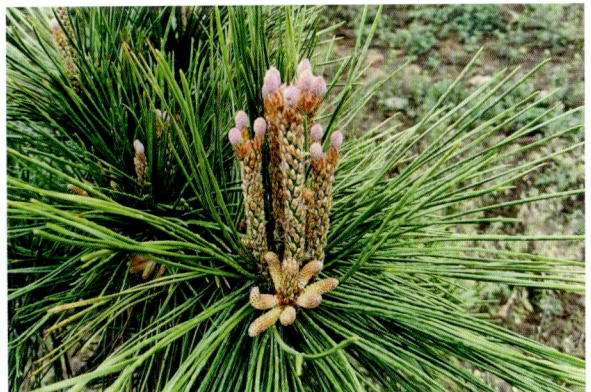

| 图1-16 黑松的冬芽 | 图1-17 黑松的雄球花枝和雌球花枝 |

第二节　自然名松

　　《诗经》曰："如竹苞矣，如松茂矣"。我国从南到北，松树由喜温暖的海南松、马尾松逐步过渡到耐寒冷的油松、红松、樟子松等种类，在不同地域形成了辽阔的松林。天下名山松占多，松树成就了名山大川。名山名松的种类繁多，但以油松和黄山松居多。东北的天然红松林，称为"第三纪森林"，美丽的松花江因而得名。清朝乾隆皇帝赞叹泰山油松："岱宗最佳处，对松真绝奇。"安徽的黄山，松、云、石、泉号称"四绝"，而以松为首。作为长寿之树、富贵之树和吉祥之树，松树在地大物博、文化底蕴深厚的中国有着广泛的地理分布和深刻的文化烙印。孔子说："岁寒，然后知松柏之后凋也。"古往今来，诗人喜欢以松为诗，画家喜欢引松入画，人们喜欢把松、竹、梅装饰在门楣上、照壁上和家具上，松树已与人们的生活密不可分。

　　松树成景，松木成林。松树树干遒劲、高大，树姿雄伟、苍劲，有着阳刚之美。枝干柔中有刚，多姿多态，针叶清新洒脱，苍翠常青。在山东泰山、江西庐山、安徽黄山、承德避暑山庄、北京戒台寺、鞍山香岩寺等名山古刹，苍劲的古松孕育着悠久的历史文化，传承着伟大的中华民族精神，以古老、苍颜、奇姿、异态、葱茏、壮美和顽强的生命活力而震撼人们的心灵，是风景区内不可或缺的重要组成部分。

一、黄山名松

　　黄山松系原始林中的特有树种，分布于黄山南麓海拔1400～1500米间的上岗寺、云谷寺等区域，是黄山的经典自然景观之一。黄山松或宛若游龙出没云天，或状如凤凰展翅欲飞，或似黑虎凛凛傲立，或如孔雀翩翩起舞，或迎风招展啸傲苍穹，或俯首相迎殷情可亲，或高踞悬崖如探海，或矗立高峰似入云，成千上万的松树姿态各异，峥嵘挺拔，枝干苍劲有力，枝叶繁茂如盖，给人以壮美的视觉冲击。除泰山上的古松群外，著名古松当推黄山的古松群，尤以黄山迎客松最为闻名。

（一）黄山迎客松

　　迎客松是黄山奇松最著名的代表（图1-18），生长在黄山海拔1670米的玉屏楼右侧、文殊洞之上，高9.91米，胸径64厘米，地径75厘米，枝下高2.5米，树龄已逾1000年，是黄山"五绝"之一，居黄山十大名松之首。其一侧枝丫伸出，如人伸出一只臂膀欢迎远道而来的客人，雍容大度，姿态优美，故名"迎客松"。黄山迎客松与泰山望人松一样，被联合国教科文组织列为世界自然遗产名录。迎客松是黄山的标志性景观，也是安徽省的象征之一，在中国文化中具有重要地位，已经成为中国与世界人民和平友谊的象征。

（二）黄山送客松

　　黄山送客松（图1-19），因松顶平整如盖，亦名鹤顶松。松高4.8米，树龄约450年，立于玉屏楼右侧道旁。奇松虬干苍劲，侧伸一枝，作揖送状，故名"送客松"。与黄山"迎客松"遥相对应，有诗曰："岩前倩影侧枝伸，青翠容颜满面春。黄海大夫真好客，天天挥手送游人。"

可惜在2005年12月初，送客松由于树龄过老等原因枯死。人们又将一棵约200岁的黄山松作为"接班树"，此树与原树树形十分相似，又恰好属于青壮年树木（图1-20）。

图1-18　黄山迎客松

图1-19　黄山送客松（原）

图1-20　黄山送客松（现）

（三）黄山黑虎松

黄山黑虎松（图1-21）为黄山十大名松之一，生于海拔1650米处的狮子林。树高15米，胸径65厘米，冠幅投影面约100平方米，树龄450余年。古松高大苍劲，虎气凛凛，冠盖浓绿近黑，形似猛虎，故名"黑虎松"。有诗记之曰："古松一见态惊人，爪舞牙张眼鼻真。黑虎曾经眠顶上，针须铁甲貌狰狞。"

图1-21　黄山黑虎松

（四）黄山蒲团松

黄山蒲团松（图1-22），因树冠圆形如蒲团，所以被誉为"蒲团松"。海拔1610米，树龄约350年。树高2.9米，胸径35厘米，有诗曰："苍松三尺曲如盘，铁干横披半亩宽。疑是浮丘钱坐处，至今留得一蒲团。"

图1-22　黄山蒲团松

（五）黄山连理松

黄山连理松（图1-23）为黄山十大名松之一。位于自"黑虎松"去始信峰途中左侧。树高12.8米，拔地而起，在离地2米处树分两干，并蒂齐肩，亭亭玉立，直至顶端，且粗细、高低几乎一模一样，生机盎然，神采不衰。故称此松为"连理松"。

图1-23　黄山连理松

（六）黄山姊妹松

黄山姊妹松（图1-24）与黄山迎客松相邻，两株松携手并立，紧相依偎，情同姊妹。

图1-24　黄山姊妹松

（七）黄山孔雀松

黄山孔雀松（图1-25），黄山奇松之一，位于白鹅岭到白鹅山庄向光明顶方向的途中，树高6.5米，胸径48厘米，树冠东西9.5米，南北4.5米，松树状如绿孔雀昂首挺立，主枝向上，侧枝旁伸，头高尾低，犹如孔雀高耸的冠羽和收拢的尾屏。

二、庐山名松

山之骨在石，山之趣在水，山之态在树，森林是庐山的命脉。庐山松是庐山森林的重要组成部分，占整个森林面积的70%。庐山松是黄山松，主要生长在庐山海拔800米以上的山地。毛泽东主席曾有诗句赞庐山松树："暮色苍茫看劲松，乱云飞渡仍从容，天生一个仙人洞，无限风光在险峰。"

图1-25　黄山孔雀松

庐山松最著名的景点是牯牛岭的"月照松林"，是赏松玩月的绝佳胜地。在庐山的悬崖奇峰上更是孕育了众多的古松、名松和奇松。

（一）庐山龙冠松

庐山龙冠松（图1-26）是一株黄山松，树龄300年，屹立于庐山龙首崖峻峰峭壁之上，松枝向崖前斜俯，酷似龙首之冠。树形奇特美妙，令人流连忘返。

图1-26　庐山龙冠松

（二）庐山迎客松

庐山迎客松（图1-27）也是一株黄山松，挺立于五老峰第二峰悬崖峭壁之上，下临万仞深渊，屈曲如虬，顶平如盖，凌空斜出，绿叶飞云，威武潇洒，因其树枝凌空伸展，像粗壮的臂膀迎接远方的来客，故称"迎客松"。

图1-27　庐山迎客松

三、恒山姊妹松

恒山高为五岳之冠。唐朝贾岛有诗"天地有五岳，恒岳居其北。岩峦叠万重，诡怪浩难测"。从会仙府大西北上行，过凌极门，沿险峻的楼梯拾级而上，正前方傲立一株古油松，同根同源，一分为二，相互扶持，并肩而立，故名"姊妹松"（图1-28）。

图1-28　恒山姊妹松

四、河北承德九龙松

河北省承德市丰宁县九龙松（图1-29）被认为是天下第一奇松。古油松主干高7.8米，胸径90厘米，荫地近1亩*，树龄980年，系辽代遗物。主干浑然粗壮，倾斜生长，树皮斑驳似龙鳞。干有九枝，条条像龙，横斜逸出，虬曲生长，盘旋交织，枝头如龙首，腾空而起，仰天长啸。清康熙帝见到此松，叹为观止，遂御笔题写"九龙松"三字。有诗云："翠云十丈一柱擎，老干虬枝腾九龙。千载奇松惊看客，最佳还待雪初停。"

图1-29　河北省承德市丰宁县九龙松

---

*1亩≈667平方米，全书同。

五、九华山凤凰古松

凤凰古松（图1-30）位于安徽青阳县九华山闵园中，是景区的标志性景观之一。凤凰古松是一株黄山松，高7.68米，胸径1米，造型奇特，恰似凤凰展翅，故名。主干扁平翘首，如同凤冠，两股枝干一高一低，状似凤尾。凤凰古松相传为南北朝时期的神僧杯渡所植，已有1400余年，如今仍然枝繁叶茂。

图1-30 九华山闵园景区凤凰古松

六、辽宁赤松王

辽宁新宾满族自治县木奇镇半道沟村的山上，一株雄伟苍劲的古赤松，独占山头，荫蔽一亩有余，气势夺人。整株树高20.5米，胸径118厘米，树龄约150年，挺拔苗壮，"烟叶葱茏苍麂尾，霜皮剥落紫龙鳞"，被称为"赤松王"（图1-31）。古赤松以其主干为轴心，向四周平展辐射出35条主侧枝，分布匀称，上短下长，枝叶繁茂，十分壮观。

图1-31 辽宁赤松王

七、山西临汾红岩松

山西临汾市霍州市李曹镇有一株古油松，傲然挺立在一块高15.5米、长14.5米、宽5.5米的大岩石上，其根扎在一条0.25米宽、0.5米深的铁红色石缝中，故名"红岩松"（图1-32）。生长之处海拔1800米，树高4米，雄壮苍劲，破岩而出，给人以坚韧不拔之感。

图1-32　山西霍州市红岩松

八、北京戒台寺卧龙松

戒台寺位于北京西山上。寺庙历史悠久，最为著名的当属古松。"潭柘以泉胜，戒台以松名"。卧龙松（图1-33）植于辽代，树龄已达千年，宛如一条乘祥云归来行将就卧的苍龙，逾10米长的主干蜿蜒横生，爬过石栏，横卧在刻有"卧龙松"三字的石碑上，被称为中国最美的松树之一。

图1-33　北京戒台寺卧龙松

九、北京关帝庙迎客松

北京海淀区耳营村关帝庙前有一株古油松，胸径111厘米，树高约7米，据传是辽代时期种植的，至今已1000多年，是北京最粗壮的古油松之一。油松盘根错节，枝干遒劲，枝叶郁郁葱葱，树冠如幡似盖，有一枝斜出，犹如展臂迎客，故名"迎客松"（图1-34）。

图1-34　北京关帝庙迎客松

十、北京北海公园遮荫侯

北京北海公园团城承光殿东侧有一株古油松，高20余米，胸径103厘米，相传植于金代，至今已有800多年。相传乾隆年间，有一年盛夏，乾隆皇帝登上团城游玩，因承光殿内又闷又热，酷暑难当，宫人们就摆案于殿外这棵古松的巨冠浓荫下。清风徐来，乾隆顿觉凉爽，暑热全消。于是乾隆就效仿秦始皇御封"五大夫松"的故事，封这棵油松为"遮荫侯"（图1-35）。

图1-35　北京北海公园遮荫侯

十一、徂徕山龙凤松

徂徕山，被称为泰山的姊妹山。山势险峻，沟谷深邃，多生奇珍，古树有千年古松、古柏、古银杏、古紫藤等，《诗经》就有"徂徕之松"的记载。徂徕山中军帐三清殿前，海拔800米处，有两株古松遮天蔽日，苍古遒劲，形如龙凤，被誉为"龙凤松"（图1-36）。

古龙松，树龄1000余年，树高11.5米，胸径89.7厘米，于3.5米处分枝，树冠东西19.5米，南北17米。古龙松龙干虬枝，蟠蜿屈展，其气势犹如巨龙腾飞，枝繁叶茂，疏密相间，长势旺盛，正常开花结实，显示出顽强的生命力。

古凤松，树龄1000余年，树高10.6米，胸径98.73厘米，于1.1米处分成两大主干，树冠东西15.3米，南北16.1米，树冠顺山势而生长，正南侧下垂3条主枝，距树干基部落差10余米，酷似飘逸的凤尾。主干则扭曲直指青天，如凤凰仰首望日。

图1-36　徂徕山龙凤松

十二、徂徕山佛爷松

徂徕山佛爷松（图1-37）位于天宝镇境内光化寺，种植于唐末宋初，距今1300余年，三人环抱有余。树冠遮天蔽日，树势龙干虬枝，犹如巨龙飞舞盘旋。树高11米，枝下高3.1米，主干分四主枝，树势向北倾斜，树枝片状层叠，宛若层层云片。

图1-37　徂徕山佛爷松

据1997年版《世界文化和自然遗产·中国风景名胜区》所载，泰山和黄山的古树名木中列入世界遗产名录的松树共有36株（见表1-1、表1-2）。

表1-1　泰山列入世界遗产名录的松树

序号	地点	誉名	树种	树龄（年）	树高（米）	胸围（米）	冠幅（米）东西	冠幅（米）南北	海拔（米）
1	后石坞	姊妹松	油松	500	5.5~6.0	1.18~1.5	17.0	14.5	1402
2	普照寺	六朝遗植	油松	1500	11.5	2.7	13.5	16.7	250
3	普照寺	一品大夫	油松	300	3.0	1.1	7.4	11.5	250
4	五松亭	望人松	油松	500	7.4	2.35	14.0	12.0	920
5	五松亭	五大夫松	油松	250	6.2	1.52	4.0	6.0	920

表1-2　黄山列入世界遗产名录的松树

序号	地点	誉名	树种	树龄（年）	树高（米）	胸围（米）	冠幅（米）东西	冠幅（米）南北	海拔（米）
1	玉屏楼	迎客松	黄山松	1000	9.91	2.05	10.7	13.65	1670
2	玉屏楼	送客松	黄山松	450	4.8	0.8	4.5	2.5	1670
3	玉屏楼	陪客松（东）	黄山松	400	5.0	1.15	5.0	4.0	1670
4	玉屏楼	陪客松（西）	黄山松	400	5.0	1.0	5.0	4.0	1670
5	玉屏楼	望客松	黄山松	450	5.6	1.33	6.6	8.1	1670
6	玉屏楼	蒲团松	黄山松	350	2.9	1.1	9.0	9.5	1610
7	天海	棋枰松	黄山松	200	4.5	1.15	7.0	6.0	1750
8	天海	凤凰松	黄山松	200	3.15	1.05（干围）	6.9	5.4	1650
9	西海	破石松	黄山松	150	5.5	0.95	4.5	5.5	1680
10	西海	团结松	黄山松	400	17.4	2.07	12.2	14.0	1520
11	北海	大王松	黄山松	450	16.4	2.06	15.4	16.2	1560
12	北海	连根松（东）	黄山松	350	12.0	1.45	8.5	5.5	1570
13	北海	连根松（西）	黄山松	350	13.0	1.4	9.0	6.0	1570
14	北海	麒麟松	黄山松	500	5.0	1.5	8.6	6.8	1570
15	北海	扇子松	黄山松	350	1.5	1.2	3.0	7.0	1600
16	始信峰路口	黑虎松	黄山松	450	15.0	2.1	14.0	13.7	1610
17	始信峰	连理松	黄山松	400	12.8	2.1	12.6	12.7	1610
18	始信峰	龙爪松	黄山松	300	11.1	1.28	10.1	11.7	1620
19	始信峰	接引松	黄山松	500	3.5	0.9	4.0	5.12	1630
20	始信峰	卧龙松	黄山松	200	1.95	1.1（干围）	5.0	2.9	1650

（续）

序号	地点	誉名	树种	树龄（年）	树高（米）	胸围（米）	冠幅（米）		海拔（米）
							东西	南北	
21	始信峰	探海松	黄山松	500	3.5	1.2	2.2	4.5	1650
22	始信峰	辕门松	黄山松	550	11.0	1.95	6.5	9.5	1640
23	贡阳山	孔雀松	黄山松	150	6.5	0.95	4.5	9.5	1800
24	仙人指路	梅 松	黄山松	450	3.5	0.95（干围）	5.0	3.5	1300
25	云谷寺	蜡烛松（东）	黄山松	200	11.2	1.42	9.6	10.0	890
26	云谷寺	蜡烛松（西）	黄山松	200	10.1	1.40	10.5	12.1	890
27	白云新道	双龙松	黄山松	300	4.8	0.90（干围）	4.0	2.5	1500
28	白云新道	贴壁松	黄山松	220	7.5	0.65	4.2	1.0	1450
29	天都新道	盼客松	黄山松	400	8.2	1.7	9.5	6.5	1680
30	天都新道	盘羚松	黄山松	250	4.2	1.1	7.2	6.00	1680
31	天都新道	望泉松	黄山松	300	3.25	0.85	5.5	2.5	1650

（续）

第二章　松树的人文属性

在中国古代，松、柏、樟、楠、槐、榆被称为"树中六君子"，而松位列"六君子"之首（图2-1）。据不完全统计，松树是中国古代诗词歌赋中提到次数最多的树种，也是中国古代山水画中出现次数最多的树种。

松树，不仅是一种植物，它还具有丰富的文化内涵和深厚的文化底蕴。松树蕴含的坚贞、坚强、坚韧等风骨，以及松树展现的高洁、孤直、刚正等品质，统称为松树的人文属性。简而言之，松树的人文属性指松树作为精神载体所承载的"精神品格，风花雪月"等人文特性。

一方面，因松树自身所具备的形态特征和生物习性而引起人们共鸣所产生的风骨美，如：因松树常绿岁寒不凋而展现的"坚贞"风骨；因松树顶风冒雨、凌霜傲雪而展现的"坚强"风骨；因松树处悬崖而不亢、临幽谷而不卑而展现的"坚韧"风骨等。另一方面，因松树高洁、孤直、刚正的品质而引发人们共鸣所产生的风韵美，如"春风熏人醉，松侵半窗闻琴声，庭外花香袅袅"的春日芳华；"夏日浓荫，松下抚琴观鹤舞，溪边偶传鹿鸣"的闲适午后；"秋来山如黛，闻松风飒飒，一帘幽梦照月明"的静谧秋夜；"夜来松风寒，睡鸟惊起残雪点点，有客来投"的恬静雪景等。

图2-1　松树的君子之风

第一节　松之"诗情"

松者，《说文》曰："松，木也。从木公声。"《字说》曰："松，百木之长，犹公，故字从公。"《礼·礼器》曰："犹松柏之有心也，故贯四时而不改柯易叶。"《史记·龟策传》载："千岁之松，上有兔丝，下有茯苓。"唐朝李绅《寒松赋》曰："擢影后凋，一千年而作盖，流形入梦，十八载而为公。"松，"十八公"也，百木之长，又称"君子树""偃盖山""栋梁材"等。

松有君子骨，含君子气，具君子质，因此被孔子称为"君子树"。松因顶风冒雪而喻君子之坚贞，因高大挺拔而喻君子之正直，因身处幽谷而喻君子之不遇，因屹立高崖而喻君子之傲世，因拔于世俗而喻君子之高贵，因清秀飘逸而喻君子之洒脱，因历经沧桑而喻君子之长寿，因岁寒不凋而喻君子之常青。

一、松文化之历史传承

松树高大挺拔、茂密繁盛、卓尔不群的古朴伟岸之姿，历风霜而不凋，经雨雪而不弯，立高山而不娇，居幽谷而不媚的高贵坚贞之质，自古多为世人所吟咏赞颂，从而形成了历史悠久、内容丰富的松文化。

（一）先秦文化中的松树——千围之茂君子树

在先秦文化中，松树一般与柏树同时出现。大多描述松树的高大繁茂和四季常青，暗喻君子坚贞不屈的高尚品质。

1. 松树之大不可周

《山海经》是中国古代的一部神话地理著作，其中对松树描写就有18次之多。

《山经》："北山之阳，有松焉，其大如橡，其小如梓，千围之茂，绮丽之。风号则哀声至，雨雪则叶翦伤。"

《海外南经》："东海之滨，有松焉，其大如楹，其阴数顷，其中凤凰朝凰，麒麟朝麒麟。"

《山海经·北山经》："北山之阳，有松焉，其高不可攀而大不可周，森森乎如御林。"

先秦时期，人们主要崇尚松树的高大、茂密，"千围之茂""其大如楹，其阴数顷""高不可攀""大不可周"。同时松树也常被赋予一种崇高神圣之气，"其中凤凰朝凰，麒麟朝麒麟"，视松树为高贵圣洁之物。

2. 松树比德君子喻

《论语》是中国古代经典文化著作之一。孔子对松树最主要的论述就是认为松柏有君子之德，视松柏为君子。

《论语·子罕》中，载有"岁寒，然后知松柏之后凋也。"松柏树四季常绿，针叶虽经风霜而不凋落，说明松柏具有坚贞、坚韧和不屈的精神。孔子一直注重个人修养和君子品德，这与松树展现的坚韧、持久和不屈精神完美契合。

孔子将松柏喻为君子，是对松树的诗性点化，从此开启了中国松文化的源头，使松树成为中国传统文化中的重要符号之一。

《庄子·让王》中，"天寒既至，霜雪既降，吾是以知松柏之茂也。"严寒的冬天，只有松柏依然茂盛，在如此恶劣的环境下都能存活并茁壮成长，凸显了松柏生命的顽强。松树坚韧不拔、顺应自然、坚守正道的特质，激励人们在逆境中坚持不懈，顽强不屈，矢志不渝，追求品行的正直和道德的高尚。

《荀子·大略》中，"岁不寒无以知松柏，事不难无以知君子。"只有在寒冷的冬季，才能真正看到松树的坚强；只有在困难的时候，才能真正彰显君子的德行。君子面对困难和逆境，能像松柏一样，坚守初衷，顽强抗争。

自此，孔子以松比德的思想将松树的坚贞、高洁、孤直融入人们的道德观和价值观之中。松之"君子喻"，使松树成为中国传统文化中最早且最常用来表述君子风范的植物。

3. 松树之茂荫石泉

《诗经》是中国古代最早的诗歌文集，被誉为"中国古代第一篇文学遗产"。在《诗经》中，松柏被提及15次。

《诗经·小雅·天保》："如松柏之茂，无不尔或承。祝祷生命常青，子孙相随。"用松柏的繁茂来象征福禄之盛，用松柏的常青来象征寿命之长，祝福人们能够承续多福多寿，子孙绕膝的好运。

《诗经·小雅·斯干》："如竹苞矣，如松茂矣。兄及弟矣，式相好矣，无相犹矣。"像稠密的竹子和繁茂的松树一样，兄弟情义亲密无间。修竹茂松，四季常青，友情常存（图2-2）。

图2-2　如竹苞矣，如松茂矣

《国语》作为中国古代早期的编年体史书，在书中也有较多关于松树的描述："高山峻原，不生草木。松柏之地，其土不肥。"松柏能够在高山峻岭，土壤贫瘠之地繁茂生长，只因松柏具有不惧艰险，顽强不屈的品质。

屈原创作的《楚辞》，是中国最早的个人抒情诗集。他在《楚辞·山鬼》中写道："山中人兮芳杜若，饮石泉兮荫松柏。"诗人居于深山之中，不为名利所累，不为独处而忧，心如止水，感受自然的宁静，追求心灵的自由，淡泊高洁，慎独自持，自得其乐。这也是松树生于幽谷而不自卑，居于逆境且自安然的写照。

（二）秦汉文化中的松树——亭亭山上五大夫

秦朝曾修驰道于天下，"树于青松"，已经将松树作为行道树栽植了。

《史记》记载：秦始皇于公元前219年封禅泰山，中途遇暴雨，避于一松下，因树救驾有功，被秦始皇封为"五大夫"。

1. 松树之高与天竞

《上李斯》中，载有"上有青松之高者，上则与天竞。"描述了松树的高大挺拔，上与天竞的气势。

秦朝的乐府诗歌有云："龙蟠凤逸，凌霄之高；松柏森罗，翠岚之寒。"表现出松树的苍古高大和茂密挺拔，在翠岚山脉中的壮丽景色。

2. 亭亭山松常端正

汉代以物咏志的诗歌并不多，涉及松树的诗句也少。

东汉最为出名的松树诗是诗人刘桢的《赠从弟其二》："亭亭山上松，瑟瑟谷中风。风声一何盛，松枝一何劲。冰霜正惨凄，终岁常端正。岂不罹凝寒，松柏有本性。"山上高挺的青松，在瑟瑟寒风中耸立，风愈急而树愈劲挺，霜愈寒而树愈坚正，这就是松树不惧风霜，不畏严寒，坚贞不屈，坚韧不拔，矢志不渝的本性（图2-3）。

图2-3 亭亭山上松，瑟瑟谷中风

（三）魏晋南北朝文化中的松树——凌风负雪涧底客

魏晋南北朝时期由于社会的动荡，文人志士大多崇尚自然，强调道德修养、正直和高尚的品质，向往山林的清幽生活，而对于高洁的松树更是喜爱之至和崇拜有加。

据《三国志》记载有三国时吴人丁固梦松的逸事："初，固为尚书，梦松数生其腹上，谓人曰'松字，十八公也，后十八岁，吾其为公乎？'卒如梦焉。"丁固十八载后果然被封为司徒，位列三公。自此，松树也被称为"十八公"。

1. 王乔居处山上松

建安时期大诗人曹植在著名的《洛神赋》中有："翩若惊鸿，婉若游龙，荣曜秋菊，华茂春松。髣髴兮若轻云之蔽月，飘飘兮若流风之回雪。"洛神容光焕发如秋日下的菊花，体态丰茂如春风中的青松。

傅玄诗："世有千年松，人生讵能百。"赞美松的长寿，感叹人生之短暂。

三国时期的文学家嵇康《游仙诗》："遥望山上松，隆谷郁青葱，自遇一何高，独立迥无双。愿想游其下，蹊路绝不通。王乔弃我去，乘云驾六龙。"山上的松树繁茂葱郁，高大挺拔，具有超逸不群、高洁不凡的气质。松生之地，仙人居留，我欲追王乔，仙人乘云而去。高洁的山上松林，只有高贵的仙人才配居住。

谢道韫《拟嵇中散咏松诗》："遥望山上松，隆冬不能凋。愿想游下憩，瞻彼万仞条。腾跃未能升，顿足俟王乔。"这是《游仙诗》的和诗。山上之松，严寒之下也不凋零，盼望着去树下瞻仰松树万仞长的枝柯，可自己不能腾跃飞升，只能等仙人来接，多么盼望着在高贵圣洁的松树下与仙人相遇。

2. 栋梁之材涧底松

魏晋左思的著名诗作《咏史》："郁郁涧底松，离离山上苗。以彼径寸茎，荫此百尺条。世胄蹑高位，英俊沉下僚。地势使之然，由来非一朝。金张藉旧业，七叶珥汉貂。冯公岂不伟，白首不见招。"苍翠挺拔的百尺之松由于生在涧底而被长在山上的寸径之苗所遮蔽，这是出生地位所造成的。世胄居高位，英俊沉下僚，社会之不公非是一朝而造成。面对不公的现实，志士豪杰要耐得住寂寞，处逆境而不改其志。自此，"涧底客"也成了松树的代称。

西晋的刘琨在汉乐府《扶风歌》中载："南山石嵬嵬，松柏何离离。上枝拂青云，中心十数围。洛阳发中梁，松树窃自悲。斧锯截是松，松树东西摧。特作四轮车，载至洛阳宫。观者莫不叹，问是何山材。谁能刻镂此，公输与鲁班。被之用丹漆，熏用苏合香。本自南山松，今为宫殿梁。"繁茂的南山之松，上拂青云，干粗十围，斧锯为梁，运至洛阳，被之丹漆，建成宫殿。这就是松树的命运和使命。高松本为栋梁材，喜被重用，悲为命丧，原本自在之身，今为房上之梁，是喜是悲？可喜可悲？

3. 高风跨俗知劲节

在魏晋南北朝，松树一直是坚贞、高尚和洒脱的象征。

南朝诗人范云《咏寒松诗》："修条拂层汉，密叶障天浔。凌风知劲节，负雪见贞心"。修长的枝条拂开了云层，茂密的针叶遮蔽了天空，凌风负雪，坚贞不屈，松树能够在恶劣的环境下逆境而上，人们面对社会的残酷和生活的艰辛必能毅力坚韧，意志坚定，负重承压而不屈不挠（图2-4）。

图2-4　凌风知劲节，负雪见贞心

南朝（梁）钟嵘在《诗品》中更是直接感叹松树："真骨凌霜，高风跨俗。"凌霜有真骨，跨俗有劲节。

1. 陶渊明之松——青松怀贞霜下杰

晋代的陶渊明，十分厌恶摧眉折腰事权贵，誓不为五斗米而折腰，这与松树不屈不挠、刚正不阿的高风亮节天然契合。

《饮酒·其八》："青松在东园，众草没其姿。凝霜殄异类，卓然见高枝"。众草在寒霜过后荡然无存，高大的青松不凋不萎，脱颖而出，是寒霜的磨难铸就了松树坚贞不屈的高贵品质。

《拟古九首·其六》："苍苍谷中树，冬夏常如兹，年年见霜雪，谁谓不知时。"无论酷暑严寒，松树四季常青，傲然挺立，立场坚定如磐石，意志坚贞似顽铁。

《闲情赋》："栖木兰之遗露，翳青松之余阴。"木兰之露与青松之荫，远离喧嚣和凡尘，让人的身心无比清凉和安宁。

《饮酒·其十四》："班荆坐松下，数斟已复醉。"松下畅饮，自由自在，不为世俗所累，不为权贵折腰，亲近自然，生活安逸，心情舒畅。

《拟古诗九首·其五》："青松夹路生，白云宿檐端"。路两侧的青松与房檐上飘着的白云构成了一幅恬淡安逸的自然美景。"采菊东篱下，悠然见南山。"隐士们向往着悠然自得、无拘无束的生活。

在陶渊明的诗中，松树是不畏严寒、坚贞不屈、高洁孤直的隐士，与松为友，抚松而歌，醉卧松下的生活正是我们所向往的无忧无虑、自然恬静的桃源之境。

（四）隋唐文化中的松树——为木当作栋梁材

隋唐时期是诗歌最为兴盛的时期。《全唐诗》收录唐诗49000多首，松树就出现了3100多次。

这些诗作不但描写松树的外貌和特质，挖掘松树的精神内涵，而且深刻融入诗人的思想和情感，使松树更加生动和鲜活。

唐代冯贽在《云仙杂记·松精成使者》中记载："茅山有野人，见一使者异服，牵一白羊。野人问：'居何地？'曰：'偃盖山。'随至古松下而没，松形果如偃盖。意使者乃松树精，羊乃茯苓耳。"古松形如偃盖，老而能成精，故松有"偃盖山"之称。

1. 贞心不移凌云洁

隋朝诗人李德林《咏松树诗》："结根生上苑，擢秀迩华池。岁寒无改色，年长有倒枝。露自金盘洒，风从玉树吹。寄言谢霜雪，贞心自不移。"松树为园林中的水池添秀增彩，因为松树自带高贵。严冬常青不凋，岁老而生倒枝，这是因为松树有坚贞不屈、坚韧不拔的内在品质。月下寒露，风吹松涛，这是松树之潇洒。霜雪摧不毁，因为自坚贞。君子就应当像松树一样遇到逆境保持坚贞之心，始终坚守自己的原则，像松树一样高洁、潇洒，坚韧不拔。

唐初著名诗人王绩《古意六首·其四》："松生北岩下，由来人径绝。布叶捎云烟，插根拥岩穴。自言生得地，独负凌云洁。何时畏斤斧，几度经霜雪。风惊西北枝，霆陨东南节。不知岁月久，稍觉枝干折。藤萝上下碎，枝干纵横裂。行当糜烂尽，坐共灰尘灭。宁关匠石顾，岂为王孙折。"一棵松树生长在人迹罕至的北岩下，它生长茂盛，树叶像云烟一样飘动，根系深入岩穴之中。因为生长在清幽之处，才能独具清高之气，不怕刀斧砍，不惧霜雪摧，山风和冰雹折断了枝柯，我自屹立不倒；藤萝已枯，枝干开裂，即便老死化为尘土，也不愿为王孙权贵折腰，这就是君子的铮铮铁骨。

李峤《松》："郁郁高岩表，森森幽涧陲。鹤栖君子树，风拂大夫枝。百尺条阴合，千年盖影披。岁寒终不改，劲节幸君知。"无论高耸的悬崖上还是幽深的溪涧里，松树都能郁郁森森。与鹤为邻，有风相伴，百尺树下尽浓荫，千年松影皆成盖，四季不改色，一世存劲节，故曰"君子树"（图2-5）。

图2-5 鹤栖君子树，风拂大夫枝

常建《赠三待御》："阳色薰两崖，不改青松寒。士贤守孤贞，古来皆共难"。松树凌寒独后凋，不谄不媚，坚守本真的孤直。君子坚定自守，清高坚贞，铮铮铁骨。遇事存大义，待人仁德心，受屈心不改，刚直不阿，养"浩然之气"，塑"栋梁之材"。

2. 小松枝细二尺鳞

曹唐《题子侄书院双松》："自种双松费几钱，顿令院落似秋天。能藏此地新晴雨，却惹空山旧烧烟。枝压细风过枕上，影笼残月到窗前。莫教取次成闲梦，使汝悠悠十八年。"种两松不费几钱，却让书院清凉如秋，能藏云纳雨，也可吞烟吐雾，微风吹过床头，松影映在窗前，梦松成公是闲梦，唯有努力才成真，不可枉费十八春。种松可纳凉，更能静我心，晴雨云烟，松风月影，大好光阴，不可荒废。

李群玉《书院二小松》："一双幽色出凡尘，数粒秋烟二尺鳞。从此静窗闻细韵，琴声常伴读书人。"二松不凡添幽色，叶如秋烟干有鳞。静窗闻细韵，松喜读书人。文人爱清幽，院植小青松，微风传细韵，书声伴琴声。

陆龟蒙《怪松图赞》："是松也，虽稚气初折，而正性不辱。"松如端人正士，稚气虽折正性不辱，刚正不阿。

皎然《戏题松树》："为爱松声听不足，每逢松树遂忘还。备然此外更何事，笑向闲云似我闲。"喜欢松树，喜欢松声，喜欢松树白云的悠闲。

3. 古松盘曲捉地坚

曹松《僧院松》："古甲磨云穿，孤根捉地坚"。树干如古甲一般，直穿云层；树根像铁索一样，紧扣大地。古松枝干高耸入云，树根深扎大地。

张鼎《山中松》："枝耸碧云端，根侵藓壁盘"。枝干高耸入云端，树根扎入苔藓中，松树不仅高大而且稳固。

廖匡图《松》："曾于西晋封中散，又向东吴作大夫。浓翠自知千古在，清声谁道四时无。枝柯偃后龙蛇老，根脚盘来爪距粗。"无论是被封为中散，还是大夫，浓翠千古在，松声四时有。老枝垂如龙蛇，根脚盘似鹰爪。

成彦雄《松》："大夫名价古今闻，盘曲孤贞更出群。将谓岭头闲得了，夕阳犹挂数枝云。"松有五大夫之名，虬枝盘曲的高雅风度谁可媲美，孤高坚贞的高贵品质自身具备。巍巍泰山之巅，我自岿然屹立，看夕阳丹霞，云卷云舒。

4. 王维之松——松荫抱琴听泉声

王维，作为山水田园诗人的代表之一，他的诗"诗中有画"，他的画"画中有诗"，他用诗画描绘了一幅幅优美恬静的山水田园画面。王维诗歌中的松树，既有儒学"高洁明净"的思想，也有禅宗"虚空宁静"的意境，以及道家"清静无为"的韵味。王维喜松荫、松月、松泉、松声，尤喜松树高洁之气质，坚贞之品德。

王维诗《登辨觉寺》："软草承趺坐，长松响梵声。"草地上打坐悟禅，松声如梵音般微妙。松声中冥想沉思，心灵似禅宗般纯净。

《戏赠张五弟諲三首·其一》："青苔石上净，细草松下软。"青苔、白石、细草、长松，一幅清新宁静的画面，在此与世无争、和谐怡人的氛围心情清静。

《游感化寺》："谷静唯松响，山深无鸟声。"山谷之静只闻松响，山林之深不见鸟鸣。恬淡宁静的山林才是我所向往的不为俗扰，不为生累的世外桃源之地。

《赠东岳焦炼师》："山静泉逾响，松高枝转疏。"潺潺的泉水，是因山之静，疏朗的枝叶，更显松之高。清泉高松，山高水长，让人心清气爽。

《山居即事》："鹤巢松树遍，人访荜门稀。"松枝满宿鹤，柴门堪罗雀。环境的清幽宁静，正是隐居田园的惬意所在。

《田园乐七首·其七》："酌酒会临泉水，抱琴好倚长松。"临泉酌美酒，倚松好弹琴，琴声不成曲，心在远山中。一幅宁静恬淡，心舒气畅的山水画。

《青溪》："声喧乱石中，色静深松里。"溪水在乱石上飞溅，激越之声悦耳，山色在深松中氤氲，宁谧之气静心。溪水松林，一动一静，水声松色，耳闻目睹。如《画》中所描述的"远看山有色，近听水无声"，一幅恬美的山水景色。

5.李白之松——松本孤直厌桃李

李白，唐代伟大的浪漫主义诗人，其诗豪迈奔放，清新飘逸。李白之诗，尊松柏之贞容，厌桃李之媚态。

《颍阳别元丹丘之淮阳》："松柏虽寒苦，羞逐桃李春。"松柏不惧寒苦，巍然屹立，宠辱不惊，不屑于和桃李争春。

《古风·其十二》："松柏本孤直，难为桃李颜。"松柏孤高傲苍穹，不似桃李媚春风。

《赠韦侍御黄裳二首·其一》："太华生长松，亭亭凌霜雪。天与百尺高，岂为微飙折。……愿君学长松，慎勿作桃李。受屈不改心，然后知君子。"华山上的松树高大挺拔，凌霜沐雪，天生百尺高，狂风奈我何。要学松树做君子，受屈不改心，逆境不易志，坚韧不拔，坚贞不屈，不折不挠。

《送韩准裴政孔巢父还山》："峻节凌远松，同衾卧磐石。斧冰漱寒泉，三子同二屐。"同为孤傲之人，共有君子节，志趣相投，情同兄弟。

6.杜甫之松——新松弱质千年意

杜甫，唐朝伟大的现实主义诗人。杜甫尤喜新松之树小而志高，身弱而质强。

《题李尊师松树障子歌》："阴崖却承霜雪干，偃盖反走虬龙形。"松树平顶虬干，枝叶承霜冒雪枝，树冠龙蟠凤翥。

《凭韦少府班觅松树子》："落落出群非榉柳，青青不朽岂杨梅。欲存老盖千年意，为觅霜根数寸栽。"潇洒出群的不是榉树和柳树，长青不衰的更非杨树和梅花。松树虽小才高数寸，迟早会长成参天大树，因为松树自小就有"千年之意""凌云之志"。老子云："合抱之木，生于毫末"，小松自有凌云志，老盖千年凌霜贞。

《四松》："四松初移时，大抵三尺强。别来忽三载，离立如人长。会看根不拔，莫计枝凋伤。幽色幸秀发，疏柯亦昂藏。"四松栽时三尺高，三载不见如人长。根未露，枝未伤，叶有清幽色，气度更轩昂。因为喜爱，所以倍加呵护。

《严郑公阶下新松》："弱质岂自负，移根方尔瞻。细声侵玉帐，疏翠近珠帘。未见紫烟集，虚蒙清露沾。何当一百丈，欹盖拥高檐。"松小质弱岂自负，为赏英姿移阶前，风吹细声传玉帐，翠叶疏朗映珠帘。虽不见云烟缭绕，却不缺雨露滋润，何时高百丈，树如伞盖庇房梁。

7.白居易之松——君子秉操贯冰霜

白居易，中国伟大的现实主义诗人，是文学史上写松最多的诗人之一，有180多首诗歌写到松树，史有白居易独爱松之说。

《题遗爱寺前溪松》："偃亚长松树，侵临小石溪。静将流水对，高共远峰齐。翠盖烟笼密，花幢雪压低。与僧清影坐，借鹤隐枝栖。笔写形难似，琴偷韵易迷。暑天风槭槭，晴夜露凄凄。独憩依为舍，闲行绕作蹊。栋梁君莫采，留着伴幽栖。"石溪边斜卧的古松，静对流水，高齐远峰，翠盖如烟，雪压枝低，清僧坐影，仙鹤隐枝。画笔难写其形，琴韵难表其声，暑天凉风习习，秋夜寒露凄凄。独坐树下憩，闲游松径曲，莫采栋梁材，留得伴幽栖。雪中见，风里闻，静对流水，傲视苍穹，僧影有禅音，鹤舞伴琴声，超凡脱俗，高远清幽。

《松声》："月好好独坐，双松在前轩。西南微风来，潜入枝叶间。"月明独坐观双松，风入松枝留松风。皎皎明月，寥寥双松，习习微风，清清松声。

《栽松二首》："小松未盈尺，心爱手自移。苍然涧底色，云湿烟霏霏。"松树虽不盈尺，却已具苍茫本色。小松自有千年意，直到凌云始道高。

在唐代文学中，松树一直被文人们所钟爱，首先是松树本身所具有的高洁、坚贞、坚韧、坚强和坚持的高贵品质。松树顶风冒雨，凌霜沐雪，不畏严寒酷暑，四季常青，具有坚贞不屈、坚韧不拔的气质；松树虽处逆境，不惧荒野贫瘠，不惧幽谷荒凉，具有矢志不渝、顽强不屈的品格；松树历岁月之蹉跎，经时光之荏苒，龙蟠凤翥，虬根鳞干，具有愈老弥坚、终成栋梁的风骨。其次，唐代文人延展至对小松的钟爱，喜小松虽质弱而具坚贞之质，虽叶疏不乏高洁之气，虽干细却有凌云之志。最后，文人们将对松的喜爱升华，对由松荫、明月、松风、泉响、鹤舞、琴声而创造的氛围情有独钟，近而向往和追求这种恬淡闲适、平静祥和的田园和桃源生活。

（五）宋代文化中的松树——多生奇节偃盖山

宋词在中国古典文学史上独树一帜，而宋画更是达到了中国绘画史上的巅峰，宋代的诗画意蕴深远，寓情于景，情景交融，具有鲜明的时代特色。宋人对松树的摩画和描写更具魅力，更加深刻地表现松树的风骨和气质。

北宋张方平《咏松》诗曰："君子正容色，烈士全节操。自是万木王，何辱大夫号。"君子守正，烈士全节，本为十八公，何须秦来封。松有贞心操节，故为"万木长"。

1. 独上亭亭拔俗姿

苏舜钦《无锡惠山寺》："清泉绝无一尘染，长松自是拔俗姿。"泉水清澈一尘不染，松树常青英姿脱俗。君子心有清泉，玉洁冰清，形似长松，光明磊落。

汪藻《翁养源因先冢瑞松作亭求诗》："樛枝偃盖蔚相扶，绝胜分封五大夫。"松树枝干盘曲，柯叶层叠，遮天蔽日，故被封为"五大夫"。

李师中《咏松》："半依岩岫倚云端，独上亭亭耐岁寒。"松树居山腰，高耸入云端，亭亭玉立，凌霜傲寒。高大挺拔作栋梁，高洁坚贞君子树。

2. 依依古松百世阴

苏轼《松》："依依古松子，郁郁绿毛身。每长须成节，明年渐庇人。"古松依依，枝叶郁郁，每年节节生长，为人遮风避雨，定能庇佑众人。

秦观《题双松寄陈季常》："遥闻连理松，托根黄麻城。枝枝相钩带，叶叶同死生。"两松紧密相依、根连株系，同生共死不分离，携手相扶连理松。

吴芾《咏松》："古人长抱济人心，道上栽松直到今。今日若能增种植，会看百世长青阴。"古人植松能济当世人心，今人植松定会百世青阴。

朱晞颜《题松泉卷录》："青松生崇冈，抱负岩壑姿。"青松生长在高高的山梁上，笼百里之壑，遮月蔽日；瞩万仞之岩，负阳接阴。

3.月照无边松侵楼

欧阳修《自菩提步月归广化寺》："春岩瀑泉响，夜久山已寂。明月净松林，千峰同一色。"月下松林纯净清明，深夜群山碧色如洗。皎皎月色愈令山青，哗哗瀑布更显山静，如此恬淡山水，何等惬意闲适。

晁公溯《游仙都山》："松环楼殿青，江绕石壁流。清波天让碧，月照无边秋。"青松环楼，江水绕壁，清波碧空，秋月净明。一幅旖旎的山水风光。

释鉴微《送淳上人归故山》："苔遍安禅石，松侵待月楼。重栖上方夜，欹枕瀑声秋。"青苔长满坐禅之石，松树半遮待月之楼，重回住持僧房，斜枕静听瀑声。回归故山，石上悟禅，松下待月，近闻松风，远听瀑声。

陆游《松风》："半岭松风破睡时，起看山月倚筇枝；纵横满地髯龙影，尽是当年手自移。"半山松风惊人醒，倚杖起看山月，当年手植青松，月下尽现龙影。秋来山如黛，闻松风飒飒，观松影重重，一帘幽梦伴月明。

4.辛弃疾之松——风骨磊落多奇节

南宋辛弃疾，作为豪放派代表的著名词人，在他的《稼轩词》中，以松明志，既赞青松气节，又抒隐逸情怀。

《念奴娇·看公风骨》："看公风骨，似长松磊落，多生奇节。"像松树一样有光明磊落的风骨，坚贞不屈的气节，气度高远，品格高尚，卓尔不群（图2-6）。

图2-6　长松磊落，多生奇节

《西江月·遣兴》："昨夜松边醉倒，问松我醉何如。只疑松动要来扶，以手推松曰去。"醉卧松边，与松为友的豪迈与洒脱。青松笑迎霜雪品高洁，我自心清气正向天横，邀松共醉已蹒跚，何须松来扶。

在宋代诗词中，首先松树被赋予了傲岸挺拔、长青繁茂的特质，这些特质对应着松树高洁磊落的品格，坚贞坚韧的精神。其次，松树骨骼清奇，枝节古劲，叶如针、皮似鳞、根似爪、冠如盖的形象，犹如文人雅士，两袖清风，一尘不染。

（六）元朝文化中松树——曲清琴月下仙

元朝是一个充满动荡和变革的时代，文人志士更加向往平静安逸的生活，而对松树的坚贞之质和高洁之品更为喜爱和钦赞。

1. 十八公子身堂堂

刘因《种松》："手持百松子，与之俱倾颓。殷勤嘱造物，为护荒山隈，今来见毫末，喜溢苍烟堆，十年望根立，百年排风雷，自此千万年，再见明堂开。"从松子始，十年根固立，百年干挺拔，千年栋梁才，种松何其难，成才何其坚。

陈泰《松障图歌》："何人独立身堂堂，十八公子须髯苍。"松树身姿堂堂，枝叶苍茫，枝干挺拔，一身正气，人称"十八公"。

2. 可挂绝壁能崇岗

王冕《秋怀·其九》："青松生崇冈，土浅松低徊。顾兹岁寒质，岂匪梁栋材。"生在高岗，山险土薄，不能高千尺成栋梁，地势使之然，可不畏严寒的坚贞品质仍在，不畏艰险的顽强精神仍在。

卢挚《沉醉东风·挂绝壁松枯倒倚》："挂绝壁松枯倒倚，落残霞孤鹜齐飞。" 松，生在绝壁，虬干倒挂，依旧不屈不挠，充满坚韧和顽强（图2-7）。

图2-7　挂绝壁松枯倒倚

3.深山松声隐鹿鸣

宋无《山中》："半岭松声樵客分，一溪春草鹿成群。采芝人入翠微去，丹灶石坛空白云。"半山中松声盈耳，樵夫四散去打柴了，绿草茵茵的小溪边，成群的野鹿在嬉戏。采芝人隐踪在青翠掩映的深山中，只剩下白云缭绕的丹炉和石坛了。这与唐代诗人贾岛《寻隐者不遇》所描绘是同一意境："松下问童子，言师采药去。只在此山中，云深不知处。"白云缥缈，山色空濛，青翠欲滴，清幽的松林之中，白鹤栖松枝，溪边传鹿鸣，童子言师采药去，山中云深不知处。

4.倾盖松阴苔痕青

张可久《霜角南山秋色》："华盖亭亭，向阳松桂荣。"亭亭青松，冠如华盖，繁茂旺盛，高大挺拔。

许有壬《太常引翰克庄杜德常寓所二松可爱，醉中赋》："二松如盖偃中庭。向朱夏，作秋声。摇影动疏棂。掩映得，苔痕转青。"两松浓郁如盖斜卧中庭，使院子在夏季凉爽如秋，风摇松影动窗棂，树下苔痕青青。院中松树遮天蔽日，可闻松风，可观松影。

在元朝这个充满变革和壮丽的时代，松树成为文人雅士们倾注情感和寄托理想的对象之一。通过描绘松树的形象，表达对高尚品质、坚韧不拔的追求，以及对自然界赞美之情和平静安定生活的追求。

（七）明朝文化中松树——厚地摩天大丈夫

明朝是中国历史上一个繁盛的朝代，其文化底蕴深厚，影响广泛。在明朝文化中，松树被赋予"壮志凌云""大丈夫""忠臣孝子"等品质。文人常借松树抒发自己的情感，将松树描绘得峥嵘挺拔、风骨凌然，表现出对其坚贞不屈、不畏艰险的赞美。

明代吴承恩在《西游记》中曾描述有一树妖，名唤"劲节十八公"，实为古松所化，暗喻松树有孤干、有劲节。

1.孤高不惧积棘侵

罗亨信《咏松》："矫劲神偏古，孤高韵自清。终令众恶草，不敢傍根生。"松树矫健遒劲有苍古之神态，孤傲高洁有清远之气韵。孤身自带正洁气，恶草远离不敢生。

龚诩《咏松》："亭亭独立秀穹林，得地何愁积棘侵。老节定经千岁久，直根应透九原深。尘埃不染怜渠貌，风雪难移信此心。却怪祖龙封爵位，不平时作怒涛声。"松树亭亭秀冠万木，披荆斩棘脱颖而出。枝柯历千载而愈坚，树根透九原而弥深。尘埃不染其貌，风雪难移其心。身洁志坚真君子，羞为秦封作怒涛。

2.亭亭落落丈夫概

区大相《咏松》："森森千丈松，落落丈夫概。耸干高岭侧，穹标碧云外。当春发华兹，迎寒转苍翠。节以霜雪坚，用以栋梁大。"森森高岩松，磊磊大丈夫。高挺千尺，接星斗而凌云；秀冠万木，出蓬蒿而独翠。霜雪坚其节，质本作栋梁。有磊落之概，凌云之志，坚贞之节，栋梁之材（图2-8）。

黄渊耀《咏松》："矫矫亭亭骨干孤，风吹霜压不须扶。"松有矫矫亭亭骨，风吹霜压不倒身。

图2-8　森森千丈松，落落丈夫概

3. 永日倚松观云瀑

陈沂《瀑布泉》："云间瀑布三千尺，天外回峰十二重。满耳怒雷飞急雨，转头红日在青松。"瀑布三千尺，尤挂云间；山峰十二重，似在天外。瀑布如怒雷飞雨，红日高悬青松顶。瀑布隐在群峰中，红日尤嵌青松里。多么壮丽、高远的自然景观！

唐寅《严滩》："青松满山响樵斧，白舸落日晒客衣。"青松满山，只闻砍柴声；落日白船，唯见晒客衣。青山、大船、落日、樵声、晾衣，共同组成了平静祥和的青山河滩之境。

方弘静《访程山人不遇》："避喧来谷口，爱此青松阴。永日空山寂，幽蝉时自吟"。谷口寻静，青松阴凉，白日空山静，偶传蝉鸣声。松翠林更阴，蝉鸣山愈静。清凉寂静的山谷让人心旷神怡。

4. 夜月松窗鸟惊雪

蓝智《赠隐者》："别梦关山远，松窗夜月虚。"远山如黛，朦胧月夜寒；窗前松影，一帘幽梦长。

黄公辅《叱石八景其五松冈月露》："峻岭长松傲雪青，高悬夜月照林垌。"高岭之松雪中愈加青翠，远郊松林月下更加清明。松青雪愈白，松翠月更明。

破窗显公《入寺》："碧草通樵径，青松夹寺门。"碧草茵茵樵夫路，青松郁郁高僧门。平和、超脱之中显高洁。

明朝文化中松树的意蕴是丰富和多元化的，它代表着人们对于美好生活和高贵品质的追求和向往。松树作为一种具有深厚文化底蕴的符号，不仅贯穿于古代文学艺术中，也深刻地影响着当代社会。

（八）清朝文化中松树——傲雪凌霜十八公

作为自然景物的松树一旦与君子德操相联系，便具有了深刻的文化内涵和隽永的审美价值。松树坚韧、高洁的品格，在清代文人的描写中更具神韵，更有意蕴。

相传一年盛夏，清乾隆游北海，适逢正午，因闷热难耐，于油松树荫之下乘凉，清风拂过，暑汗全消，遂封此松为"遮荫侯"。

1. 松阴松涛闻松香

张潮《幽梦影》："以松花为量，以松实为香，以松枝为麈尾，以松阴为步障，以松涛为鼓吹。山居得乔松百余章，真乃受用不尽。"列举了松花、松实、松枝、松荫和松涛的诸般用处，山中有松百余，受用不尽。

颜检《由南山口至松树塘》："日落晚风凉，人来松树塘。眼波集暮景，鼻观闻松香。山峨峨兮水汤汤，雪皑皑兮松苍苍。"眼可观松景，鼻可闻松香，山高水长，雪洁松苍。

杨炳坤《出得胜关抵松树塘》："平原草长绿无际，远岫松明青有痕"。平原草碧无际，远山松青有痕；山清水秀草茵茵，月朗星稀松青青。

2. 迎寒冒暑斗天公

陆惠心曾作四首《咏松》诗。其一："迎寒冒暑立山岗，四季葱茏傲碧苍。漫道无华争俏丽，长青更胜一时芳。"其二："风吹雨打永无凋，雪压霜欺不折腰。拔地苍龙诚大器，路人敢笑未凌霄。"其三："身寄南山不老翁，冰霜历尽志尤雄。欣偕瑞鹤凌空舞，乐伴祥云赏日红。"其四："遮云蔽日斗天公，伴月陪星入太空。拔俗超凡君子志，疾风骤雨显英雄"（图2-9）。松树冒酷暑，笑对晴雨，处严寒，静视晨昏。虽无桃李之芳华，更胜冬夏之碧翠。风雨之欺永不凋，志高而愈坚，霜雪之蹯不折腰，孤直而弥贞。拔地苍龙成大器，参天青松可凌霄。松下抚琴观鹤舞，乐伴祥云赏日红。老盖遮云蔽日，虬枝伴月陪星，拔俗超凡真君子，疾风骤雨显英雄。

图2-9　迎寒冒暑立山岗

清朝文化中的松树承载着丰富的文化内涵，代表着高尚品格、坚韧精神、孤傲洒脱以及清雅纯朴的价值观念。

（九）当代文化中的松树——铁枝铜干一劲松

松树，因其自身的特质，已成为人们时常赞美的主题之一。在当代文化中，松树的形象被重新诠释和丰富，传达出人们对自然、生命和精神世界的崇敬与追求。

1. 乱云飞渡看劲松

毛泽东《七绝·为李进同志题所摄庐山仙人洞照》："暮色苍茫看劲松，乱云飞渡仍从容。"不论周围云卷云舒，苍劲的古松依然高高耸立；不论世界风云变幻，我自岿然不动，气定神闲，从容面对，蔑视一切来犯之敌。

2. 青松高洁不改色

陈毅《青松》："大雪压青松，青松挺且直。要知松高洁，待到雪化时。"面对大雪的暴虐，松树仍然挺拔，经历了风雪的洗礼之后，青松将更显其高洁的本性。我们革命者就是应当具有这种宁折不弯，坚韧不拔，坚贞不屈，不畏艰难，愈挫弥坚的精神。

陶铸《松树的风格》："狂风吹不倒它，洪水淹不没它，寒冬冻不死它，干旱旱不坏它。""要求于人的甚少，给予人的甚多。"

3. 顶天立地傲苍穹

佚名《松，我赞美你》："顶天立地雄踞山顶，屹立挺拔笑傲苍穹。伸臂展腰饱览沧桑，战寒斗暑不屈不挠。光明磊落侠骨清风，招手点头笑迎远客。不畏贫瘠扎根石缝，众木成林共繁共荣。"

当代文学家汪曾祺在《沙家浜》的片尾唱词中写道："要学那泰山顶上一青松，挺然屹立傲苍穹。八千里风暴吹不倒，九千个雷霆也难轰。烈日喷炎晒不死，严寒冰雪郁郁葱葱。那青松，逢灾受难，经磨历劫，伤痕累累，瘢迹重重。更显得枝如铁，干如铜，蓬勃旺盛，倔强峥嵘，崇高品德人称颂。"革命者就像松树一样，顽强、坚贞、自信，倔强峥嵘，傲立苍穹（图2-10）。

图2-10 枝如铁，干如铜

凌霜冒雪真君子，顶天立地大丈夫。松树的形象和精神，在当代文化中不断发扬光大，松树的倔强傲立的铮铮铁骨也成为当代人们的道德典范。

泰山十八公，本是一青松。远名五大夫，实羞为秦封。圣人喻君子，洞底客左公。陶公见高枝，摩诘听梵声。太白厌桃李，少陵喜新松。陆翁看山月，稼轩醉推松。唐为偃盖山，明是劲节公。

二、松文化之自然基因

一株松树的成长，既要受到地势、地质的限制，或生于山顶、或长于洞底、或种在厅堂、或植于路旁，干旱缺水、土瘠肥薄、山荫石遮，这是地势使然，自己不能选择；又要受到天气、气候的影响，风吹日灼、雨打雷击、雪压霜寒，这是自然法则，自己不能左右；还要受到周围生物和人类的干扰和摧残，草覆藤绕、虫吃鼠咬、鸟宿兽啮、火烧水淹、刀砍斧斫，这是命运使然，自己不能抗拒。

而正是松树与极端天气状况、与恶劣地理环境、与不利自然条件的抗争，构成了松文化的自然基因，从而铸就了其遒劲挺拔的风骨和形象，孕育了其坚贞高洁的气质和品格，锻造了其顽强不屈的精神和灵魂。面对松树与天象、松树与地理、松树与自然的抗争和交融，古代的文人志士在不断冥想和深思，领悟修身之本、齐家之法、治国之理、平天下之道。

（一）松与天象

松树与风霜雪雨，严寒酷暑不断地抗争，不断地改变自我，逐步地适应自然。人们崇敬和赞叹松与"天"斗的过程，欣赏松与"天"斗所形成的境界和氛围。

1. 松雪

松与雪，最动人的画面莫过于大雪压青松而柯白叶翠的场景（图2-11）。

图2-11　松与雪——孤标百尺雪中见

千里冰封，万里雪飘，面对大雪，松树头可断，枝可折，可倔强的性格没有变，顽强不屈，坚韧不拔，岿然屹立，雪压青松松愈秀，松含白雪雪悠然。雪锻造了松的顽强，松衬托了雪的纯洁。

唐代李山甫《松》：

> 地耸苍龙势抱云，天教青共众材分。
>
> 孤标百尺雪中见，长啸一声风里闻。
>
> 桃李傍他真是佞，藤萝攀尔亦非群。
>
> 平生相爱应相识，谁道修篁胜似君。

枝干似苍龙，高耸入云端，天寒独青青，不与众木同。树高百尺，雪中不凡，风里长啸，孤傲英姿。桃李欲傍耻为伍，藤萝攀附羞作群。青松我最爱，修竹不如君。

背阴之崖不见晴，白雪挂青松，寒风吹过，雪洒满苔石。松因雪寒，雪因松洁，松为雪青，雪为松白。

元代范梈《题松雪图》：

> 傍人不识岁寒松，怜杀深山大雪封。
>
> 待得化为东海水，青天白日睡苍龙。

青松不畏寒，大雪封深山，待到雪化时，松化苍龙眠。

清代张葆斋《天山雪松》：

> 松雪相依耸峻岭，松青雪白两新鲜。
>
> 雪飞岭上添松态，松长山头映雪妍。
>
> 雪压青松松愈秀，松含白雪雪悠然。
>
> 天山松雪何时谢，雪积千秋松万年。

崇山峻岭中松青雪白两相依，雪衬松姿，松映雪妍，雪压青松松愈秀，松含白雪雪悠然，雪中松，松上雪，松雪相依何时了，雪有千秋松万年。

2. 松月

松与月，最动人的画面莫过于明月泻松枝，树下窗前夜读的场景。

明月的清辉凝练了夜的寒意，更磨砺了松的高洁。松梢升明月，月光泻松枝，摹画了一幅恬淡闲适的生活场景。

唐代王维《山居秋暝》：

> 空山新雨后，天气晚来秋。
>
> 明月松间照，清泉石上流。
>
> 竹喧归浣女，莲动下渔舟。
>
> 随意春芳歇，王孙自可留。

空旷的群山刚沐浴了一场新雨，夜幕降临，已是初秋。皎洁的明月从松间洒下清辉，清澈的泉水在岩石上淙淙流淌。皓月当空，青松如盖，幽清明净的自然之美，恬淡祥和的安怡气象。归来的浣纱少女在竹林中喧闹，行过的渔舟在水中引起莲叶的颤动。松间明月，石上清泉，让人流连忘返。远离尘嚣，无忧无虑，才是桃源仙境。

唐代王维《酬张少府》：

> 晚年唯好静，万事不关心。
>
> 自顾无长策，空知返旧林。
>
> 松风吹解带，山月照弹琴。
>
> 君问穷通理，渔歌入浦深。

人老则好静，万事不关心。因自视无治国良策，故有自知返归山林。松风为我宽衣解带，山月照我弄弦弹琴。若问穷困通达之理，唯有渔樵之歌解之。身具青松质，处世气自正，心有明月清，大道自然行。

元代明本《松月》：

> 天有月兮地有松，可堪松月趣无穷。
>
> 松生金粉月生兔，月抱明珠松化龙。
>
> 月照长空松挂衲，松回禅定月当空。
>
> 老僧笑指松头月，松月何妨一处供。

这是元代高僧明本的诗作，颇具禅意。天有明月地有松，松月之境趣无穷，松生金粉月生兔，月如明珠松似龙，月照大地松挂衣，松下坐禅月当空。松间月，月下松，松中有月，月下有松，松为月青，月为松明。世之美景，松与月相融。

3. 松风

松与风，最动人的画面莫过于细听风入松中，抚树而沉思的场景（图2-12）。

图2-12 松与风——愿乞松风与白云

"木秀于林，风必摧之"，这是自然法则。松树或耸立于山巅，或幽居于溪谷，因其高大挺拔，枝繁叶茂，必为风所摧残。松与风的斗争，使松树的枝柯如鹰爪直击天空，树干如虬龙屈曲盘旋，根盘如蟹爪紧扣巉岩。

人们一直崇尚松树与风不屈不挠的抗争精神，敬畏松树于狂风中巍然屹立，宁折不弯的气质和品格，近而逐步升华为感慨松树与风抗争的形象和过程，愉悦于风入松中之音，细听松树与风博弈的声响，将自己融入其中，从而有了听松风之趣。

南朝有"山中宰相"之称的陶弘景特爱听松，为听松风，庭院皆植松，每闻其响，欣然为乐。有诗云："山中傥遇陶弘景，愿乞松风与白云。"

明代刘基作《松风阁记》曰：

"宜于风者莫如松。盖松之为物，干挺而枝樛，叶细而条长，离奇而巃嵸，潇洒而扶疏，鬤髻而玲珑。故风之过之，不壅不激，疏通畅达，有自然之音。故听之可以解烦黩，涤昏秽，旷神怡情，恬淡寂寥，逍遥太空，与造化游。宜乎适意山林之士乐之而不能违也。

金鸡之峰，有三松焉，不知其几百年矣。微风拂之，声如暗泉飒飒走石濑；稍大，则如奏雅乐；其大风至，则如扬波涛，又如振鼓，隐隐有节奏……观于松可以适吾目，听于松可以适吾耳，偃蹇而优游，逍遥而相羊，无外物以汩其心，可以喜乐，可以永日。

盖阁后之峰，独高于群峰，而松又在峰顶，仰视如幢葆临头上。当日正中时，有风拂其枝，如龙凤翔舞，离褷蜿蜒，轇轕徘徊；影落檐瓦间，金碧相组绣，观之者目为之明。有声如吹埙篪，如过雨，又如水激崖石，或如铁马驰骤，剑槊相磨戞；忽又作草虫鸣切切，乍大乍小，若远若近，莫可名状，听之者耳为之聪。"

风声取决之于所遇之物，而松树是最悦于风的，如干挺、枝樛、叶细、条长、离奇。风入松中，如暗泉飒飒、如奏雅乐、如扬波涛、如振鼓响等，风吹过时是自然之音，不壅塞也不激荡，而是清澈、畅通，让人听后旷神怡情，逍遥太空。

松树，高大挺拔，屹立峰巅。当风吹过松枝时，声音时而如埙篪、时而如落雨、时而如水激石、时而如金戈铁马、时而如草虫窃语，犹如天籁，令人耳目一新，浮想联翩。

清代文人毛奇岭曾作《松声赋》：

"是以亭亭山上，郁郁溪边，颍川驿畔，张良庙前，长松千尺，偃蹇连蜷，恍龙蟠乎道左，似霓饮乎通川，就而视之，则青针乍长，紫薜初蚀，节带霜皴，青随露滴。茯苓盘其根，茑萝施其枝。上凌清汉，下薄回谿，崇柯幂屦，曲干低迷，喜映日之成盖，每牵云而作衣。

则有青萍生风，赤岭延籁，风绕枝中，声流树外。呦呦焉麔麚之在林，咿嘤焉山蝉独吟。渐转而增扬，喊吰焉如松根断石，千年而火发兮，啮嗽焉鼎溲溲其沸淫。尔乃草里泉鸣，竹间雨响，蜀布春载，吴丝夜纺，接残息之呦嘤，潄芳流而偃仰。其或筝笼暗调，竽笙间发，铜脆能衔，丝长可纠，云间有赘婿之台，海上去从师之楫，叹吹笛之无从，怅援琴而自合。

至若沙崩颓岸，堰决荒堤。啮寒朝涉，呼凉夏畦。乌号涧底，鼍吼江涯。车转蓬而扬远，矢拖翎而过迟。舵有扬帆之驶，马如拽练之飞。薛御唶喉于邺下，孙登长啸于山陲。又况噫气蓬丛，搏飔梢械，骤听嘌呼，再聆嗃呷。商山之路既赊，泰岱之封难接。缅九州之遥遥，望百川之渫渫。恍西陵之上潮，听未终而鸣咽。"

欲写松声，先述松状。松树青针乍长，紫薜初蚀，节带霜皴，青随露滴，映日成盖，高耸入云，真正的青松、高松、茂松、似龙蟠霓饮。至于风绕枝中，声流树外，各种微妙之音，如兽语、如蝉鸣、如草里泉鸣、如竹间雨响，其声堪比丝竹，尤胜琴笛。待到狂风乌号涧底，松涛之声，或急驰或和缓、或高亢或呜咽，乍大乍小、若远若近，骤听嘌呼，再聆嗝呷，奇妙无比。松风，世上最奇妙的声音。

（二）松与地理

松树的"出身"，自己不能左右。在不同的地势，不同的地质条件和不同的地理环境，塑造了松树不同的形象，也铸就了不同的松树品格，孕育了不同的松树精神。

1.涧底松

松树因生在涧底中，枉为栋梁，而被埋没深山中，不被重用，自古为人所嗟叹。

唐代文学家王勃曾作《涧底寒松赋》：

"惟松之植，于涧之幽。盘柯跨险，沓柢凭流。寓天地兮何日，沾雨露兮几秋？见时华之屡变，知俗态之多浮。故其磊落殊状，森梢峻节。紫叶吟风，苍条振雪。嗟英鉴之希遇，保贞容之未缺。攀翠崿而形疲，指丹霄而望绝。已矣哉！盖用轻则资众，器宏则施寡。信栋梁之已成，非榱桷之相假。徒志远而心屈，遂才高而位下。斯在物而有焉，余何为而悲者。"

涧底之松，虬枝高峻，盘根临溪，经天地雨露，见世俗炎凉，才显磊落风采，枝茂节峻，紫叶吟风，苍条振雪。虽难遇明鉴之人，但自贞容不改；虽为栋梁，却不为所用；虽志远而位低。可叹可赞涧底之栋梁，能耐得住寂寞，心屈不改其志，永保磊落贞容。

唐代白居易也作过《涧底松》：

"有松百尺大十围，生在涧底寒且卑。涧深山险人路绝，老死不逢工度之。天子明堂欠梁木，此求彼有两不知。谁喻苍苍造物意，但与之材不与地。金张世禄原宪贫，牛衣寒贱貂蝉贵。貂蝉与牛衣，高下虽有殊。高者未必贤，下者未必愚。君不见沉沉海底生珊瑚，历历天上种白榆。"

松高百尺，径大十围，出生涧底，天寒又地卑。明堂缺栋梁，涧深无人知。天生我才不为用，只因生在深涧中。贵胄世袭穿貂衣，圣贤生在贫寒家。出身有不同，地位分高低，高者未必贤，下者未必愚。珊瑚何其珍，却沉海底；白榆何其庸，却生天上！栋梁沉下僚，庸才袭高位。世有不平事，出身使之然。

宋代程俱《郁郁涧底松》：

郁郁千山麓，常嗟涧底松。

老应从禹贡，清不受秦封。

偃寒龙蛇蛰，埋藏冰雪容。

地偏难笋萚，根固独凌冬。

天近知才大，辰来有栋隆。

山苗应见笑，穴蚁莫相攻。

千山之麓松郁郁，可叹生在深涧底。苍老可溯禹贡时，清高不受秦皇封。偃伏如龙蛇，隐于冰雪中。涧底高笋难出萚，根深蒂固能凌冬。高笋入天，始识栋梁材，不受苗欺，勿被蚁攻。世人只见离离苗，不识青松贞容姿。

2.山顶松

山顶之松多高大挺拔，亭亭玉立。而多为人们所赞颂的正是松树屹立山顶，傲视风雪的气魄和精神（图2-13）。

图2-13　山顶之松——亭亭山上松，一一生朝阳

唐代白居易《和答诗十首·和松树》：

> 亭亭山上松，一一生朝阳。森耸上参天，柯条百尺长。
>
> 漠漠尘中槐，两两夹康庄。婆娑低覆地，枝干亦寻常。
>
> 八月白露降，槐叶次第黄。岁暮满山雪，松色郁青苍。
>
> 彼如君子心，秉操贯冰霜。此如小人面，变态随炎凉。
>
> 共知松胜槐，诚欲栽道傍。粪土种瑶草，瑶草终不芳。

将山上松与尘中槐作对比。山顶松亭亭玉立，干耸参天，枝长百尺，雪中松郁青苍；尘中槐漠漠而生，婆娑覆地，枝短寻常，秋季槐叶变黄。松有君子心，秉操贯冰霜，槐是小人面，志短节不贞。都知松胜槐，欲栽道路旁。种在世俗地，瑶草也不芳。松树具有坚贞、顽强、刚毅、高洁的气质，却不能容于世，只能孤傲地屹立山顶。

唐代元稹《松树》：

> 华山高幢幢，上有高高松。株株遥各各，叶叶相重重。
>
> 槐树夹道植，枝叶俱冥蒙。既无贞直干，复有胃挂虫。
>
> 何不种松树，使之摇清风。秦时已曾种，憔悴种不供。
>
> 可怜孤松意，不与槐树同。闲在高山顶，樛盘虬与龙。
>
> 屈为大厦栋，庇荫侯与公。不肯作行伍，俱在尘土中。

同样也是用松树与槐树作比。华山顶上的松树高大浓郁、枝繁叶茂，而道边的槐树却干曲而多虫。松树格高而质清，秦时就曾经栽种，但却高贵难养。可叹孤松宁愿闲在高山，也不肯与槐树之流为伍，不愿屈身作栋梁去庇荫公侯。

3. 堂前松

自古以来由于人们对松树的崇拜和喜爱，因此在宫殿府衙、深宅大院、寺庙道观等地的堂前多植苍松（图2-14）。

图2-14　堂前之松——近檐阴更静，临砌色相鲜

唐代白居易《庭松》：

　　　　　　堂下何所有，十松当我阶。乱立无行次，高下亦不齐。

　　　　　　高者三丈长，下者十尺低。有如野生物，不知何人栽。

白居易堂前的庭松：十株高低参差，行列不齐，高可逾三丈，低不足十尺，自然如野生。

唐代崔涂《题净众寺古松》：

　　　　　　百尺森疏倚梵台，昔人谁见此初栽。

　　　　　　故园未有偏堪恋，浮世如闲即合来。

　　　　　　天暝岂分苍翠色，岁寒应识栋梁材。

　　　　　　清阴可惜不驻得，归去暮城空首回。

净众寺古松，百尺森疏昔人栽，松下清阴有梵音。天明见苍翠，岁寒识栋梁。

唐代李胄《文宣王庙古松》：

　　　　　　列植成均里，分行古庙前。阴森非一日，苍翠自何年。

　　　　　　寒影烟霜暗，晨光枝叶妍。近檐阴更静，临砌色相鲜。

文宣王庙古松横成行，竖成列，苍翠肃穆，绿荫幽静。

宋代董天吉《永庆寺松风亭》：

> 长松荫禅宇，柯叶何橚橾。清风一披拂，奏作绿绮琴。
>
> 虬龙舞空祠，鸾凤相与吟。众籁起幽听，太虚本沉沉。
>
> 悠然亭中人，宴坐欢妙音。心闻得深悟，明月生东林。

永庆寺古松，松风如奏绿绮琴，似作龙吟凤鸣声，亭中静坐听妙音，长松荫下明月生。

（三）松与树姿

迎风雪，凌寒霜，胸怀冲天志；立高崖，挂绝壁，身具捉地根。松树，在与自然不懈地抗争中，磨炼成了不同的形象，或高或低、或曲或直、或正或倚、或孤或丛，姿态不同，但其自身的气质没变，内在的品格始终如一，孕育的精神永恒不变。

1. 高松——社会之栋梁

高松，因其高大挺拔而可贵，而更可贵的是其作为社会中流砥柱的栋梁之材的品格（图2-15）。

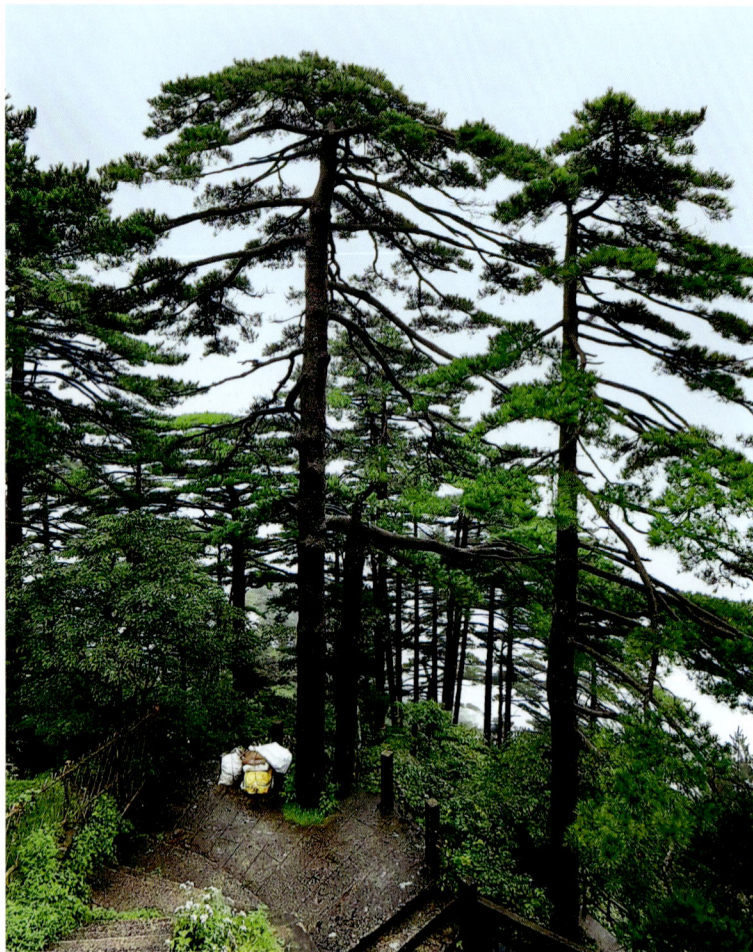

图2-15　高松——高松出众木，伴我向天涯

南朝史学家、文学家沈约《高松赋》：

"郁彼高松，栖根得地。托北园于上邸，依平台而养翠。若夫蟠株耸干之懿，含星漏月之奇，经千霜而得拱，仰百仞而方枝。朝吐轻烟薄雾，夜宿迷鸟羁雌。露虽滋而不润，风未动而先知。既

梢云于清汉，亦倒景于华池。轻阴蒙密，乔柯布护。叶断禽踪，枝通猿路。听骚骚于既晓，望隐隐于将暮。暧平湖而漾青绿，拂缯绮而笼丹素。于时风急垄首，寒浮塞天，流蓬不息，明月孤悬。"

高松栖身得地利之先，根繁叶茂，耸干入云，含星露月，经千霜而得拱，仰百仞而方枝。朝吐薄雾，夜宿迷鸟，有雨露滋润，有清风吹拂，梢耸云霄，影入华池。或晨风劲吹，平湖漾青绿；或暮霭笼罩，缯绮笼丹素。待到寒风骤起，唯留明月孤悬。

唐代李商隐《高松》：

> 高松出众木，伴我向天涯。
>
> 客散初晴候，僧来不语时。
>
> 有风传雅韵，无雪试幽姿。
>
> 上药终相待，他年访伏龟。

天晴客始散，僧坐对无语。即使到天涯，仍有高松相伴，松高凌越众木，节贞冠压群芳。有松风之雅韵，无松雪之幽姿。待到生灵药，再来看茯苓。

宋代王令《大松》：

> 十寻瘦干三冬绿，一亩浓阴六月清。
>
> 莫谓世材难见用，须知天意不徒生。
>
> 长蛟老螭空中影，骤雨惊雷半夜声。
>
> 却笑五株乔岳下，肯将直节事秦嬴。

松干高十寻，三冬尤翠绿，浓荫一亩，六月更清凉。莫道济世栋梁难成材，天生我材必有用。枝柯纵横，直刺苍穹，犹如长龙；半夜松涛阵阵，如骤雨，似惊雷，气势磅礴。高松济世才，自有不屈骨，耻为五大夫，屈节事秦故。

2. 偃松——不屈之斗士

偃松，因其屈曲扎遒劲而可贵，而更可贵的是其身处逆境而不自卑，勇于抗争，顽强不屈的品格。

唐代张说《遥同蔡起居偃松篇》：

> 清都众木总荣芬，传道孤松最出群。
>
> 名接天庭长景色，气连宫阙借氛氲。
>
> 悬池的的停华露，偃盖重重拂瑞云。
>
> 不借流膏助仙鼎，愿将桢干捧明君。
>
> 莫比冥灵楚南树，朽老江边代不闻。

传道孤松在荣芬众木中脱颖而出，俊美之名直达天庭，氛氲之气弥漫宫中，清新明亮的露水滞留松叶，繁茂如盖的枝柯融入云中，不倚他物自芬芳，忠于明君做栋梁，高贵卓绝之物，岂是老朽俗木所能比！

唐代顾况《萧寺偃松》：

> 凄凄百卉病，亭亭双松迥。
>
> 直上古寺深，横拂秋殿冷。
>
> 轻响入龟目，片阴栖鹤顶。
>
> 山中多好树，可怜无比并。

百草萋萋已凋零，双松亭亭两相异，一松耸直隐古寺，一松横卧覆殿堂。下有灵龟松风轻，顶栖仙鹤片荫浓。山中多好树，难比萧寺松。

宋代释道章）《偃松》：

> 得地久蟠踞，参天多晦冥。
>
> 月通深夜白，雪压岁寒青。
>
> 独拥虬腰大，疑闻雨甲腥。
>
> 深根动坤轴，萧瑟挂疏星。

松树，得地利，如龙盘虎踞，势参天，观兔起乌沉。皎月照松白，皑雪压松青。虬干高大粗壮，不惧狂风暴雨，根爪深入地底，不怕萧瑟秋风。

3.孤松——高洁的隐士

孤松，因其孤高正直而可贵，而更可贵的是其处逆境而不改其志的高洁品格（图2-16）。

图2-16 孤松——孤松倚云青亭亭

魏晋陶渊明《归去来兮辞》：

> 云无心以出岫，鸟倦飞而知还。
>
> 景翳翳以将入，扶孤松而盘桓。

云有慵懒之心滞留山岫，鸟已疲倦飞还巢穴。太阳快落山了，在荫翳的树下，手扶孤松徘徊，高洁之士一直留恋着这种脱离世俗、悠然自在的安逸和惬意。

唐代刘希夷《孤松篇》：

> 青青好颜色，落落任孤直。
>
> 群树遥相望，众草不敢逼。
>
> 灵龟卜真隐，仙鸟宜栖息。
>
> 耻受秦帝封，愿言唐侯食。

松树虽孤独，却青翠挺拔、亭亭屹立，群树敬仰、众草不欺，灵龟隐其根、仙鸟栖其枝，耻为屈膝秦帝封大夫，愿做清贫唐侯采薇食，皆因其具有高洁的品质。

元代王冕《孤松叹》：

> 孤松倚云青亭亭，故老谓是苍龙精。
>
> 古苔无花护铁甲，五月忽听秋风声。
>
> 幽人恐尔斧斤辱，独傍孤根结茅屋。
>
> 月明喜看清影摇，雪冻却愁梢尾秃。
>
> 昨夜飞霜下南海，山林草木无光彩。
>
> 起来摩挲屋上松，颜色如常心不改。
>
> 幽人盘桓重慷慨，此物乃是真栋梁。

> 呜呼！既是真栋梁，天子何不用是扶明堂？

孤松高耸入云如苍龙，古苔覆身似铁甲。隐士结庐孤松旁，月明观清影，雪冻见枯枝。飞霜过后草木枯，只有松翠如故。可惜真栋梁，不能扶明堂。

王冕也曾作《孤梅咏》，是其姊妹篇："孤梅在空谷，潇洒如幽人。不同桃李花，那知艳阳春。冰霜岁年晚，苔藓青满身。鼎鼐既不辱，风味良自珍。孰信姚黄枝？来作灶下薪。"孤梅如孤松一样，虽生空谷，却潇洒清幽能自洁，不羡桃李阳春争艳。岁末历冰霜，苔青独自芳，不媚世俗与高贵，淡泊而超然。幽人叹孤松，咏孤梅，松梅不孤人自孤，只因世人不识君，可叹栋梁材，却作灶下薪。

元代《孤松》作者不详：

> 青松类贫士，落落惟霜皮。
>
> 已羞三春艳，幸存千岁姿。
>
> 蝼蚁穴其根，乌鹊巢其枝。
>
> 时蒙过客赏，但感愚夫嗤。
>
> 回飙振空至，百卉落无遗。
>
> 苍然上参天，乃见青松奇。
>
> 苟非厄冰雪，贞脆安可知？

松树类贫士，不惧风霜寒，不畏冰雪欺，蝼蚁穴其根，乌鹊巢其枝，待到秋风至，百草凋零，乃见其贞，乃显其奇！不争三春艳，幸有千岁姿。

4. 古松——长寿的智者

古松，因其寿长千年而可贵，而更可贵的是其古朴苍劲、老成睿智的品格（图2-17）。

唐代白居易诗作《题流沟寺古松》：

> 烟叶葱茏苍麈尾，霜皮剥落紫龙鳞。
>
> 欲知松老看尘壁，死却题诗几许人。

图2-17 古松——烟叶葱茏苍麈尾，霜皮剥落紫龙鳞

枝叶葱茏如麈尾（拂尘），树皮剥落似龙鳞，欲知松多老，壁上题诗人。

唐代张乔《题兴善寺古松》：

> 瘦根盘地远，香吹入云清。
>
> 鹤动池台影，僧禅雨雪声。

松根盘地纵横远，松香入云上下清。池台边上鹤动有影，雨雪之中僧禅有声。

北宋王安石《古松》：

> 森森直干百余寻，高入青冥不附林。
>
> 万壑风生成夜响，千山月照挂秋阴。
>
> 岂因粪壤栽培力，自得乾坤造化心。
>
> 廊庙乏材应见取，世无良匠勿相侵。

古松，直干百寻，夜成万壑松风，秋挂千山月照。廊庙之材，只待良匠。

明代刘溥《赋得贞松寿姑苏张继阵八十》：

> 徂徕之松何蜿蜒，根盘厚地枝摩天。
>
> 气横东南动光彩，泰山风雪衡山烟。
>
> 长风吹天天宇开，飒飒海涛天上来。
>
> 世间草木总卑小，如就彭祖观婴孩。
>
> 古来君子不改德，松亦何尝改其色。
>
> 往往工师求栋梁，重如山岳谁移得。
>
> 春风细洒金粉香，茯苓寒凝琥珀光。
>
> 为君取此制春酒，饮之眉寿同无疆。

徂徕之松，根盘厚地枝摩天，经风雪，历烟雨，寒不改色，地不易志，历天地千险，经岁月万难，终成栋梁之材，千岁之松出松脂，松脂入土千年成茯苓，茯苓千年终成琥珀，饮此三千岁琥珀酒，寿比南山不老松。

5. 小松——有志之新秀

小松，因其虽新植而有凌云之鸿志，虽弱小而有坚贞之风骨的品格而尤为可贵（图2-18）。

图2-18　小松——时人不识凌云木，直待凌云始道高

唐代杜荀鹤《小松》：

> 自小刺头深草里，而今渐觉出蓬蒿。
>
> 时人不识凌云木，直待凌云始道高。

松树虽小，常被蓬蒿所没，不为人所知，待其高耸入云，方知其凌云之志。

杜荀鹤《题唐兴寺小松》：

> 虽小天然别，难将众木同。侵僧半窗月，向客满襟风。
>
> 枝拂行苔鹤，声分叫砌虫。如今未堪看，须是雪霜中。

松虽小然与众木不同，侵僧半窗明月，吹客满襟松风，枝拂苔鹤，声分虫鸣。只有雪霜之中，才凸显其贞容。松弱志向大，树小气质高。

唐元和二年，李正封、白行简、钱众仲和吴武陵同时参加省试，作《贡院楼北新栽小松》。

李正封《贡院楼北新栽小松》：

> 青苍初得地，华省植来新。尚带山中色，犹含洞里春。
>
> 近楼依北户，隐砌净游尘。鹤寿应成盖，龙形未有鳞。
>
> 为梁资大厦，封爵耻赢秦。幸此观光日，清风屡得亲。

新植小松，尚带山色，犹含洞春，虽未枝柯成盖，树干有鳞，可其自身之质，自身之性，不会耽误它成长为栋梁之材。虽质弱却有凌霄之志，成栋梁不忘立地之恩。

白行简《贡院楼北新栽小松》：

> 华省春霜曙，楼阴植小松。移根依厚地，委质别危峰。
>
> 北户知犹远，东堂幸见容。心坚终待鹤，枝嫩未成龙。
>
> 夜影看仍薄，朝岚色渐浓。山苗不可荫，孤直俟秦封。

小松虽根植厚地，无危峰之艰，然自存坚贞之心、高洁之质、孤直之性。心坚待鹤来，自有成龙日。

钱众仲《贡院楼北新栽小松》：

> 爱此凌霜操，移来独占春。贞心初得地，劲节始依人。
>
> 映月烟犹薄，当轩色转新。枝低无宿羽，叶静不留尘。
>
> 每与芝兰近，带惭雨露均。幸因逢顾盼，生植及兹辰。

小松有凌霜之操、坚贞之心、遒劲之节，为人们所喜而移栽。虽枝小叶稀，然具芝兰之高洁，而为人们所眷顾和呵护。

吴武陵《贡院楼北新栽小松》：

> 拂槛爱贞容，移根自远峰。已曾经草没，终不任苔封。
>
> 叶少初陵雪，鳞生欲化龙。乘春灌雨露，得地近垣墉。
>
> 逐吹香微动，含烟色渐浓。时回日月照，为谢小山松。

松虽小然具有贞容，才被人们从远峰移来。自小草没苔封，凌霜沐雪，终成大树而化龙。小松得天时地利，才枝繁叶茂，为人们遮日月，送松风。

正因为小松自小就有凌云之志、坚贞之骨和高洁之质，所以能遇逆境而不退缩，遇困难而不畏惧，顽强不屈、勇往直前，成长为栋梁之材。

6. 寒松——坚贞之勇士

寒松，因其常青后凋而可贵，而更可贵的是其不惧霜雪，坚贞不屈的品格（图2-19）。

唐代诗人李绅《寒松赋》：

"松之生也，于岩之侧。流俗不顾，匠人未识。无地势以炫容，有天机而作色。徒观其贞枝肃蠹，直干芊眠，倚层峦则捎云蔽景，据幽涧则蓄雾藏烟。穿石盘薄而埋根，凡经几载；古藤联缘而

图2-19　寒松——冒霜雪兮空自奇

抱节，莫记何年。

于是白露零，凉风至；林野惨栗，山原愁悴。彼众尽于玄黄，斯独茂于苍翠，然后知落落高劲，亭亭孤绝。其为质也，不易叶而改柯；其为心也，甘冒霜而停雪。叶幽人之雅趣，明君子之奇节。

若乃确乎不拔，物莫与隆，阴阳不能变其性，雨露所以资其丰。擢影后凋，一千年而作盖；流形入梦，十八载而为公。不学春开之桃李、秋落之梧桐。

乱曰：负栋梁兮时不知，冒霜雪兮空自奇；谅可用而不用，固斯焉而取斯。"

松生岩侧，不为人所知。虽无阔地展其容，自有天然之本色。高大挺拔枝柯繁茂，或高踞岩顶，直插云霄；或幽生涧底，蓄雾藏云。穿石埋其根，古藤绕其干，历经岁月沧桑。待到秋风萧瑟，白露降临，林野惨栗，山原愁悴，众木枯黄凋零，而唯寒松苍翠繁茂，不肯改柯易叶，敢于冒霜停雪。既有隐士之雅趣，又具君子之气节，日月不改其性，雨露愈令其茂。不羡桃李迎春芬芳，不学梧桐遇秋落叶。身秉栋梁之材却不为人所知，兼具傲霜之质只能空自称奇。寒松披风雨，傲霜雪，落落高劲，亭亭孤绝。而寒士虽怀瑾握瑜，却沉于下僚，不禁为人所嗟叹。面对逆境，勇士一定能不轻言放弃，不改其本性，坚贞不屈，坚韧不拔，矢志不渝，砥砺前行。

唐代王睿《松》：

> 寒松耸拔倚苍岑，绿叶扶疏自结阴。
> 丁固梦时还有意，秦王封日岂无心。
> 常将正节栖孤鹤，不遣高枝宿众禽。
> 好是特凋群木后，护霜凌雪翠逾深。

寒松高耸挺拔，绿叶浓荫，丁固梦松成公，秦皇御封大夫，正节常栖孤鹤，高枝不宿凡禽，待到寒冬众木凋落，唯有寒松傲霜凌雪。寒松高洁孤傲的气质，坚贞不屈的品性，在众木中脱颖而出。受风雨之蹦，能孤高而愈坚，承霜雪之欺，质清而弥贞。

宋代黄庭坚《岁寒知松柏》：

> 松柏天生独，青青贯四时。
>
> 心藏后凋节，岁有大寒知。
>
> 惨淡冰霜晚，轮囷涧壑姿。
>
> 或容蝼蚁穴，未见斧斤迟。
>
> 摇落千秋静，婆娑万籁悲。
>
> 郑公扶贞观，已不见封彝。

松柏四季常青，卓尔不群，心具岁寒后凋的节操，腹有傲霜凌雪的气质，虽生涧壑，仍保英姿，历蝼蚁啃噬，经刀砍斧刹，仍傲骨峥嵘、刚正耿直，有松林之清幽，生松涛之澎湃。

寒士如寒松，虽怀有鸿鹄之志、经天纬地之才，然怀才不遇、穷困潦倒，面对社会之不公，心中郁闷不已。可本具高洁孤傲的风骨、坚贞不屈的气节、坚韧不拔的品质，使其能够坚持自我，富贵不能淫、贫贱不能移、威武不能屈，逆境不能改其志、困难不能动其心，历尽千难万险，逆水行舟，砥砺前行，最终脱颖而出，独领风骚。

（四）松与草木

1. 松与柏

松与柏，在魏晋以前大多是一起使用，不分彼此。

庄子《德充符》："受命于地，唯松柏独也正，在冬夏青青；受命于天，唯舜独也正，在万物之首。"松树"在冬夏青青"，岁寒而后凋。舜为"在万物之首"，品德高尚，万人敬仰。舜和松树受命于天，坚守正道，都具备了正直不阿、坚定不移的品质。

南朝江淹《从冠军行建平王登庐山香炉峰》："方学松柏隐，羞逐市井名。"高洁的隐士要学松柏独处幽谷不媚世俗，不在市井追名逐利。

唐代张说《代书寄薛四》："岁寒众木改，松柏心常在。"松柏常青，岁寒不改，比兴友谊的长久，越是困难时期越能凸显友谊的可贵。这就是人们所追求和敬重的"松柏之交"和"松柏寒盟"。

南宋辛弃疾《千秋岁·双调》："岁岁年华，长留松柏翠阴。"这里松树作为长寿的象征，岁岁年华犹如千年松。

2. 松与菊

松与菊一样具有不畏风霜的坚贞气质。

晋代陶渊明《和郭主簿·其二》："芳菊开林耀，青松冠岩列。怀此贞秀姿，卓为霜下杰。"芳菊和青松都具有不畏风霜、坚贞不屈的品质，寒霜之下，或林中怒放，或青翠欲滴，不为严寒所屈服，为真正的英杰之士。

唐代独孤及《送虞秀才擢第归长沙》："知君到三径，松菊有光辉。"与陶渊明诗中的松菊一样，通过松与菊的高洁来赞颂人品的高尚。

3. 松与兰

松与兰一样具有坚韧孤傲的高洁品格。

唐代李白《于五松山赠南陵常赞府》："为草当作兰，为木当作松。兰秋香风远，松寒不改容。"像兰花一样高洁，淡泊名利，坚韧顽强，清香逸远；像松树一样坚贞，临霜沐雪，不萎不凋，毅然挺立。

宋代胡仲弓《咏松》："老枝髯鬣动，古干鳞甲翻。积阴生润气，芳菲翳兰荪。"老枝松针摇动，古干鳞皮翻滚，浓荫生润气，林下芳兰生。古松有灵性，梅兰为邻，鹤鹿作友。

4. 松与槿

松常绿之性千岁不改，槿花开花落一日即终。

唐代刘希夷《公子行》："愿作贞松千岁古，谁认芳槿一朝新。"松树千岁坚贞不改，木槿虽年年开花，却年年凋谢，没有松树坚韧和长久品质。

元代关汉卿《望江亭中秋切鲙》："芳槿无终日，贞松耐岁寒。"君子像贞松一样意志坚定，坚贞不屈，坚韧不拔，不可学木槿朝花夕落，不能长久。

5. 松与藤萝

藤和萝依附于高松之上，彼此相伴，相互依存。

《诗经·小雅·頍弁》："茑与女萝，施于松柏。未见君子，忧心奕奕。庶几说怿。"茑萝施于松上，相互依存，比兴兄弟亲戚缠绵依附，未见而忧，既见而喜之情。故后人画松多附女萝，以示相依之情。后又延伸以女萝之柔弱衬托松树之刚强。

魏晋时期诗人曹植《闺情》："寄松为女萝，依水如浮萍。"这与刘桢的诗"青青女萝草，世依高松枝"一样皆描绘松树与女萝彼此依赖，彼此相伴的形象，暗喻夫妻之间、君臣之间相互依存之情。

唐代王维《春过贺遂员外药园》："水穿盘石透，藤系古松生。"水从磐石上潺潺流过，藤蔓缠绕在高大的古松上，水滴石穿，松萝共生，恬淡自然。

元代王子一《误入桃源》："我等本待和他琴瑟相谐，松萝共倚。争奈尘缘未断，蓦地思归。"琴瑟相谐，松萝共倚，互相依赖，互相扶携，生死与共。

6. 松与茯苓

茯苓寄松而生，先有松之高洁，后有茯苓之神灵。

《史记·龟策传》："千岁之松，上有兔丝，下有茯苓。"

宋代苏辙《服茯苓赋叙》："寒暑不能移，岁月不能败者，唯松柏然。古书言松脂流入地下为茯苓，茯苓又千岁则为琥珀。"松柏历寒暑而不改柯易叶，经岁月而不枯死腐朽。松脂入地千岁为茯苓，茯苓千岁为琥珀。

《服茯苓赋》："若夫南涧之松，拔地千尺。皮厚犀兕，心坚铁石。须发不改，苍然独立。流膏液于黄泉，乘阴阳而固结。像鸟兽之蹲伏，类龟鼍之闭蛰。外黝黑以鳞皴，中洁白而纯密。上灌荪之不犯，下蝼蚁之莫贼。经历千岁，化为琥珀。"南涧之松，拔地千尺，皮厚如犀兕，心坚似铁石，四季常青，巍然独立。干流膏液，时久固结，像鸟兽蹲伏在树干，似龟鼍蛰伏于枝柯。外表黝黑而有鳞纹，内里洁白而纯密。其上灌草不侵，其下蝼蚁莫犯，经千载，终为琥珀。

宋代黄庭坚《古诗二首上苏子瞻》："青松出涧壑，十里闻风声。上有百尺丝，下有千岁苓。"松树生长在涧壑之中，风声能传出十里之外，上有百尺的藤萝缠绕，下有千年的茯苓相伴。

明代医药学家李时珍《本草纲目》："千年之松，下有茯苓。松脂入地千岁为茯苓，盖松之神灵之气。"千年之松出树脂，树脂入地又千年，神灵之气成茯苓。

古人认为，千年之松出树脂，松脂入地千年成茯苓，茯苓千年成琥珀。实际上，茯苓只是松树的一种寄生菌，属多孔菌科，茯苓属的一种真菌。而琥珀是距今约4500万～6500万年前的松柏科植物树脂滴落，掩埋于地下千万年而形成的"松脂化石"。

7. 松与桃李

松柏是君子，桃李为佞臣。宁抗寒霜苦，长青不媚春。芬芬桃李真热闹，郁郁松柏更坚贞。不为俗折腰，才能耐苦贫。

唐代李商隐《题小松》："桃李盛世虽寂寞，雪霜多后始青葱。"桃李芬芳时松树默默无闻，雪霜过后，众木枯萎而松独青。

唐代韩溉《松》："翠色本宜霜后见，寒声偏向月中闻。啼猿想带苍山雨，归鹤应和紫府云。莫向东园竞桃李，春光还是不容君。"霜后更显松色翠，月下始闻松风寒，猿啼青山雨，鹤鸣仙府云。春光不与桃李争，独向霜雪显坚贞。

8. 松与梅竹

松与梅竹，岁寒三友也。竹有节，梅有骨，与松皆有不惧寒之质。暴雪过后竹逾直，寒霜来临松更青，梅迎寒而怒放，三友皆是傲寒质。

北宋诗人文同《将赴洋川书东谷归隐》："落落岩畔松，修修涧边竹。爽气逼襟袖，清如新出浴。"岩畔松落落，涧边竹亭亭，让人心清气爽。

清代陆惠心《咏松》："瘦石寒梅共结邻，亭亭不改四时春。须知傲雪凌霜质，不是繁华队里身。"与瘦石寒梅为邻，亭亭玉立，四季常青，不畏严寒雪霜，不求世俗繁华。

清代李渔在《闲情偶寄》中说："苍松古柏，美其老也。一切花竹，皆贵少年，独松柏与梅三物，则贵老而贱幼。"松梅以老桩为美。

从欣赏和赞颂松树的高大形象和高贵气质，到喜欢松风的天籁之音，松雪的壮丽景色，再到追求由松树、明月、清泉所构成的清幽氛围，人们对松的崇拜一步步在升华。

今人江必新所作《青松赋》，比较全面地阐述了世人喜松、赞松的原因，将松树具备的高贵品格总结为"六能"：

"松，物之精华而世之仪表者也。其品喻于前贤，德推于往圣；歌赋咏于中外，辞章颂于古今。孔圣感慨，大夫见称；靖节手植，丁固梦寻；赤松得道，文宾长生；嫁轩醉眠，儒帅诗呈；毛公题照，百姓仰尊。何耶？盖其品具六能，雄美而格高也。

一曰能荣。虎踞万仞，龙蟠千寻。既抽荣于峻岭，亦擢颖于深涧。枝曲而叶翠，冠茂而根深。身与石共伍，梢同云齐身。有风谐雅韵，无雪现贞心。贯四时而秀荣，越寒暑而常青。鄙假物而争宠，喜自力而更生。本天然而自茂，抱幽美而独贞。群拥则林立，独处更精神。身挺拔而雄姿勃勃，性通达而文质彬彬。

二曰能韧。秉造化之刚毅，承异禀之坚贞。挂绝壁生意不减，踞悬崖视若等闲。雪压千层而无怨，雾蒙百嶂而高瞻。历霜凝而弘毅，经冬寒而更坚。冒酷暑耕云种月，累伤痕张枝挺肩。暴风摧复直，骤雨倾弥鲜。雷霆万钧岿然不动，闪电千道昂首云天。

三曰能和。情孤高而不自傲，表无华而不妒芳。虽显赫于千古，亦和谐乎万方。依山则翠，风抚而成涛；傍水则碧，影漾而呈祥。桃李并妍乐观其盛，梅竹比肩欣为友邦。蛇宿窟而有灵，鹤栖巅而寿长；鸟虫聚而成趣，鼠猴嬉而乖张；纤茎附而升腾，藤萝攀而高尚。

四曰能用。既庇清阴于热土，且御寒风于蛮荒。翠实垂而供赏，金籽香而任尝。志在为人，从不忧斧创。瓮牖绳枢炉中薪，龙楼凤阙顶上梁。成器欣喜精雕细琢，济世耻言尺短寸长。资人需任凭刀削斧凿，备物用何惧枝折体伤。聚烟为墨，凝脂为香。驱寒取暖，不惜献身火盆；烹饪供享，甘愿涅槃灶膛。

五曰能持。打坐如禅定，屹立似天尊。不以险设防，岂为安自怜？经风霜而气爽，历冬夏而神清。身处荒野，不叹奇材见遗；幽居深涧，无求贞心谁念。其应时也，不易叶而改柯；其受命也，罔见异而思迁。迥异橘柚南北异性，非同藤萝比附攀缘。不以秋冬换其颜，岂因流俗夺其坚？

六曰能终。老柯如铁铸，盘根似卧龙。每因岁增而笃其劲，常由年高而丰其容。青针年华里，晚节霄汉中。麟身刻沧桑，劲枝展葱茏。栉风沐雨，枝干练而婆娑；破土穿岩，根蜿蜒似潜龙。用舍由人，功名于我如浮云；行藏在己，穷通仰天一飞鸿。荣枯早已度外，宠辱难萦其胸。苍翠欲染千秋绿，常青更胜瞬间红。

嘻！巍巍青松，可贵难能；德之精粹，人之范型！斯物品足以训世，其节操大可育人。临之豁然开悟，慕之境界高升。塑坚韧之品性，开博大之胸襟。成君子之懿行，树家国之新风。如是则小人匍匐，庸俗开悟；奸佞自惭，丑类现形。于此则世无苟且，国多良能；风淳气正，海晏河清。"

第二节 松之"画意"

松树在中国古代山水画中有着特殊的地位，是中国传统山水画中出现最多的树种。首先因为松树的树形千姿百态，或参天耸立，上接霄汉；或悬崖倒挂，下探幽谷；或虬枝屈曲，盘绕多姿；或铜枝铁干，挺拔劲健，极具形态美。同时松树又具有丰富的内韵美，它不畏严寒，岁寒不凋；不惧风雪，威武不屈；不畏艰险，傲立山崖；不媚世俗，孤高幽谷，体现了古代君子坚贞不屈的高尚情操。

五代后梁画家荆浩在《笔法记》中阐述："不凋不容，惟彼贞松。势高而险，屈节以恭。叶张翠盖，枝盘赤龙。下有蔓草，幽阴蒙茸。如何得生，势近云峰。仰其擢干，偃举千重。巍巍溪中，翠晕烟笼。奇枝倒挂，徘徊变通。下接凡木，和而不同，以贵诗赋，君子之风。风清匪歇，幽音凝空。"松树不仅具有"叶张翠盖""不凋不容"的形式美，还具有"屈节以恭""和而不同"的"君子之风"。

中国绘画史上大体存在三个高峰时期，一个是唐代的绘画复兴高峰，一个是宋代的写实画高峰，还有一个是元代的文人画高峰。中国山水画作为独立的画种最早出现在魏晋南北朝时期。南朝画家宗炳所著《画山水序》，是最早的山水理论文章；隋代展子虔（生卒年不详）的《游春图》是现存最早的山水画作品。松在中国山水画中无论是作为画面的主要题材，还是作为构成要素都具有极其重要的地位和作用。人们自古品松、赏松、咏松、画松，以松来表达自己的精神世界和理想追求，择物喻志、以物抒情、借物达意，使松树成为中国人的一种精神符号。

一、唐朝山水画之松

中国山水画完整地表现松树始于隋唐时期。唐代的山水画主要有两种不同的风格，一个是以李思训、李昭道父子为代表的以青绿钩斫为特点的北派山水；另一个是以王维、张璪等为代表的以水墨渲染为特点的南派山水。

（一）李思训山水画之松

唐代李思训的《仙山楼阁图》中，松树挺拔劲健，山石玲珑错落，二者自然天成（图2-20），足以证明松与石的搭配在唐代园林中已广泛使用。

图2-20　唐·李思训《仙山楼阁图》局部

（二）王维山水画之松

　　王维的《剑阁雪栈图》中两株松树相依而生，高低错落，铜枝铁干，根抓岩石，古朴苍劲（图2-21）。

　　王维的《阿房宫图卷》中画有九株松树，分为四株、两株、三株共三组。左侧四株高大挺拔，紧密相连；右侧三株则屈曲多姿，两近一远，疏密有致；中间两株与两侧相互呼应，左连右延，构图严密，气韵贯通，可作现代松树组栽的典范（图2-22）。

图2-21　唐·王维《剑阁雪栈图》局部

图2-22　唐·王维《阿房宫图卷》局部

王维的《万山积雪图》中有两组松树（图2-23、图2-24），一组置于水边平地，共十三株，六株为一丛，七株为另一丛（分为两株、三株、一株、一株的组合），每株相互呼应，气韵贯通；另一组植于山中，共二十六株，呈不等边三角形分为三组，左侧一组九株，中间一组四株，右侧一组沿山脊布置十三株（分为四株、三株、三株、两株、一株），前后错落，遥相呼应，布局严谨。

图2-23　唐·王维《万山积雪图》局部1

图2-24　唐·王维《万山积雪图》局部2

二、五代时期山水画之松

五代时期是中国山水画由发展通向鼎盛的桥梁，而荆浩、关仝、董源和巨然是承上启下的代表人物。

（一）荆浩山水画之松

五代画家荆浩所作《五代梁国》中，在水边山石上有两组松树遥相呼应，左侧一组三株，两正一倚；右侧一组六株，三直三曲。九株松树或直倚、或挺拔、或虬曲，高低错落、俯仰生姿。左侧一组树势向右，右侧一组树势向左，相互呼应。松树根如龙爪，紧抓岩石，干似龟甲龙鳞，苍劲有力（图2-25）。

图2-25　五代·荆浩《五代梁国》局部

（二）董源山水画之松

五代董源的《行旅图卷》中，茅亭两侧植有五株松树，左侧三株高大挺拔，枝干交错，浑如一体；右侧两株一直一斜，古朴苍劲，松树枝丫疏密有致，舒展有度，动静相宜（图2-26）。

董源的《洞天山堂图》中有三株参天古松耸立于山石之上，统帅众木。左侧一株为双干式，两干一大一小，犹如公孙相依，右侧两株一高一低，犹如兄弟携手。松树枝丫遒劲，犹如铮铮铁骨，凛然不可侵犯，根盘稳健，大有"咬定青山不放松"之气魄（图2-27）。

图2-26　五代·董源《行旅图卷》局部　　　图2-27　五代·董源《洞天山堂图》局部

三、宋代山水画之松

（一）北宋山水画之松

北宋时期，山水画整体进入一个高度成熟的阶段，北宋初期的山水画以关仝、李成、范宽三家为代表；北宋后期的山水画以米芾、米友仁父子最为著名。

1. 李成山水画之松

李成山水画中所作之松多为高大挺拔，枝如鹰爪，体现"松为众木之长"的伟岸之姿。松树干直而枝曲，既显高大而又不失遒劲。如《松下高士图》中的孤松（图2-28）、《寒林平野图》中的双松（图2-29）、《写清朝一品图》中的三松（图2-30）。

图2-28　北宋·李成　《松下高士图》局部　　图2-29　北宋·李成　《寒林平野图》　　图2-30　北宋·李成　《写清朝一品图》

2. 王诜山水画之松

北宋画家王诜的青绿山水《秋林鹤逸图》（图2-31）中松木与红枫相配，五株古松分为两组，一组三株，一组两株，相互呼应，顾盼生姿。每株松树则清新飘逸，孤高文雅。

王诜的水墨山水画《渔村小雪图》（图2-32）中有两株虬松盘屈于山石之上，均作临水之姿，枝干屈曲苍劲，体现了松树"咬定青山不放松，立根原在破岩中"不畏风雪，岁寒不凋的坚贞之气。

图2-31　北宋·王诜《秋林鹤逸图》

图2-32　北宋·王诜《渔村小雪图》

3.郭熙山水画之松

北宋绘画理论大师郭熙所作《乔松平远图》中的孤松（图2-33）和《早春图》中的一本双干的松树（图2-34），树干挺拔，枝丫舒展，意境雄阔而邈远。

图2-33　北宋·郭熙
《乔松平远图》局部

图2-34　北宋·郭熙
《早春图》局部

1. 赵佶山水画之松

宋徽宗赵佶所作《听琴图》（图2-35）中的松树藤萝攀附，松下有竹数竿，树姿飘逸灵动，枝干飘展摇曳，简洁清新，孤高素雅，颇具君子之风。南宋画家刘松年《宋溪亭客话图》（图2-36）中的松树，苍古遒劲，清新灵动，配以山石竹梅，两者有异曲同工之美。

图2-35　北宋·赵佶
《听琴图》

图2-36　南宋·刘松年
《宋溪亭客话图》

（二）南宋山水画之松

南宋时期的山水画又发展到一个新的艺术境界，创造了"水墨苍劲"的新风格。尤其是并称"南宋四大家"的李唐、刘松年、马远和夏圭四人，画松多瘦劲挺拔，风姿潇洒。四大家中李唐的画雄健苍古，刘松年的画峻峭工细，马远的画坚实浑朴，夏圭的画清妙秀远。而马远和夏圭在章法布局上更是打破荆浩和关仝时期以来注重的"全景山水"，创造出边角取景法，人赠"马一角""夏半边"的称号。二人所画之松，干多波折，枝如屈铁，别具一格。

1. 李唐山水画之松

李唐《晋文公复国图》画中两株古松，屈曲遒劲，俯仰生姿（图2-37）。左侧古松，斜干植于岩中，后植一古梅，与山石搭配，松梅皆根出巉岩，相映成趣，浑然天成。松树主干遒劲，出枝自然飘展，凸显君子清逸潇洒之风。右侧古松植于建筑之前，曲干呈"S"弯，根盘似鹰爪，树皮如龙鳞，出枝自然而疏密有致，树形稳重不失动势。两株松树，左松右斜，右松左倾，俯仰生姿，相互呼应。主干苍古遒劲，枝叶有聚有散，无处不显松之精华，松之风貌。古松一格，唯有夏圭《山居留客图》中的古松可与之媲美。

图2-37　南宋·李唐《晋文公复国图》局部

2. 刘松年山水画之松

南宋刘松年所画之松如《秋窗读易图》《山馆读书图页》（图2-38、图2-39）多做高大挺拔，高松覆屋顶，可观松翠，可听松风，夏有茂松之清幽，冬有雪松之高洁，以松衬托出主人之坚贞高洁，君子的潇洒淡泊。

图2-38　南宋·刘松年《秋窗读易图》

图2-39　南宋·刘松年《山馆读书图页》

3. 马远山水画之松

马远，其画喜作边角小景，世称"马一角"，利用精致的近景小景，眼前的一树一石，表现深远的意境。画树枝时多作拖枝，也称"拖枝马远"。

（1）屈铁之状

马远画中的松树树干多曲折，飘逸灵动；枝如屈铁，潇洒瘦劲；叶疏而精，去繁就简。风格独特又极具神韵，整体上给人以气势纵横、雄奇简练的印象（图2-40至图2-47）。

图2-40　南宋·马远《高士观瀑图》

图2-41　南宋·马远《宋帝命题册》1

图2-42　南宋·马远《宋帝命题册》2

图2-43　南宋·马远《宋帝命题册》3

图2-44　南宋·马远《松下闲吟图》

图2-45　南宋·马远《古松楼阁图》

图2-46　南宋·马远《松阁观潮图》局部

图2-47　南宋·马远《山亭观松图》

（2）耸峭之气

马远画中的松树既有潜虬之姿，又有耸峭之气，尤其是他所作悬崖之松，古松虽倒悬于悬崖之上，枝干仍倔强上仰，表现出松树对生长险境的坚贞不屈和不懈抗争（图2-48至图2-52）。

图2-48　南宋·马远
《江天清旷图》

图2-49　南宋·马远
《松寿图》局部

图2-50　南宋·马远
《山楼来凤图》局部

图2-51　南宋·马远《松石观瀑图》

图2-52　南宋·马远《携琴观瀑图》

（3）君子之风

马远所画之松在不同生境，不同季相和不同气候下，形态各异，各具特色。《探梅图》（图2-53）中则表现了松树"大夫名价古今闻，盘屈孤贞更出群"的傲立山崖，不畏艰难之风骨；《画雪景》（图2-54）中则表现松树"凌风知劲节，负雪见贞心"的岁寒不凋，不畏风雪之气质。《岁寒三友》（图2-55）中表现了春季溪谷中"三友相依聊抒怀，清风明月伴心间"的松树之高洁；《倚松图册》（图2-56）中则表现夏季水畔"松姿鹤步何萧散，风调飘飘惊俗眼"的松树之飘逸；《松下群鹿图》（图2-57）中表现了秋季山林"偶寻鹿迹来游此，坐听松风亦爽然"的松树之苍古；《寒岩积雪图》（图2-58）中则表现了冬季亭旁"闲来松间坐，看煮松上雪"的松树之洒脱。马远对松树四季的季相表现得淋漓尽致，特征鲜明。

如清代沈心友、王概等所作的《芥子园画谱》中所云："松如端人正士，虽有潜虬之姿以媚幽谷，然具一种耸峭之气，凛凛难犯。"马远这六幅画中的六株松树虽然或直或曲，或正或倚，各具特色，可都具有孤傲脱俗的气质，可谓"松树六君子"。

图2-53　南宋·马远《探梅图》

图2-54　南宋·马远《画雪景》

图2-55　南宋·马远
《岁寒三友图》

图2-56　南宋·马远
《倚松图册》

图2-57　南宋·马远《松下群鹿图》局部

图2-58　南宋·马远《寒岩积雪图》局部

4. 夏圭山水画之松

　　夏圭倾向于先裁剪并美化眼中的自然景物，继而在空间中突出近景，淡化远景，常留取半边，故人称"夏半边"。作画惯用带水的秃笔作大斧劈皴，被称"拖泥带水皴"。其画中的松树多偏重意境的表达（图2-59至图2-64）。

图2-59　南宋·夏圭《溪山清远图》局部1

图2-60　南宋·夏圭《溪山清远图》局部2

图2-61　南宋·夏圭《长江万里图》局部1

图2-62　南宋·夏圭《长江万里图》局部2

图2-63　南宋·夏圭《寒溪垂钓图》

图2-64　南宋·夏圭《坐看云起图》

5.赵伯驹山水画之松

在南宋时期，以赵伯驹和赵伯骕为代表的青绿山水派，主要以全景式表现锦绣山川和亭台楼阁。

赵伯骕《春山图卷》（图2-65）中三株松树两直一曲，有远有近，遥相呼应。而《松阴庭院图》（图2-66）中在庭院的大型花坛中植有两株松树，两株皆为曲干，一正一欹，在松树根脚配以奇石，松石搭配，相得益彰。这也从另一个侧面反映出松石景观早在宋朝时期的园林中就已经得到广泛应用。

图2-65　南宋·赵伯骕《春山图卷》

图2-66　南宋·佚名《松阴庭院图》

四、元代山水画之松

元代的山水画被文人作为移情寄性的手段，山水往往寓情于景，借景抒情，而画中的松树则被作为以松言志、激情抒怀的载体。

（一）元人山水画之双松图

元人多做双松图，两株古松高大挺拔，擎天而立，往往一高一低，高度相差不大，相互揖让、相互扶持，相依而生，顾盼生情，有"双身修立抱清风"之姿。每株古松皆是老枝犄鬏，古干鳞甲，顶天立地，铁骨铮铮。

元代画家王渊的《松亭会友图》（图2-67）中两株顶天立地的松树紧密相倚，树干粗直，由平地拔起，显得挺拔高巍，苍劲古雅。这是作者借松而喻画中双友之意。

曹知白《双松图》（图2-68）中滨水石坡上并立两棵虬松，拔地而起，势如参天，双松可作为友情坚贞之象征。

李衎的《双松图》（图2-69）中两棵巨松拔地而起，并肩耸立，顶天立地。扎根于坡岸的岩石中，树根裸露出土，双松主干奇古多节，枝柯向四处伸展，错落有致。

吴镇《洞庭渔隐图》（图2-70）中的双松前高后低，挺立昂扬，虬枝铁杆。另《双松图》（图2-71）中的双松也前高后低，由荣有枯，干直枝曲，古意盎然。

赵孟頫《松阴晚棹图》（图2-72）中的双松亭亭玉立，清秀婀娜。

王蒙《双松图》（图2-73）中双松，相互揖让，相互提携，亲密无间。而其《西山风雨图》（图2-74）中的双松则根相连，枝相牵，浑然一体。

图2-67　元代·王渊
《松亭会友图》

图2-68　元代·曹知白
《双松图》

图2-69　元代·李衎
《双松图》

图2-70　元代·吴镇《洞庭渔隐图》局部

图2-71　元代·吴镇《双松图》

图2-72　元代·赵孟頫
《松阴晚棹图》

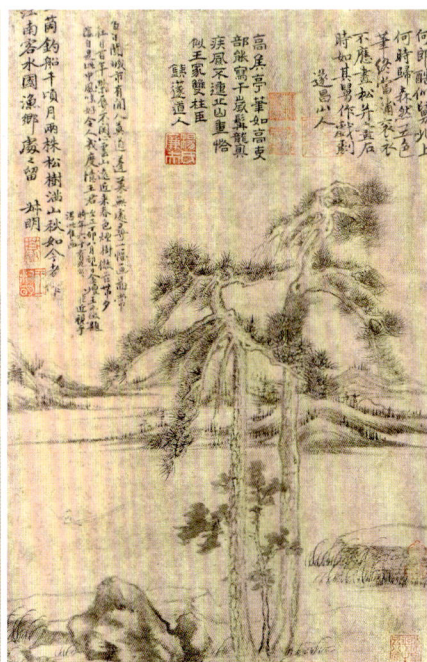

图2-73　元代·王蒙
《双松图》

图2-74　元代·王蒙
《西山风雨图》局部

元代画家张渥所作《竹西草堂图》（图2-75）中两株松树孤高傲立，植于房屋两侧，树干龟甲龙鳞，枝丫遒劲有力。

赵孟頫所作的《双松平远图》（图2-76）中的两株松树一直一曲，立于水边山石之中，俯仰生姿，顾盼有情。

图2-75　元代·张渥《竹西草堂图》

图2-76　元代·赵孟頫《双松平远图》

元代吴延晖所作的《龙舟夺标图》中，有两株古松卧于水边岩石之上，树身探水遥望，树根紧抓岩石，树干卧而枝头不屈上仰，颇有临水古松之动势（图2-77）。

图2-77　元代·吴延晖《龙舟夺标图》局部

（二）元人山水画之三松图

曹知白所作《群峰雪霁图》中三株松树，两大一小，傲立于孤岛之上，相互揖让，相互依存，大小有序，浑然如一家（图2-78）。

图2-78 元代·曹知白《群峰雪霁图》局部

钱选《山居图》中三株松树，直立于山岗之上，高低错落，层次分明（图2-79）。

图2-79 元代·钱选《山居图》局部

　　元代黄公望著名画作《富春山居图》中水边四株松树，三直一卧，三株直立为一组，一株弯曲卧于水面，四树相互呼应，高低错落，正欹相和，疏密有致，浑然一体（图2-80至图2-82）。

　　水边四株松树，历来被作为松树布局的典范，三正一卧分为两组，三株正立为一组，两直立一右倾，有远有近、有分有合、有正有欹，而另一株曲干式松树卧于水面，与左侧的三株形成呼应。四株松树高低错落、正欹相和、前后呼应、曲直相倚、疏密有致、浑然一体，无论是从整体空间结构的布置，还是从内部细节的处理，无不为人称道。

　　著名画作《富春山居图》，因其深远的意境，恢宏的气势，多为后人所学习和临摹，尤以明代的沈周和清代的王翚所摹最为传神（图2-83至图2-85）。

图2-80　元代·黄公望
《富春山居图》无用师卷局部

图2-81　元代·黄公望
《富春山居图》完美合璧卷局部

图2-82　元代·黄公望
《富春山居图》子明卷局部

图2-83　明代·沈周
《仿黄公望富春山居图》局部

图2-84　清代·王翚
《临黄公望富春山居图》局部

图2-85　清代·王翚
《仿黄公望富春山居图》局部

（三）元人山水画之群松图

吴延晖《龙舟夺标图》和元代画家陆广《仙山楼观图》中以松树丛林来衬托建筑，松树高大挺拔，高低错落，疏密有致，相互呼应，犹如仙境（图2-86、图2-87）。

图2-86　元代·吴延晖《龙舟夺标图》局部

图2-87　元代·陆广《仙山楼观图》局部

五、明代山水画之松

明代的山水画风格多样，门派众多。明前期山水画以戴进为代表的"浙派"势力最大，明代中期"吴门派"兴起，其中沈周、文徵明、唐寅、仇英被称为"吴门四家"。明后期出现了"华亭派""苏松派""云间派""武林派""嘉兴派"等流派。

（一）明代山水画之三松图

明代山水画中多"三松图"，即三株松为一组，成组出现。三株松树的构图有"聚中式"和"偏向式"两种布局形式。

"聚中式"中以主松居中，中间高，两侧低，布局紧凑而稳定，以明代画家戴进《溪堂诗意图》中的三松（图2-88）和朱端《松院闲吟图》中的三松最为典型（图2-89）。另外还有戴进的《春酣图》（图2-90）和程嘉燧的《幽亭老树图》中的"三松图"（图2-91）。

图2-88 明代·戴进
《溪堂诗意图》局部

图2-89 明代·朱端
《松院闲吟图》局部

图2-90 明代·戴进《春酣图》局部

图2-91 明代·程嘉燧《幽亭老树图》局部

"偏向式"中三株松树一般为两株紧靠，一株远离，最高的松树偏于一侧。如文徵明《东园图卷》中三株松树（图2-92）和《桃源问津图》中的三株松树（图2-93），两近一远，右侧两株紧密相连，浑如一体，另一株偏远于左侧，有聚有散，错落有致，且三株松树树势一致，皆向左倾。

图2-92　明代·文徵明《东园图卷》局部

图2-93　明代·文徵明《桃源问津图》局部

仇英的《临溪水阁图》中的三松（图2-94），两株直立与一株斜干式松树组合，直立的两株紧密相靠，而斜干式的一株稍远离向外倾斜，正欹搭配，相互呼应。《松亭试泉图》中的三松，亭亭立于岩石之上，枝叶疏朗清逸，前后交错，树冠揖让有致，三树浑然一体，文气十足（图2-95）。《桃花源图》中的三松，仰俯生姿，前后交错，枝干清奇有力，树冠揖让有度，结构紧凑（图2-96）。

图2-94　明代·仇英《临溪水阁图》局部

图2-95　明代·仇英《松亭试泉图》局部

图2-96　明代·仇英《桃花源图》局部

　　蓝瑛的《玉洞桃华图》和《溪阁清言图》中的三松中，两株紧密相连为一体，第三株虽远离而树冠回望，相互呼应，浑然一体（图2-97、图2-98）。

图2-97　明代·蓝瑛
《玉洞桃华图》局部

图2-98　明代·蓝瑛
《溪阁清言图》局部

（二）明代山水画之双松图

　　明朝山水画中的双松图也别具特色，文徵明的《真赏斋图卷》和《松阴高隐图》中的双松皆苍古遒劲，高大挺拔，两株相互揖让，相互交错（图2-99、图2-100）。

　　文徵明的《桃源问津图》和蓝瑛的《山水图》中的双松则紧密相依，携手共进，极具动势（图2-101、图2-102）。

图2-99　明代·文徵明《真赏斋图卷》局部　　　　图2-100　明代·文徵明《松阴高隐图》局部

图2-101　明代·文徵明《桃源问津图》局部　　　　图2-102　明代·蓝瑛《山水图》局部

关思《松溪渔笛图》和唐寅的《秋山高士图》中的双松则主次分明，正欹相生（图2-103、图2-104）。

图2-103 明代·关思《松溪渔笛图》局部　　图2-104 明代·唐寅《秋山高士图》局部

（三）明代山水画之孤松图

明代山水画中的孤松或高耸入云，或苍古遒劲，各具特色。

沈周的《松石图》中的古松，高大苍古，龟甲龙鳞，枝如蟹爪图（图2-105）。项圣谟《听松图轴》中的古松则扭曲的树干上多布疤结（图2-106），使松树更显"烟叶葱茏苍麈尾，霜皮驳落紫龙鳞"。

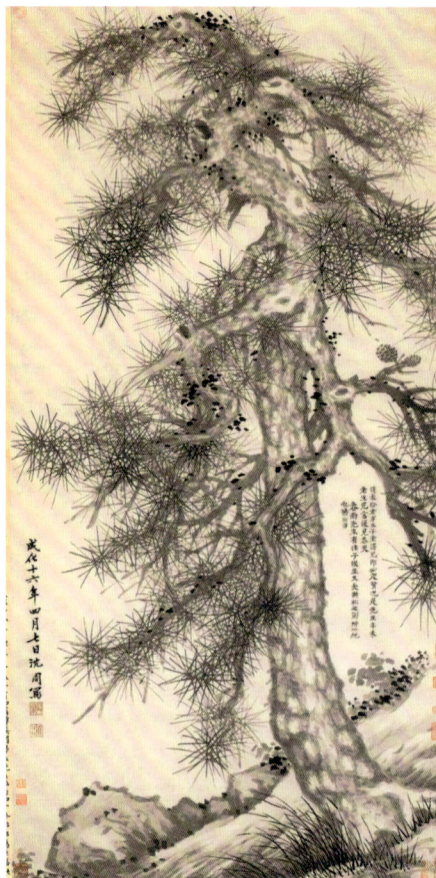

图2-105 明代·沈周《松石图》局部　　图2-106 明代·项圣谟《听松图轴》局部

　　蓝瑛《仿赵仲穆山水图》的古松斜卧于山岩之中，一枝下探，灵动有力（图2-107）。文徵明《燕山春色图》中一株古松高耸入云，高大挺拔，颇有"时人不识凌云木，直待凌云始道高"的意境（图2-108）。明代书画家程嘉燧《孤松高士图》中的古松飘逸洒脱，有君子之气（图2-109）。仇英《桃花源仙境图》中古松盘曲如游龙，更显坚贞不屈之势（图2-110）。

图2-107　明代·蓝瑛
《仿赵仲穆山水图》局部

图2-108　明代·文徵明
《燕山春色图》局部

图2-109　明代·程嘉燧
《孤松高士图》局部

图2-110　明代·仇英
《桃源仙境图》局部

（四）明代山水画之群松图

明代山水中的"群松图"更显章法，更有意境。仇英《仙山楼阁图》中七株松树，呈两株、两株、两株、一株四组布置，而左侧六株直干两两呈三组作不等边三角形布置，另一侧则为斜干偏向水面，有动有静，同时这一大组松树又与两侧悬崖上的松树遥相呼应，浑然一体（图2-111）。而唐寅《松岗图卷》中的九株松树，大小搭配，高低参差，茅亭左侧五株，右侧四株，气韵贯通，共同组成一组松林（图2-112）。

图2-111　明代·仇英《仙山阁楼图》局部

图2-112　明代·唐寅《松岗图卷》局部

六、清代山水画之松

清代的山水画主要有以"四王"（王翚、王时敏、王鉴、王原祁）为代表的"保守派"和以"四僧"（弘仁、原济、朱耷、髡残）为代表的"革新派"，前者以摹古为正统，后者则更具鲜明的个人风格，摆脱了正统画路的羁绊，独辟蹊径，也各自创造出与众不同的松树画法。

清代山水画中的松树则在师法古人画松的基础上有所创新。

（一）王翚山水画之松

清代画家王翚《图绘册》中，在乱石丛中有两株山松相依而生，浑然一体，枝干虬曲多姿，小枝穿插揖让，枝叶疏朗有致。两树有如高士俊杰，潇洒清逸，颇具君子之风（图2-113）。

（二）《草堂图》之松

清代佚名《草堂图》中有两株古松，根植于巉岩之上，前低后高、左右穿插、有直有曲、枝干苍古、皮如龙鳞、枝叶疏朗、仰俯生姿、古意盎然，且动势十足，颇具苍古之风、坚贞之骨、清逸之质和耸峭之气（图2-114）。

图2-113 清代·王翚《图绘册》局部

图2-114 清代·佚名《草堂图》局部

（三）弘仁山水画之松

清代弘仁的《节寿图》（图2-115）中所画松树，整体平展的树冠中有一枝下拖，而其下有一副枝则逆势而上，极具个性；《山水图册》（图2-116）中的古松缠绕奇石而生，至顶作悬崖式下探，树石紧密相依，开附石松之先河。

图2-115 清代·弘仁《节寿图》　　图2-116 清代·弘仁《山水图册》

（四）王鉴山水画之松

清代画家王鉴《仿古山水册》的古松高大耸立，树冠平展蔽日，下有一拖枝延展飘逸，整株松树均衡而稳定（图2-117）。

（五）蒋延锡山水画之松

清代蒋延锡《岁寒三友轴》中的松树简约而不失气质，树势灵动而不失均衡（图2-118）。

图2-117 清代·王鉴　　　　图2-118 清代·蒋延锡
《仿古山水册》局部　　　　《岁寒三友轴》

（六）郎世宁山水画之松

清代的另一类画家是意大利宫廷画家郎世宁，他的山水画中松树既参照了中国传统山水画中松石的写意手法，又结合了西方油画的写实手法。《弘历哨鹿图》中有两组松树，第一组松树四株，其中三株一组紧密相依，而一株古松斜干生于岩石丛中，枝干苍古遒劲，树冠平展飘逸（图2-119）；另一组古松五株，呈两株、一株、两株布局，俯仰生姿，既各自独立又相互呼应，结构严谨规整（图2-120）。

图2-119　清代·郎世宁《弘历哨鹿图》局部1

图2-120　清代·郎世宁《弘历哨鹿图》局部2

七、现代山水画之松

现代山水画中的松树多师古。

较为著名的画松画家陈少梅，曾作《磐石双松图》《江风三五里图》和《仿刘松年松泉图》等，颇有古意（图2-121至图2-123）。

另有当代画家董寿平所作水墨山水《黄山松云图》中的一组黄山松，屹立于山崖之上，高低参差，生动别致（图2-124）。

图2-121　现代·陈少梅
《磐石双松图》局部

图2-122　现代·陈少梅
《江风三五里》局部

图2-123　现代·陈少梅
《仿刘松年松泉图》

图2-124　当代·董寿平
《黄山松云图》

中国传统山水画自唐宋起，一直有院派之争，宫廷派严谨华丽但易呆板，自然派清高儒雅但易偏执。自晋隋起，已有青绿水墨之分，青绿山水淡雅细腻，水墨山水雄浑壮阔，虽此起彼伏，然各有千秋，分头并进，各有互补，不可或缺。

从自然到宫廷，从山林到城市，山水画有令人震撼的壮阔全景山水图卷，也有令人遐思的简约边角山林、团扇，都毫不例外地反映着不同时境、不同人群对于休闲园林和桃源生活的向往和追求。

古代山水画中，无论是山石还是松树，最基本的创作原则是"外师造化，中得心源"。以自然界中的松树为师，赋予画家个人的情趣爱好，删繁去简，去粗取精，从而形成画中之松，通过画家的"剪辑"，使得画中之松比自然之松更具有君子气质。

传统山水画中的松树，最基本的表现手法是"远观其势，近取其质"。无论是孤松还是松林，远观其气势和气脉，近品其气质和气韵，既注重单株松树的精致造型，又兼顾群松的合理组合，才能使画中之松兼具形式美和韵味美。

明代的高濂在《遵生八笺·高子盆景说》中对天目松盆景做如下描绘："如最古雅者，品以天目松为第一，惟杭城有之，高可盈尺，其本如臂，针毛短簇，结为马远之欹斜诘曲，郭熙之露顶攫拿，刘松年之偃亚层叠，盛子昭之拖拽轩蠹等状，栽以佳器，槎牙可观，他树蟠结，无出此制。更有松本一根二梗三梗者，或栽三五窠，结为山林排匝，高下差参，更多幽趣。林下安置透漏窈窕昆石、应石、燕石、腊石、将乐石、灵璧石、石笋，安放得体。时对独本者，若坐冈陵之巅，与孤松盘桓；其双本者，似入松林深处，令人六月忘暑。"

清代沈心友、王概等所作的《芥子园画谱》中对历代画家之松做了总结："马远松多作瘦硬如屈铁状；李营邱松多作盘结如龙蟠凤翥；王叔明大松多作直干，其叶较诸家者稍长。虽杂乱中极有文理；马远间作破笔，最有丰致，古气蔚然；赵大年松多于肥泽中见其奇古；郭咸熙每作群松，大小相联，转巅下涧，一望不断；刘松年多作雪松。"

松树在古代山水画中，几乎是出现频率最多的植物。松为万木长，在山水画中用松来寄托画家的思想和情感，展现画家的理想和抱负，体现画家的气质和品格，可谓实至名归。它以其挺拔的树干、如盖的树冠和苍劲的枝柯，在山水画中传达出生命的顽强和人们对坚韧不拔、坚贞不屈精神的不懈追求。

第二篇
泰山松

世界上的松树种类有230余种，分属于松亚科10属中，而属于松属的有90多种，是主要的荒山绿化树种和用材树种。

松树，尤其是油松，作为常绿树种，在北方地区特别是黄河以北地区有着不可替代的地位。北方地区常绿树种本来就缺乏，园林绿化中基本以松柏为主，而柏树因民俗习惯等原因，适用地区受到限制。独有松树，应用范围广泛且为人们所喜爱。

松树，是喜光树种，有阳刚之气；松树，耐旱耐瘠薄，有不屈之骨；松树，是常绿树种，有君子之质；松树，是长寿树种，有延年之寿。松树以其高贵的身姿和优秀的品德而世代为人们所称颂。

松树的松叶有两针、三针或五针一束，而以两针一束的种类最多，且分布较广。因此我们通常所说的松树多指两针一束的松树，如油松、黑松、赤松、黄山松、马尾松、樟子松等。

常用作造型植物的松树除传统五针一束的以外，近几年多以油松、赤松、黑松、黄山松和马尾松等两针一束的松树为主。

泰山上的松树有着悠久的历史和丰富的种类。早在2200年前就有秦始皇御封"五大夫松"的记载。而现今泰山上的松树有6属23种1变种，最多、最常见的为油松、黑松和华山松等。

泰山上现有古油松2200余株，最老的古油松树龄1500多年。泰山松，最为人称道者，乃是"望人松"，躬身探臂，坐踞道旁，阅尽世间沧桑；而功德卓著者，首推"五大夫松"，古今雅士"再渡云桥访爵松"；其他具名可称者，有"长寿松"，上下"楼台松"和"姊妹松"等。在泰山前山对松山处，地势陡峭，奇峰对峙，有"岱岳最佳处，对松真绝奇"之誉，现存树龄300年左右的古油松约800株，而矫健多姿者，以后山的后石坞为最，后石坞200年以上树龄的古油松存量在1100株左右，前山之松，多为"叶张翠盖""欲附云势"的直势，后山则多苍鳞蟠虬之势，裂石迴根之状，伏虎腾龙，其势万状。

以丰富的自然资源和深厚的文化底蕴相结合，孕育了"泰山松"这一品牌。"泰山松"不但具有松树潇洒飘逸的身姿，顽强的生命力，坚贞的气质和风骨，更具有雄浑泰山的铮铮铁骨和巍然屹立的不屈精神，是自然和文化的完美契合。

泰山松在新时代园林中已不仅是一种常见的绿化树种，因其优雅脱俗的艺术造型，成为绿化苗木的浩瀚星海中最闪亮的明星；泰山松已不仅仅是一种常用的造型树种，因其造型的独具神韵，成为众多造型树中最璀璨的明珠。

第三章　泰山松概述

巍巍泰山，雄峙天东。清泉明月，石坚松翠。披朝霞之灿烂，沐云雾之氤氲。当代美学家杨辛《泰山颂》中云："高而可登，雄而可亲。松石为骨，清泉为心。呼吸宇宙，吐纳风云。海天之怀，华夏之魂。"（图3-1）石为泰山之骨骼，树是泰山之肌肤，而泰山松则是泰山上最靓丽的风景。

泰山上的松树历经岁月的磨砺，自然的锤炼，铜枝铁干，雄奇壮观。其苍古、茂盛、雄奇、清秀、遒劲、挺拔，无不渗透着勇敢、正直、坚韧的泰山精神；其铮铮铁骨、凛凛正气，无不显示着不屈不挠、不惧险阻的中华民族精神。

泰山松，狭义上讲，专指泰山上的油松。广义上讲，泰山松是一个应用上的概念，又可称泰山景松、泰山造型松，是指以油松、赤松、黑松、黄山松等二针松为主，以泰山古油松及自然界的松树为模板，遵循松树生长习性和生态条件，结合松树古代文化内涵和现代人的文化追求，利用苗圃内培育的松树，采用绑扎、牵拉、修剪等手段，不断整形精心培育出来，用于园林绿化的造型松树。也就是说，泰山松是经过人为加工处理过的一种造型树，有别于自然界中的松树，并且也不仅指油松或黑松，包含多个树种。

图3-1　《泰山颂》题刻

第一节　泰山松文化

泰山，又称"东岳"，是五岳之尊，位于山东省中部，华北平原东侧，南麓始自泰安市，北麓止于济南市，东经116°50′~117°12′，北纬36°11′~36°31′，海拔高度1545米。1982年，泰山被列入第一批国家级风景名胜区。1987年，泰山被联合国教科文组织批准列为中国第一个世界文化与自然双重遗产。2002年，泰山被评为"中华十大文化名山"之首。2006年，泰山因其独特的地质价值，成为世界地质公园。2007年3月，泰山被评为国家AAAAA级旅游景区。2007年12月，泰山被命名为中国首座"中国书法名山"。

泰山特有的地貌是泰山自然美的基础。泰山的地貌起伏较大，山体的主要组成岩石是泰山杂岩，盖层主要是寒武、奥陶系灰岩，为古代变质岩系，主要由片麻岩和花岗岩构成。

泰山地处暖温带气候区，属于温带季风性气候，日照丰富，太阳辐射强度大。山体高大，地形复杂，气候随着不同的地形和海拔高度呈明显的垂直变化，山下与山上平均温度相差7.5℃。春季风沙较大，冬季较长，结冰期达150天，极顶最低气温-27.5℃。泰山年降水量随海拔升高而增加，山上与山下平均降水量相差409.44毫米，降水量垂直梯度平均为30.44毫米，不同坡向的降水量也有差异。

据《泰山道里记》记载："泰山，《虞书》谓之'岱宗'。《风俗通义》曰：'岱者，长也。万物之始，阴阳交代。'《白虎通·德论》曰：'东岳为岱宗者，言万物之相代于东方也。又岳之为言桷也，桷考功德定黜陟也。'《禹贡》谓之'岱'。《周礼》谓之'岱山'。《尔雅》《论语》谓之'泰山'。是泰山之名后于岱也。泰山结体，唯《鲁颂》'岩岩'一语，足以形容气象。后人谓泰山如坐者，言一山之体也。又曰泰山为龙者，言众山之奔赴也。旧说皆谓山脉自西而东。"

泰山人工栽植树木起于何时，尚难稽考。根据《禹贡》记载："海岱惟青州""青州之木为松"。西晋张华《博物志》云："泰山多松亦多石耳"，可知泰山上生长松树的历史悠久。

现在泰山上的松树高达20多米，树干直径也可达1米以上，树干通常呈灰色，树皮枝叶茂密，虽历经岁月沧桑，风云变幻，仍兀自挺立，荣辱不惊，傲视八方（图3-2）。

一、泰山松为历代帝王所尊崇

《史记·秦始皇本纪》中记载："（始皇）上泰山，立石，封祠祀。下，风雨暴至，休于树下，因封其树为五大夫。"这是泰山松为皇帝所称颂的最早记载。最早在泰山植树的皇帝是汉武帝刘彻，他曾七次登封泰山，植树千株。今岱庙尚有六株汉柏。

唐高宗、唐玄宗两代帝王登封泰山，必于沿途植树以增皇威，亦为名山增色。

清朝康熙八年至十七年间重修岱庙时，由官府出面共植树646株。

清朝乾隆在位期间曾多次祭拜泰山，6次登上泰山极顶，留有170多首咏颂诗、130多块碑碣，是到泰山次数和所留诗作、碑碣最多的皇帝。曾称赞泰山松："岱宗最佳处，对松真绝奇。"

图3-2 泰山松是泰山自然文化遗产的一部分

清朝嘉庆年间山东按察使康基田、泰安知府金棨等人奉命栽植松柏。根据清嘉庆《泰山种柏树道里》碑记载，康基田、金棨等16位官吏，先后在嘉庆元年、二年、三年连续植树，植树范围从岱宗坊始，沿盘道直至南天门下的独秀峰和升仙坊，还包括吕祖阁等地。按照碑刻记录的数目计算，3年共植松柏树22000余株。现在盘道两侧百年以上的松柏多是当时所植，而泰山上的众多古松也被现代人作为神树加以崇拜（图3-3、图3-4）。

图3-3 泰山松作为神树被人崇拜1

图3-4 泰山松作为神树被人崇拜2

二、泰山松为历代文人所吟诵

松树在中国传统文化中被赋予了丰富的内涵和意义。首先，松树被视为生命力顽强的象征，能够在恶劣的环境下生存生长。其次，松树也被视为永恒的象征，寓意着生命的持久和不变。最后，松树还被视为崇高和高贵的象征，它挺拔、高耸的形象被用来比喻人的品格高尚、节操坚定等。

泰山松不仅是泰山的代表植物，也在中国文化中承载着丰富历史和内涵。传统文化中，泰山松的形象代表着高洁、坚贞、忠诚、刚直等品格，现代则被视为中国人民坚韧、勇毅和不屈精神的象征。泰山松见证了泰山的沧桑巨变，也是泰山文化的重要组成部分（图3-5）。

松树为百木之长，泰山为五岳之尊。人们感慨松树之长寿，仰慕松树之常青，"世有千年松，人生讵能百"（傅玄《诗》）；"人生非寒松，年貌岂长在"（李白《古风五十九首》）；"蟪蛄啼青松，安见此树老"（李白《拟古十二首》）；"山明月露白，夜静松风歇"（李白《游泰山》其六）；"片石含清锦，疏松挂绿丝"（李白《题灵岩寺泉池》）；"泰山不要欺毫末，颜子无心羡老彭。松树千年终是朽，槿花一日自为荣"（白居易《放言五首·其五》）。自古以来，文人墨客有感于泰山松的雄奇英姿，吟咏泰山松的诗词不计其数，据不完全统计比较知名的达300多篇。

在著名的泰山摩崖石刻中，泰山松一直是人们感慨和赞誉的主题之一（图3-6、图3-7）。从"松为人君"，到"独立大夫""五大夫松""一品大夫"，再到"对松山""松门"，众多石刻与郁郁葱葱的泰山松相得益彰，在雄伟壮观的泰山之中熠熠生辉。山因松而翠，因石而坚，松古石亦古，石刚松亦刚。

图3-5 泰山松巍然屹立

图3-6　泰山松石刻1

图3-7　泰山松石刻2

　　泰山松或傍倚峭壁，或矗立幽处，或掩映在古寺之中，浓缩了时间，折射了历史，以其挺拔苍劲的雄姿，迎风傲雪的精神，悠久深邃的文化积淀，成为泰山的独特风景，被人们传诵、敬仰。就像京剧《沙家浜》气冲霄汉的唱词："要学那泰山顶上一青松，顶天立地傲苍穹！"

三、泰山松为历代画家所摹画

　　巍峨雄伟的泰山孕育了苍劲挺拔的泰山松，铜枝铁干、蟠虬古拙的泰山松已成为坚贞不屈、顽强抗争的泰山精神的真实写照。历代画家无不为雄奇的泰山和千姿百态的泰山松所折服，为世人留下了众多的泰山松巨作。

南北朝宫廷画家陆探微的《五岳图》东岳泰山图中五株松树耸立于山道，主干斑驳苍劲，有千古沧桑之感，松针则葱郁挺拔、丛簇团抱，有朝气蓬勃之貌（图3-8）。

明代画家谢时臣曾作《泰山松嶂图》和《泰山松图》轴绢本，吴门画派之后学盛茂烨（明代，生卒年不详）亦有《泰山松图》。

清代王翚的《康熙南巡图卷三之济南至泰山》，图中泰山高大雄伟、高耸入云，泰山松郁郁葱葱、苍古遒劲（图3-9）。

清代李世倬《对松山图轴》中，苍松夹峙，行旅回旋其间（图3-10）。文曰："青壁双起，盘道中旋，石齿树生，云衣晴见，当泰岱之半，景为最奇。"

图3-8 南北朝·陆探微《五岳图》（局部）

图3-9 清·王翚
《康熙南巡图卷三之济南至泰山》（局部）

图3-10 清·李世倬
《对松山图轴》

四、泰山松为当代泰山人所传承

清代以后，泰山植被屡遭破坏。据记载，当时仅在庵、观、寺庙周围及登山盘道两侧剩下残林3000亩*，森林覆盖率不足2%。新中国成立前，泰山更是一片荒山秃岭。新中国成立后，泰山林场在自身育林的基础上，依托驻泰安的高校学生、机关事业单位的职工进行植树，开展合作造林，每年春季造林约2000亩，5年内完成近1万亩的造林。

天然古油松林主要分布于对松山、后石坞两处，海拔1000~1400米，面积约700亩，树龄多在100~300年，最高达500年；古松高6~13米，胸径30~80厘米，个别达100厘米以上，树干多刚劲，树冠向四面开展，林相稀疏，郁闭度仅为0.3~0.4；林下有许多自然更新幼苗。

对松山又名万松山，这里两峰夹峙、苍松如龙、乱云飞渡、松涛轰鸣，是泰山蔚为壮观的一大胜景。后石坞是松的世界、松的海洋（图3-11），这里曲径逶迤，圭门清雅，松挂悬崖，泉飞古洞。满山的青松，层层叠叠，遮天蔽日，千姿百态。或如雄鹰展翅，或似惊鹿飞奔，或如饿虎扑食，或似蛟龙腾空。姊妹松亭亭并立，母子松拳拳深情。翠鸟轻歌，松涛低语，古洞流泉，怪石弄影。

泰山地处北方，气候干燥，土壤贫瘠，但泰山松却能生长茂盛。泰山松具有很强的适应能力和抗风能力，以其强健的根系有效保持土壤，防止水土流失，对泰山的生态环境保护和修复发挥了重要作用。在景观组成方面，泰山上的松树以其高大、挺拔的姿态，成为泰山山体景观的重要组成部分。

图3-11　后石坞古松群——松的世界，松的海洋

五、泰山五大夫松的历史和文化传承

泰山中路云步桥北侧，盘路至此，有石坊赫然而立，额题"五大夫松"，坊西有古松两株，南北并列，距9米。南株高5.2米，胸围1.5米，于3米处分三枝，一枝往东南平伸，其余两枝各向南、西北伸出，冠幅南北10.3米，东西15米；北株高6.2米，胸围1.52米，于5.2米处分三枝，一枝向南，一枝向东，一枝向北，冠幅东西4.5米，南北2.5米。两株松树虬枝拳曲，苍劲古拙，曲折盘叠直抵"五大夫松"牌坊（图3-12至图3-14）。

据《史记》所载，公元前219年秦始皇封禅泰山，避雨于松树下，遂封此松为"五大夫松"，说明在秦朝时，五大夫松已是一株大树。

由唐代徐坚编撰的《初学记》引《汉官仪》及《泰山记》云："小天门有秦时五大夫松，现在。"意即在唐朝时古松犹存。

明万历九年，于慎行在《登泰山记》中云："松有五，雷雨坏其三。"《泰山纪事》："松旧有二株，苍秀参天，四围碧石，栏根无土，蟠于石上。万历三十年，泰山起蛟，遂失松所在，为化龙去。"《泰安县志》又载曰："雍正八年（1730年）正月内奉旨钦差大人丁皂保植补松树五株。"其后毁两株，1983年又枯死一株，现存两株。树龄约300年，拳曲古拙，苍劲葱郁，被誉为"秦松挺秀"，现已列为泰安八景之一。

五大夫松是泰山景区唯一被帝王所册封的树木，也是中国历史上最早受敕封的松树，是具有完整历史传承的松树，现已列入泰山世界文化与自然双遗产名录。

图3-12 泰山五大夫松

图3-13　泰山五大夫松

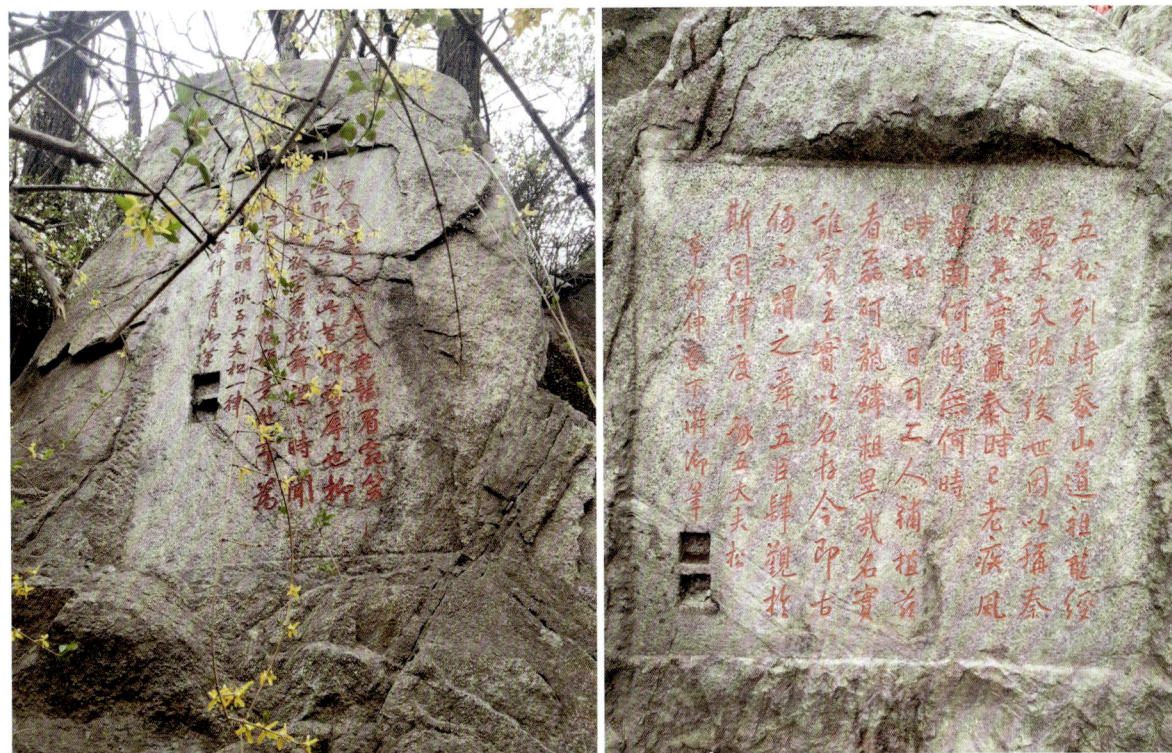

图3-14　泰山五大夫松石刻

文人墨客无不为泰山五大夫松苍劲的身姿和沧桑的历史所折服，据初步统计，历代以来赞颂和吟咏五大夫松的诗词就有300余首。

明正德年间，泰安知州戴经诗赞曰："野鹤孤云自径还，空名千载列朝班。奋髯特立云霄远，偃盖长留岁日间。"

泰山松

明代诗人于慎行曾作《五大夫松歌》："爵名五大夫，其数不必五。何知非二松，屑屑为之补。二松五松俱莫论，秦人已没沙丘魂。金椎驰道迹如扫，此中惟有松枝存。我观此松颜色古，干如虬龙质如土。鸾楼鹤舞几千秋，犹忆当年岩畔雨。自有此山即有松，百木之长五岳宗。秋声不断天门路，海气长悬日观峰。亦不为封荣，亦不因封辱。兴亡阅尽总无情，何况区区小除目。济北刘生达者流，题诗旧向松间游。岁寒岂欲联三友，道远还因寄四愁。君为博士挂冠早，松号大夫今欲老。浮名梦幻两茫茫，不须苦作秦松考。"

清代乾隆的《咏五大夫松》诗云："何人补署大夫名，五老须眉宛笑迎。即此今今即此昔，抑为辱也抑为荣。盘盘欲学苍龙舞，稷稷时闻清籁声。记取一枝偏称意，他年为挂月轮明。"

清代蒲松龄曾作《秦松赋》："泰山之半，有古松焉。遥而望之，苍苍然，郁郁然，槎枒黄岘之岭，轮囷曲盘之谷。俨五老之古装，恍四皓之伟步。骀背鹤发，龙翔凤翥，俯首颣揖，曲躬似语，磐折伛偻，磅礴交互，不知此生，历几朝暮。云是秦时所封五大夫树，是未知其然也。观其盘根错节，雪饱霜经，繁枝刺干，雾护云蒸。皴肤带瘿，败甲含腥，屈謷鸟去，涩受猱登。当必瑶池之花数卸，蓬莱之水三清，始得此苍柯磊落，古鬣鬖鬖，直枝百尺，斜影千层。霞倚纹起，日焰斑生。貌与石而并古，色比黛而同青。若乃春雨垂丝，春风成片，绿树牵人，红花似面。萃林栖凤之竹，锦水藏莺之线，蓁蓁全谷之园，泛泛武陵之岸，无不艳艳争媚，英英相间。当是时也，岑寂邱阿，萧森岩畔，意调高骞，仪容惨淡，大夫于此，不以美炫。迨夫南雁去，朔风威，坚冰合，冷霰霏，锦残芳歇，蕙折兰催。洞庭波兮水下，羌摇落兮变衰。尔乃清标独耸，大盖孤垂。意挺挺而目若，似无喜而无悲。至如寄情语曲，戆至妩媚，月来当昼，暾上疑帷。龙鳞蜿蜒，蛇影离披，因风欲舞，得雨将飞，虬枝半横，棘刺全底。夜则涛声沸涌，昼则烟雨凄迷，止容鼠窜，未许禽栖，游子休装，行人息辔，颠倒围量，流连坐憩，悬想当年，太息不止。当夫翠华遥临，秦君乍至，万骑云屯，千乘鼎沸，玉勒光天，金鞍耀地，冠盖旗斾，弥漫无际，阻风雨于二陵，借覆帱于五粒。因而喜动天颜，恩承上意，赐爵授官，恩奢冠异，可不谓迂合之隆，千载一日者哉。到于今，祖龙已亡，河山屡易，杠鼎雄君，歌风赤帝，玉帐妖姬，铁衣猛士，七叶金貂，千年举砺，一皆草腐烟消，香埋珠碎。独有大夫存昂藏之瘦骨，亘古今而不坠。予登岱过其下，摩挲而问之曰：'大夫乎，大夫乎！秦之封其有乎，无乎？君亦为荣乎，污乎？'徘徊良久，坐而假寐，梦一伟男告予曰：'世呼我牛也，牛之；马也，马之。秦虽以为我大夫，我固未尝为大夫也。为鲁连之乡党，近田横之门人，高人烈士，义不帝秦。秦皇何君，而我为其臣？'山风谡谡，予忽警悟，拱立竦息，拜揖而去。"

现代诗人、文学家郭沫若登泰山时，感于当年秦始皇轶事，写下了著名的《观五大夫松》一诗："人来看万松，雾至万松蒙。冠沐及时雨，襟披下岭风。拿云伸臂手，饮瀣溢心胸。磴道千寻尽，碧霞铁瓦红。"

虬枝拳曲、苍劲古拙，自古被誉为"秦松挺秀"的五大夫松是历代画家所喜爱的素材。唐代王维曾作《泰岱秦松》图，并有"秦换而松不换"之语赞颂五大夫松；元代柯九思曾作《寿高秦松》；明代沈周曾绘《大夫松图卷》；明朝范景文有《五大夫松图》；清代恽寿平曾绘《五大夫松图》（图3-15）；清代李鱓尤喜绘五大夫松，雍正十三年，尝以泰山五大夫松为题材，曾绘《五松图》达12幅之多。

五大夫松，莫论两棵还是五棵，秦人已没，唯有松存。此松苍古，干如虬龙。岱是五岳宗，松为百木长，有山即有松，山因松增色，松因山著名。古松阅尽兴亡沧桑，早忘大夫浮名。

正直、刚强、坚韧、不屈不挠、不卑不亢的泰山松精神与勇敢、正直、坚强的泰山石敢当精神

图3-15　清·恽寿平《五大夫松图》

和坚韧不拔、坚强不屈、坚持不懈、矢志不渝的泰山挑山工精神等一起，共同铸就了泰山精神，共同组成了伟大的中华民族精神。泰山松所蕴含的这种泰山精神，是泰山松的灵魂，是泰山松的魅力所在，是泰山松成为现代园林不可或缺的新要素的精神根源。

第二节　泰山名松

"大山堂堂，为众山之主；长松亭亭，为众木之表"。泰山是中国五岳之首，被誉为"天下第一山"，而泰山松是其独特的景观之一。泰山目前有百年以上的古树万余株，曾被古人命名的千年古树也有近百株。黄山松以形态奇特取胜，泰山松则以古老苍劲引人。泰山松因其高耸挺拔、亭亭玉立的形象，被誉为"天下第一松"。

现已有姊妹松、五大夫松、望人松、一品大夫松和六朝松5组（7株）被列入世界遗产名录。

一、六朝松

位于泰山普照寺内的中院大雄宝殿之上有一株松树，传为六朝所植，故称"六朝松"（图3-16），距今近1500年。该松粗大雄壮，高11.5米，胸径86厘米，树冠东西13.5米，南北16.7米，宛如大鹏展翅，枝繁叶茂，又像当空巨网，光线穿透树冠，投下细碎斑痕，有"长松筛月"的雅称。亭上楹联云："收拾岚光归四照，招邀明月得三分。"树下有清代的"六朝遗植"石刻和郭沫

图3-16　泰山六朝松

若写的《咏普照寺六朝松》诗碑："六朝遗植尚幢幢，一品大夫应属公。吐出虬龙思后土，招来鸾凤诉苍穹。四山有石泉声绝，万里无云日照融。化作甘霖均九域，千秋长愿颂东风。"

二、一品大夫松

一品大夫松位于普照寺后院，六朝松西侧菊林院中。树高3米，胸径35厘米，树冠水平伸展，树冠东西11.5米，南北7.4米。相传是清代僧人理休入寺时与师傅一块栽的，因为理休常以松树为伴，习文读经，曾赋诗曰："僧栽松，松荫僧，你我相度如同生。松也僧，僧也松，依佛门，论弟兄。"故又称为"师弟松"。清光绪二十二年何焕章游泰山，见此松叹为观止，遂书"一品大夫"并刻石立于树下（图3-17）。

图3-17　泰山一品大夫松

三、一亩松

一亩松位于玉泉寺大雄宝殿后山坡上，已有800余年树龄，树冠东西33.5米，南北26.8米，即897.8平方米，折合1.3亩，故名"一亩松"（图3-18）。树高12.5米，胸径95.5厘米，距地表3.5米处，向正东平伸一枝，长15米以上。众多分枝均匍匐横展，盘亘曲折，往四面八方散布，犹如巨伞。树干基部，几条粗壮侧根裸出地面，状似龙爪，向四方延伸。疏影苍劲，飘逸豪放，宛如虬龙蟠旋，是岱阴胜景中的一朵奇葩。北宋诗人王令曾作《大松》诗："十寻瘦干三冬绿，一亩浓阴六月清。莫谓世材难见用，须知天意不徒生。长蛟老蜃空中影，骤雨惊雷半夜声。却笑五株乔岳下，肯将直节事秦嬴。"

图3-18 泰山一亩松

四、姉妹松

立于海拔1420米的泰山后石坞娘娘庙西南面的鹤山上，两株古松虬枝腾空，树枝挽手连臂，似一对姉妹相依相从，人称"姉妹松"（图3-19）。远远望去，两根粗壮苍劲的树干仿佛同擎一把绿伞，郁郁葱葱，枝繁叶茂，距今已有500多年的历史。

图3-19 泰山姉妹松

两株古松相距7.1米，东南株树高6.0米，胸径49.1厘米、树冠东西8.8米，南北9.85米，生有4个主枝，分布于树干南侧，二次枝有8个，最长枝4.5米，沿正南方向向下倾斜，最短枝1.3米，向北生长。西北株树高5.5米、胸径38厘米，树冠东西6.9米，南北5.4米，主枝5个，二次枝7个，最长枝1.8米，向东北下垂，最短枝1.2米，沿东南方向延伸，从树势、树姿看，与前者相似。整体树冠北面迎风受抑制，南面顺风舒展开阔，势如探海，双干挺拔，凛然不屈。

五、望人松

望人松位于泰山中天门以上的拦住山东侧，海拔920米，地处高山之巅的悬崖之上，背靠陡峭绝壁，根抓裸岩露石，傲然孤立。树龄在500年以上，树高7.4米，胸径77.1厘米，树冠东西14米，南北12米。主干略向东南倾斜，距根际3.3米处，斜出一孤枝，基径0.3米，约在长0.5米处呈90°折曲斜下，长8米左右，犹如一巨人，倾身伸臂向来往游客招手，故名"望人松"（图3-20至图3-22）。其松枝交错盘曲，针叶茂密，冠呈一巨大华盖状。

望人松代表着五岳独尊的泰山，现在已成为泰山的标志。

图3-20　泰山望人松1

图3-21　泰山望人松2

图3-22 泰山望人松3

六、对松山古松群

泰山朝阳洞之北有万株古松的对松山，两峰夹路对峙，苍松韧焉，曰"对松山"（图3-23），亦曰"万松山""松海""松门"。清人聂剑光在《泰山道里记》中云："松厄于石不能大，雨不常及，以云气沾湿而生，且茂，枝皆作蛟虬状，风谡谡清人脾。"云出其间，天风莽荡，虬舞龙吟，松涛大作，堪称奇观。李白有"长松入云汉，远望不盈尺"的诗句。清代文人喻成龙在《万松山歌》中有："郁葱葱，青蒙蒙，千株万株插芙蓉"的诗句。

图3-23 泰山对松山古松群

七、后石坞古松群

泰山后石坞，漫山遍野的古松千姿百态，或侧身绝壁，或屈居深壑，或直刺云天，或横空欲飞。山风劲吹，松涛阵阵，越显岱阴险而奥，幽而奇。清代萧儒林有诗云："石坞松围万顷阴，纡回鹤径入萧森。凌晨海雾平清涧，向夜江涛卷碧岑。脂落悬崖收圃药，响连幽洞听鸣琴。耳根何幸尘缘洗，谡谡犹闻太古音。"

泰山后石坞古松群是迄今发现的我国数量最多的古油松群，据统计200年以上树龄的古油松存量约1100株。泰山古松经历了千百年风雨，姿态各异，铁干铜枝，不摧不折，令人肃然起敬。

（一）泰山"伏羲女娲松"

泰山"伏羲女娲松"位于后石坞北环天路南，树龄500余年。此松大枝攀附于主干之上，扭曲生长，犹如神话中伏羲女娲相拥状（图3-24）。

图3-24 泰山"伏羲女娲松"

（二）泰山"倚石得天松"

泰山"倚石得天松"位于后石坞北环天路中段姊妹松北，树干南倾，近乎水平搭接到一巨石上，树冠水平往南延伸，如伸双臂探空取物，与岱顶日观峰探海石遥相呼应（图3-25）。树龄500余年。

119

图3-25 泰山"倚石得天松"

（三）泰山"独秀松"

泰山"独秀松"位于姊妹松西侧的山岗上，树龄500余年（图3-26）。此松在群松之中，高大、挺拔、造型奇特，犹如鹤立鸡群，使人想起了李白曾写下的"天门一长啸，万里青风来"的千古名句。而如今，仰望着独秀松，益发让人体会到了李太白那"仰天大笑出门去，我辈岂是蓬蒿人"的豪壮之气。

图3-26 泰山"独秀松"

（四）泰山"卧龙松"

泰山"卧龙松"位于后石坞元君墓东，树干扭曲盘旋生长，树冠往东倾斜，又盘旋西折，像苍龙俯卧，有冲天之势，枝条蟠曲好似龙爪，故得名"卧龙松"（图3-27）。树高约7.2米，树龄在300年以上。

图3-27　泰山"卧龙松"

（五）泰山"卧虎松"

泰山"卧虎松"位于后石坞元君庙南边路东，树体仆卧，干粗体伟，枝条粗壮，树干隐藏于灌丛中，树冠昂然奋起，威风凛凛，犹如猛虎蹲卧，故称"卧虎松"（图3-28）。与"卧龙松"遥相呼应，胸径64厘米，树高9.4米。

图3-28　泰山"卧虎松"

（六）泰山"四大天王松"

泰山"四大天王松"在后石坞九龙岗环天路南侧，树龄300余年。四株古松沿盘道一字排开，树高相差不大，铜干铁枝，直冲云天，如壮士环列，威风凛凛，就像四大天王护卫着泰山的风调雨顺（图3-29）。

图3-29　泰山"四大天王松"

（七）泰山"鸱吻松"

泰山"鸱吻松"在后石坞小天烛峰东南方，树龄400余年。传说中龙生九子，第九子鸱吻，生性喜登高眺望，此松矗立山崖高处，树形灵动，似云中飞龙，故得名"鸱吻松"（图3-30）。

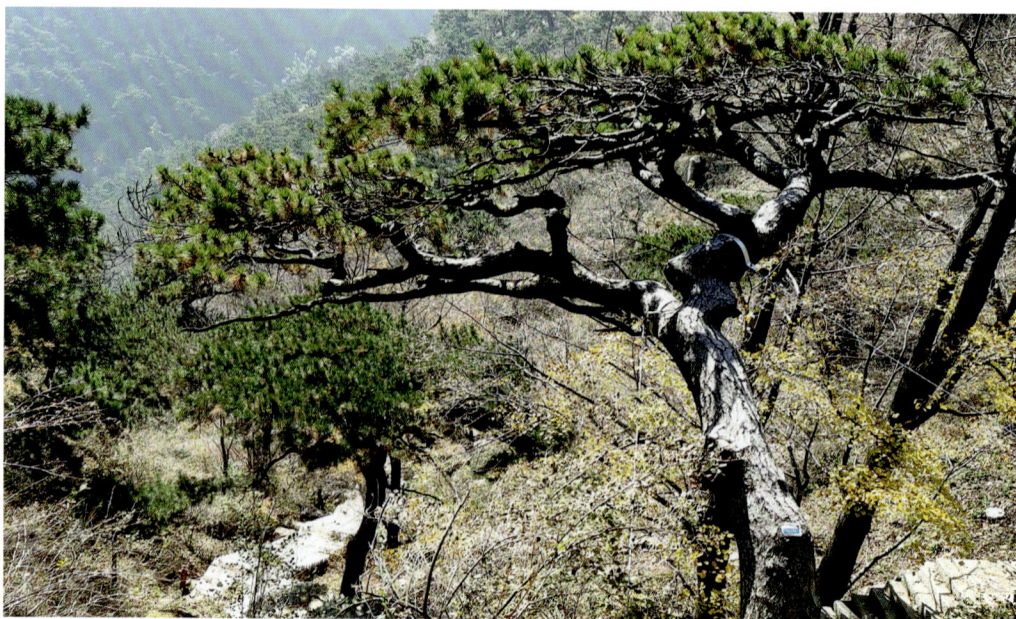

图3-30　泰山"鸱吻松"

（八）泰山"九龙探海松"

该树群位于后石坞九龙岗南端，共有九棵古松，树龄均在百余年以上。临崖生长，根相连，枝相牵，身姿遒健，主枝探向悬崖绝壁，面向东海，像欲腾空而去的九条虬龙，故名"九龙探海松"（图3-31）。

图3-31　泰山"九龙探海松"

（九）泰山"九龙岗双松"

九龙岗双松位于九龙岗环天路小盘道东侧（图3-32），树龄约300年，其西是古老的元君庙。

图3-32　泰山"九龙岗双松"

（十）泰山"飞流挂翠松"

泰山"飞流挂翠松"位于姊妹松东北方向，下临绝壁，树干通直挺拔，下垂枝条像是高山流水落下万丈绝壁，形成绿色瀑布，故名"飞流挂翠松"（图3-33）。该树胸径56.3厘米，树高13.7米。

图3-33　泰山"飞流挂翠松"

（十一）泰山"托云松"

泰山"托云松"在后石坞九龙岗东侧，树干苍劲挺拔，高20余米，树龄400余年，枝繁叶茂，像一把巨伞，托起蓝天白云，故得名"托云松"（图3-34）。

图3-34　泰山"托云松"

（十二）泰山"松涛琴韵"

数百棵古松生长在九龙岗西坡，枝叶相接，遮天蔽日，青翠欲滴，蔚为大观，山风吹来，松涛如笙歌琴韵，犹如天籁之音，使后石坞显得益发幽奥，故名"松诗琴韵"（图3-35）。

图3-35 泰山"松涛琴韵"

八、泰山天烛峰名松

（一）泰山"天烛松"

泰山"天烛松"生长在小天烛峰之巅，海拔1280米，犹在烛焰，咬定巨石，横空出世。两株松树远看树冠连为一体，北边一株树干正好被隐藏，好像一株树（图3-36、图3-37）。其中一株树高4.3米，胸径31.7厘米；另一株树高4.95米，胸径157厘米。

图3-36 泰山"天烛松"1

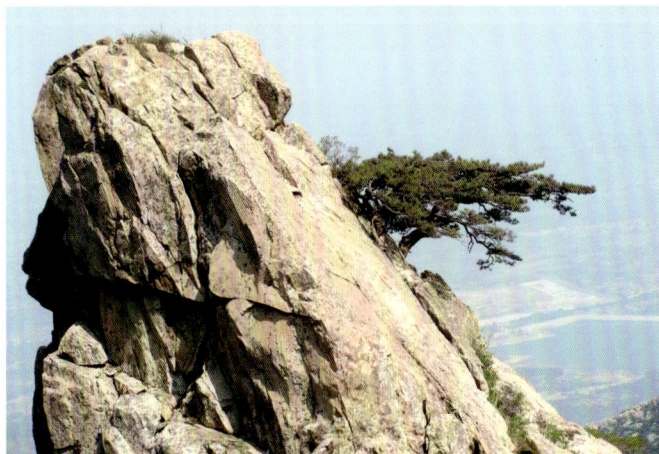

图3-37 泰山"天烛松"2

（二）泰山"翔鹤松"

该树在小天烛峰西，树干斜向东南延伸，树冠水平分向两侧延伸，犹如仙鹤翩翩欲飞，伸颈高歌（图3-38）。该树高4.8米，树龄300年以上。

图3-38　泰山"翔鹤松"

泰山的松树以其高雅、高贵、高洁的形象，成为泰山的一张名片，也成为中华文化的重要象征。这些历经岁月、千锤百炼的古油松，是泰山的脊梁，是泰山的风骨，是泰山的灵魂，凝聚着伟大的泰山精神，是中华民族之魂。

第三节　泰山松的生产和应用

松树，作为中国传统园林中的常见树种之一，不仅因其生长强健、形态优美，以及其雄伟的姿态和独特的生长特性而被广泛应用，更因其承载的丰富文化象征意义而备受青睐。近年来，泰山松作为一种重要的造型植物，广泛用于现代园林绿化中。

一、泰山松的生产

最初被用于制作造型植物的松树是罗汉松和五针松。在江浙地区自古就有制作罗汉松盆景的传统，罗汉松盆景和罗汉松树桩很早就用于庭院绿化。而制作五针松盆景和五针松树桩则最早起源于日本，清末在江浙地区率先引入。新中国成立后，罗汉松盆景和五针松盆景作为两种主要的盆景品种被开发和利用，同时罗汉松树桩和五针松树桩也在现代园林中作为造型树开始开发和应用。但是由于罗汉松和五针松不耐寒，受气候影响较大，在北方地区并不能被广泛应用。

而松树（特指油松、黑松、赤松、天目松和马尾松等二针松）盆栽早在中国的唐宋时期，就已频繁出现在古代诗画作品中。古代的文人雅士从山上采集造型优美奇特的松树树桩，稍加整理，栽在瓦盆等器皿中，置于房内案边，庭院角落，来装点生活，增加生气和野趣。松树作为造型植物在现代园林应用则起源于20世纪初。

油松、黑松、赤松、马尾松和黄山松等是中国最主要和最常用的荒山绿化树种，而在园林绿化中以前多作为常绿背景树使用，一般不作主景树使用。

2000年初，泰安市政府在改造泰山天外村广场时，开始试验性地将初步造型的油松作为主景观树，种植在广场绿地中，松树飘逸潇洒的身姿配以厚重坚实的泰山石，成为一道独特靓丽的风景，在广场绿地中起到了意想不到的效果，获得了很大的成功（图3-39）。自此，造型油松开始走出泰安，逐步在全国各地的园林绿化中推广和应用。

随着改革开放的深入，全国城市建设的高潮不断涌现，各地市开始大面积绿化，建设了大量的城市道路、广场、公园和居住区等。同时，随着大树进城的兴起，泰山松越来越被人们所青睐，应用越来越广泛。人们不仅喜欢泰山松飘逸的造型，更为泰山松深厚的人文背景所深深吸引，渐渐成为现代园林中不可或缺的造景元素。

市场需求不断加大，景松的生产出现了井喷式发展。泰山周围的苗农利用油松、赤松和黑松等丰富的桩胚资源，通过移植、扶壮，加以铁丝蟠扎、拉片等技术手段，制作出大批的造型松，极大地推动了泰山松的发展。现在泰山松已经成为泰山周边地区的主打产品，泰山松生产也已成为当地的支柱产业。在泰山周围的泰安市泰山区、岱岳区和济南市的莱芜区、钢城区等已形成大面积的泰山松生产基地，现今市面上泰山松的苗源存量1000万株以上，从业人员100万人以上。

山东地区有着丰富的松树资源，鲁中山区在20世纪五六十年代曾种植了大量的油松和赤松，在胶东半岛更是有着丰富的赤松和黑松资源，这为泰山松的生产和发展奠定了深厚的苗源基础。近年来，在胶东地区更是涌现了大量的泰山松培育基地（图3-40至图3-42），为泰山松的生产注入了新的活力和生机。

　　在21世纪初江浙地区的一些苗木大户从日本引进了一大部分造型黑松树桩，为泰山松的生产注入了新鲜血液。同时在江苏（常州）、浙江（金华、杭州）等地，当地苗农利用当地的黄山松、马尾松和黑松等，借用五针松和罗汉松的造型技术，利用修剪、铝丝绑扎等手段，通过更为精细的

图3-39　泰山天外村

图3-40　泰山松生产基地1

图3-41　泰山松生产基地2

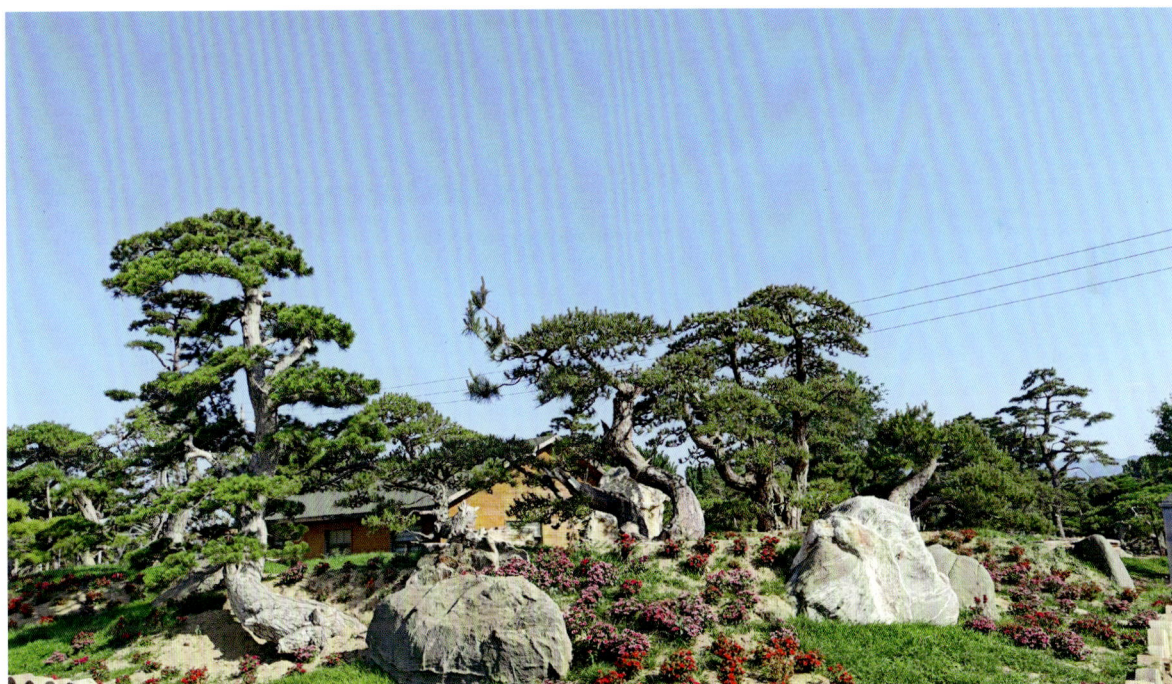

图3-42　泰山松生产基地3

养护和管理，也生产出了大批的造型松。由于油松不耐湿热，不耐盐碱，极大地限制了泰山松在上海、广东和福建等地区的推广，而造型黑松和造型黄山松恰恰弥补了造型油松的这一缺陷，有力地推动了泰山松的发展。

　　现阶段，泰山松已普遍为人们所认可，泰山松石景观作为一种新的园林景观要素已遍布全国各地，而泰山松作为景观树被更加广泛地用于城市广场、道路和小区绿化之中，成为现代园林不可或缺的景观元素。

二、泰山松的应用

泰山松（特指油松、黑松、赤松、黄山松和马尾松等造型二针松），作为中国传统园林中的重要景观元素，承载着丰富的文化内涵和独特的自然魅力。在中国园林中，松树被认为"众木之王"，而泰山松以其挺拔的身姿、苍劲的枝干和独特的形态，被誉为"松中之王"。在园林景观的广阔领域中，泰山松以其独特的魅力和多样的应用方式，成为人们喜爱的对象。从庭院小景到盆景艺术，再到园林绿化的大规模应用，为园林景观注入了独特的气息与活力。泰山松展现出了不同的魅力，成为园林景观中不可或缺的重要元素。

泰山松在园林景观中的应用非常多样化，既能独立成景，又能与其他植物和园林元素和谐共存，例如松与假山、松与水景、松与建筑、松与绿地、松与广场等，泰山松在园林景观中的多样化应用，不仅展现了独特的美学、生态、功能等方面价值，还具有丰富的文化和情感内涵，丰富了园林景观的意义和价值。

（一）泰山松在园林假山中的应用

1. 松岩叠翠

通过分布有序的泰山松，以及不同高度形态的叠山，打造丰富的空间层次。群松或挺拔直立，或清新飘逸，展现不同的气质和姿态。每株松树相互遥望，彼此凝视，传递着对彼此的共鸣。泰山松，让叠山更生动有韵律，泰山松与叠山的组合，创造了清晰的层次感，使空间呈现出远近有序、高低错落，营造出"松岩叠翠"的秀美景观（图3-43）。

图3-43　松岩叠翠

2. 飞泉松风

泰山松与假山叠水的巧妙融合是中国园林艺术中的经典表现之一。松的阳刚，石的稳重，在园林中的互相搭配，内敛而儒雅，"松月生夜凉，风泉满清听"，营建出"飞泉松风"的山水景观（图3-44）。泰山松独特的姿态和形状，展示出丰富多样的美感。石头的纹理和色彩各异，呈现出不同的质感和特点。泰山松和石头的组合与自然融为一体，顺应了中国传统文化中"山水相连"的理念。

图3-44　飞泉松风

（二）泰山松在园林水景中的应用

1. 松壑漱玉

层层叠叠的泰山松与嶙峋的山石紧密相融，石隙间的飞瀑如银练般落入潭中，飞泉激漱石，泠泠击玉声，苍松怪石构成一幅"松壑漱玉"的丹青画卷（图3-45）。

图3-45　松壑漱玉

2. 碧潭松影

泰山松与镜面水的相映之美，宛如一场自然的对话。三两成组的泰山松挺拔俊秀，矗立于水旁，倒影清晰，如诗如画，共谱自然之美。镜面水静静地倒映着松树的身影，使得泰山松的美更加立体和丰富。水与松，创造出松映寒潭潭愈静，潭含松影影愈清的"碧潭松影"景观（图3-46）。

图3-46　碧潭松影

（三）泰山松在建筑配景中的应用

1. 广厦松波

如云的泰山松重现古画中的意境，苍翠葱郁、生机盎然，现代建筑以简洁的线条与玻璃幕墙折射出时代光影。传统与现代的碰撞并非冲突，而是相互映衬、相得益彰。建筑为泰山松提供背景，泰山松为建筑增添柔美，建筑、松石与水面，共同构成了广厦参差，松波浩渺的"广厦松波"景观（图3-47）。

图3-47　广厦松波

2. 高阁苍松

高低错落的松林以碧草为底色，线条简洁而层次丰富，与远山近水共同衬托出高阁之巍峨。高阁松风惠，长河碧草柔，营建出"高阁苍松"的景观（图3-48）。

图3-48　高阁苍松

（四）泰山松在公园绿地中的应用

1. 松林寻幽

这片泰山松林中间的八株泰山松是主林，与左右两侧松树构成了互补与呼应的关系。主林挺拔，高低错落，俯仰生姿，展现了庄重稳重的氛围；两侧的松树则更为简洁和灵动，顾盼生姿，形成了平衡和对比。树下浓荫，可驻足细听松涛阵阵；林下磐石，亦可静坐弈棋，观松子每随棋子落，尽享"弈罢不知风满袖，落枰犹带松香归"的悠闲，营建出"松林寻幽"的景观（图3-49）。

图3-49　松林寻幽

2.山韵松姿

在人工地形上，泰山松的挺拔身姿与地形的起伏有致相辅相成、相融相生，泰山松依山而生，与地形相拥相依，形成错落有致的群落。它们的婀娜多姿与地形的起伏相得益彰，在自然与人工的巧妙结合中展现出独特魅力。泰山松与地形的完美融合营造出"落落盘踞虽得地，冥冥孤高多烈风"的"山韵松姿"（图3-50）。

图3-50　山韵松姿

（五）泰山松在道路广场中的应用

1.松廊通幽

利用泰山松的群体美和列植的手法，营造景观空间的纵向延伸感和景深效果。沿岱庙南北中轴线列植高大挺拔的泰山松构成一条松林廊道，有效地连接了岱庙与泰山，将游人的视线成功地引到了雄伟的泰山上，创造了青松夹路生，梢间现远山的"松廊通幽"景观（图3-51）。

图3-51　松廊通幽

2. 松翠石坚

在广场中心的圆形花坛里，三株泰山松傲然挺立、高低搭配、相互呼应，配以错落有致的巨石。巨石浑天成，青松孑然立，形成"松翠石坚"的精美景观（图3-52）。

图3-52　松翠石坚

宋代画家郭熙在《林泉高致》中有云："大山堂堂为众山之主，所以分布以次冈阜林壑，为远近大小之宗主也。其象若大君赫然当阳，而百辟奔走朝会，无偃蹇背却之势也。长松亭亭为众木之表，所以分布以次藤萝草木，为振契依附之师帅也，其势若君子轩然得时，而众小人为之役使，无凭陵愁挫之态也。"大山是众山的宗主，气势堂堂，赫然屹立，冈阜林壑如同百官朝拜伟大的君王，不敢有歪斜扭捏之势；长松是众木的表率，身姿亭亭、轩然玉立，藤萝草木如同属下在高昂的君子面前，没有愁苦侵扰之态。泰山松是众草木的师帅，在园林景观中引领着众多园林植物。

总之，泰山松作为一类多功能的植物，在各个领域广泛应用。其独特的形态特征和优良的性能成为人们追求自然美的选择，在园林景观设计中广泛应用。不论是作为独立树、行道树，还是城市广场及庭院绿化等，泰山松都能够为景观带来独特之美，成为园林设计中不可或缺的一部分。随着现代绿化观念的逐渐深入，未来的城市建设和园林设计中泰山松将扮演越来越重要的角色，为城市增添其独特魅力和文化气息，泰山松的应用前景将更加广阔。

第四章　泰山松造型理论

　　泰山松造型既涉及松树的生长规律和生理生态，又涉及造型美学原则和人文志趣，是一个复合又复杂，辛劳又细致的系统工程，是一个需要不断思考提高和长期艰苦劳作的复合工程。泰山松造型既是脑力劳动又是体力劳动，需要养松人十分的细心和百倍的耐心，因此从业者必须具备精湛的栽植养护技术和广博的文化知识修为。

　　泰山松造型是松树栽植养护技术和松树造型美学艺术紧密结合的综合性生产创作活动，技术和艺术缺一不可，相辅相成（图4-1）。若离开了艺术创作，泰山松就会缺乏韵味和意境，就会缺乏思想和内涵，只剩匠气，作品就会缺乏生气，只能算是一株没有思想、没有内容、没有个性的松苗。当然，若离开了栽植养护技术的支撑，泰山松造型的艺术性也就失去了基础，失去了根基，因为松树是有生命的个体，松树造型是活着的艺术，是不断发展和变化的艺术，是建立在生命之上的艺术。若缺失了松树栽植养护技术，松树不能健康旺盛地生长，造型艺术就无从谈起了。

　　泰山松造型主要有四项工作内容：选"面"、取"势"、调"线"和理"片"，结合松树生长的生物理论和松树造型的美学理论，在造型的实践中，要遵循泰山松造型的五个基本原则，即遵循师法自然古松的原则、遵循参照中国绘画的原则、遵循借鉴盆景理论的原则、遵循松树生长规律的原则和遵循造型美学法则的原则。根据泰山松主干的形式，将泰山松分为直干式、斜干式、曲干式、双干式和多干式五种基本形式。我们可以从根、干、枝、叶、形和神六个方面对泰山松进行评价。

图4-1　技术与艺术的紧密结合
（徐昊盆景作品《闲云》）

第一节　泰山松造型的理论基础

　　泰山松是活着的造型艺术品，同时具有生物学和人文两种属性，因此在造型实践中不但要掌握泰山松生长的生物学理论，也要掌握泰山松造型的美学理论。

　　影响泰山松生长的因素主要有两个方面：一是松树自身的因素，即松树自身生理方面问题，松树移植和整形修剪等首先是因松树自身因素发生变化而造成生长失衡，我们要通过人为干扰使其恢复生长的平衡；二是松树周围环境因素的影响，即松树周围生态问题，包括其生长的微环境和周围大环境的变化，松树移植和整形修剪也直接造成了松树生长环境的改变，我们也要通过人为干扰再恢复其原先的生长环境状况。

　　在泰山松造型中，不能脱离造型美学的基本理论和原则，要坚持用对立统一、相互关联和发展变化的哲学思想去辩证地、灵活地利用这些理论和原则；也要结合这些造型美学理论中蕴含的数学思想，来量化和具象化这些理论和原则，更好地指导泰山松造型工作。

一、松树生长的生理理论

　　松树的生长过程是由根系从土壤中不断吸收水分和养分，通过松树的干和枝的运输，输送至针叶进行光合作用，把二氧化碳和水合成富能有机物，释放出氧气的过程。松树的蒸腾作用是水分由土壤中通过根系吸收到体内，又通过针叶上的气孔以水蒸气状态散失到大气中的过程。松树的呼吸作用是光合作用的逆过程，是在有氧条件下将树体内的碳水化合物、脂肪和蛋白质等物质氧化分解，生成ATP、二氧化碳和水的过程。松树的这三个过程都涉及了水分和养分的平衡问题，而松树的移植、修剪和整形恰恰都破坏了松树光合作用、蒸腾作用和呼吸作用的正常进行，直接影响其水分和养分的吸收和散失。

（一）水分养分的平衡

　　苗木移植后的修剪是为了解决植物根系与树叶的平衡关系，也就是光合作用与蒸腾作用的平衡关系。苗木移栽时，根系缩小，破坏了大部分的毛细根，相应吸收水分和养分的能力也大大减少。为减少叶面的蒸腾作用，势必要修剪去掉相应的树叶，达到根系吸收水分与叶片散失水分的相对平衡。同时，叶面的光合作用产生养分促进新根的生长，也有一个养分平衡的问题，修剪枝叶太多，光合作用不足，影响了新根的形成，新根形成不足又会影响水分的吸收。移栽苗木成活率的关键，很大一部分取决于苗木枝叶与根系的平衡问题，即水分养分吸收与释放的相对平衡问题。

　　由于针叶树与阔叶树各自特点的不同，对苗木移植时修剪的要求也有本质的区别。针叶树因为针叶的蒸腾作用相对较弱，同时光合作用也较阔叶树弱，当其根系遭到破坏后，新根的恢复也相对较慢。因此，在松树移植后，可以减少枝叶的修剪量（相对阔叶树而言），利用较多的光合作用促进新根形成，有助于树势的恢复。

　　同时，还有一个蒸腾作用中水分吸收和散失的平衡问题。由于针叶树的根系主根较多（相对于大部分阔叶树而言），毛细根较少，移植时毛细根遭到较大破坏，从而直接影响了根系对水分的吸收，若浇水过多，极易造成根系的腐烂。烂根后水分的吸收更加困难，从而恶性循环，直接造成松树移栽死亡。

对于松树盆景来说，水分平衡尤为重要。因为盆景的根系生长具有局限性，与地栽松有很大区别。春末夏初，松树处于生长的旺盛期，水分散失大，很容易缺水。夏季雨水多，空气湿度大，散失水分少，很容易涝。

由于常绿树与落叶树的区别，在修剪量上也有所不同。落叶树秋季落叶后养分已输送至根系，枝干休眠，移栽时可以重剪。而常绿树在冬季树叶仍存，养分大部分仍储存于树叶之中，在移植时可以减少修剪量。

故此，对于松树的移植后修剪应当慎重，应当根据松树根系的破坏情况，针叶的多少和树势的强弱，具体对待。对于下山桩（山采苗）因其针叶本来就少，根系破坏大，可以稍微修剪，去掉病虫枝和受伤枝即可。对于原生地栽的松树，为了整形也不可过多修剪，若因造型原因有必要对原生树进行重剪时，也应相应地对其进行断根处理，否则很容易造成松树地上部分和地下部分的水分和养分的失衡。

（二）根系的透水透气

松树移植，尤其是下山桩的移植，由于松树根系的毛细根和共生菌群遭到极大破坏，对根系的吸收功能，尤其是吸水的功能造成极大影响。因此，尽快恢复根系的吸收功能是松树移植之后的重中之重。

松树移栽浇完定根水之后的养护是决定松树成活率的关键。由于根系受到破坏，若浇水过多，因根系的吸收功能较差，不但容易造成积水烂根，随着时间增长也会造成土壤板结、不透水、不透气，直接影响根系的愈合和生长，造成松树的死亡；若浇水过少，由于枝叶的蒸腾作用受到影响较小，根系吸水功能又得不到充足的保障，就会造成生理干旱而导致松树的死亡。

为保证移植松树根系的透水和透气，应当注意以下两点：一是松树土球高培，这样可以尽可能地避免因雨季的积水而造成的烂根，也增加了土壤的透水透气性。可以考虑结合使用控根器高培土球，也可以用砖砌或水泥砌块做假植池来栽松树（图4-2、图4-3）。二是栽植时用含砂量较高的泥

图4-2 砖砌松树假植池　　　　　　　　图4-3 水泥砌块松树假植池

沙土或风化料，这样就很好地解决了松树根系的透水和透气问题。由于透水功能的加强，此时浇水一定要及时，否则就容易造成干旱缺水，造成松树死亡，尤其是在北方干热季时更要加强浇水，一般5~7天浇水一次。

通过一系列措施增加了松树根系的透水透气，使得松树的光合作用、蒸腾作用和呼吸作用增强，加强了松树树体的水分和能量循环，根系得到尽快愈合和生长，从而促进了松树的成活和生长。

（三）树体的通风透光

植物的生长依靠的是光合作用，而植物修剪的主要目的之一就是增加植物叶面对光照的吸收。对松树枝叶的修剪，就是去除影响光照的重叠枝、轮生枝和交叉枝等，使树体形成合理的空间布局结构，光照能够尽可能充分地照射到每一簇针叶，尽可能地增加受光面积，使松树健康旺盛地生长。

修剪的另一个目的是使树体通风透气。光合作用的正常进行需要适宜的气体交换，包括二氧化碳的进入和氧气的排出，如果枝叶周围通风不良，二氧化碳供应不足或氧气排出不畅，就会影响光合作用的效率，造成植物生长不良。同时，树体通风问题也直接影响着植物的呼吸作用，因为植物的呼吸作用需要吸收氧气，也需要气体交换畅通。而植物的蒸腾作用要排出水蒸气，植物的通风就会加快蒸腾作用的进行，水分的蒸发就会相应地促进根系对水分的吸收，从而促进根系的生长和发育。

树体通风透气还可以减少病虫害的发生。树木树体经常会产生分泌物，这些分泌物会杀死细菌，通风良好的环境有助于分泌物发挥作用，从而减少病害的发生。

松树枝叶过密，布枝结构不合理、不透光，会直接造成枝叶的干枯，从而产生枯枝和秃枝，继而影响松树的正常生长和景观效果。同时松树枝叶过密、不透风，则更容易引起松大蚜、松干蚧等病虫害，使松树树势减弱。

因此，松树的修剪应当首先为增加通风透光的目的而修剪，为松树健康茁壮生长的目的而修剪。

二、松树生长的生态理论

松树作为一种古老的裸子植物，对环境的适应性相对来说是很强的，只要掌握了其生长规律和生态规律，松树的移植和养护相对是很容易的。松树的生存和生长离不开其周围的生长环境，也离不开根系和针叶周围的微环境，而松树生长的环境就构成了松树的生态环境。松树的移植和整形修剪因为破坏了其生态环境，不能提供其必需的生长条件和生长要素，从而造成松树生长不良和树势渐弱，更容易引起病虫害的发生。

（一）根系的共生菌

影响松树移植成活率的重要因素之一是松树根系周围土壤中的共生菌。

许多大型真菌和高等植物（裸子植物最为普遍）的根系形成共生关系，称之为外生菌根（图4-4至图4-7），是植物根部和真菌形成的共生体。真菌为植物生长提供多种矿质养分，并从植物中获取自身生长所必需的光合产物，形成一个微生态环境。外生菌根可以增进林木土壤中磷元素的吸收，促进林木的生长。

图4-4　显微镜下的外生菌根

图4-5　松树根系上的外生菌根

图4-6　松树土球及根系上的外生菌根

图4-7　松树土球外遗留的外生菌根

松树对外生菌根的依赖性很强，菌根多时，松树生长旺盛，茎秆粗壮，叶色浓绿，而缺乏菌根时则表现为生长不良。正因为共生菌能够增强根系对水和无机盐的吸收和转化能力，所以在松树移植时具有至关重要的作用。外生菌根的菌丝大部分生长在幼根的表面，形成菌根鞘，只有少数菌丝侵入表皮和皮层细胞的间隙中，但不侵入细胞的原生质中。具有外生菌根的根，其根毛不发达或者没有根毛，菌丝在根尖外面代替根毛的作用。

由于外生菌根有利于松树在贫瘠土壤中的生长，使其在低营养环境中成为与松树共同的开拓者。共生菌还具有固氮的作用，因此松树一般不需要施更多的氮肥也能很好地生长。共生菌的有无和多少对松树的生长起着至关重要的作用。

松树移植，尤其是下山桩的移栽，应特别注意对松树原根系周围共生菌的保护，尽量保护其土球的完整，这就是有很多时候对松树下山桩的土球包装不解除，而直接埋入土中的原因，这样的做法尽可能多地保留了其共生菌。在松树桩抢救时，也可以找一盆多年的同树种松树老树桩脱盆，盆内及毛细根上有很多共生菌（白色的物质），取下来与少量原土混合，黏附在需要抢救的松桩毛细根上，同时将多余的共生菌混合土撒在松根周边，可以增加松树的成活率。一些根系保留不多的下山桩（如生长在岩缝中的松树），也可以采用在老桩周边栽植同种新松的办法来增加其共生菌的产生，从而改善老桩周围的菌群环境。另外，在松树移栽时，对根系杀菌剂的使用一定要谨慎，尽可能精准地对受伤根系伤口进行涂抹，切不可对整个根系大面积使用杀菌剂。

（二）病虫害的综合防治

松树移植成活和健康生长的关键手段之一就是病虫害的防治，对松树病虫害的防治应采用"预防为主，综合防治"的原则。

松树常见的虫害有天牛、松干蚧、红蜘蛛、松大蚜、小蠹虫和松梢螟等，常见的病虫病害有松树线虫害、落叶病、褐斑病和赤枯病等。对于松树不同的生长时期，不同的病虫害和病虫害不同发展阶段，都应采取不同的防治手段和方法。

对于松树病虫害的防治，首先应当以预防为主，防患于未然，结合病虫害的发生时间提前施药，定期施药。其次是综合防治，防与治结合，化学防治和生物防治相结合。

对于松树天牛和小蠹虫的防治，应当防患于未然。在松树的干和枝中含有大量的松脂，这些松脂随着水分的代谢而在树体内流动。天牛和小蠹虫侵入松树体内后就会被这些树脂所淹没，同时由于伤口处树脂的凝固，也会使天牛和小蠹虫难以继续侵入，所以生长旺盛的松树一般不会受到天牛和小蠹虫的危害。但在松树干旱缺水或因移植伤根引起的生理性缺水时，水分代谢的变慢变弱，松脂不能进行正常畅通的流动，没有了树脂的保护，使得天牛和小蠹虫侵入变得容易，天牛和小蠹虫就会在松树体内大量繁殖，从而造成松树的死亡。这也就是在松树干旱缺水和移植伤根时天牛和小蠹虫会爆发的原因，所以防治天牛和小蠹虫一定要注意以增强树势，加快水分代谢为先，天牛和小蠹虫危害时也可以采用农药直接喷树干的方式。

对于防止松树虫害和病害的农药可以混合使用，不但可以减少工作量，也可以达到综合防治的效果。在几种农药混合时，要先在喷雾器中加小半桶水，再将农药逐样加入，然后加满水，摇匀后使用，以防农药原汁产生化学反应。酸碱性不同的药物不可混合使用。混合的农药需现配现用，不可久放。

松树移植完成浇完定根水后应当及时喷药，喷施含有杀虫、杀菌等效果的混合农药。对于山苗，由于病虫害较多，树势较弱，应当连续喷施三次，即栽植后一次，一周后喷施第二次，再两周后喷施第三次。喷药应当采用定期喷药和专项喷药相结合的原则，在松树生长期可以一月左右喷施一遍混合农药，做到防患于未然，春季和秋季各喷施一至三遍混合农药。而一旦出现病虫害，应当及早对症下药，通过化学治疗，尽早消除危害。

松树病虫害综合防治的关键是提高树势，对松树进行合理的浇水、施肥和养护，增强松树生长树势，健壮的植株对病虫害有更强的抵抗力。

三、松树造型美学的哲学思想

在盆景、插花、木雕和石雕等造型艺术中，都已有各自成熟的相关理论和原则，而泰山松造型是一门崭新的造型艺术，有其特有的造型理论和原则，我们一定要用系统的、发展的和辩证的方法去全面地理解这些理论和原则，充分利用造型美学中的哲学思想，完整和准确地去指导我们的松树造型活动。

（一）矛盾的对立统一思想

一株松树，在外显实体形态上，都有前与后、左与右、高与低、粗与细、直与曲、疏与密和主与次等的对比，在内涵风骨气韵上，也有虚与实、藏与露、动与静、张与弛、刚与柔、轻与重、聚与散、争与让和顾与盼等的对比，这些对立关系，对立就会产生矛盾，矛盾就会产生个性，矛盾越尖锐，个性越强烈，这就会使松树造型千姿百态，个性越强烈就会让人印象越深刻，就如自然界中的名松奇松一样，因某一方面对比突出而出奇。当然不能一味地强调对比，对立不是截然分开，不可调和的，只有既有对立又有统一，既有对比又有调和，做到各种因素的和谐统一，相互融合，才能形成一个和谐的共生体，才是一株造型完美的松树。

儒家思想所讲究的"中庸"和"中和"，就是指统一和矛盾的调和，具体到松树造型上就是主次分明、高低得当、刚柔相济、曲中求直、俯仰得宜和疏密有致。既有对比的个性，而又不把矛盾无限扩大，将对立控制在适度范围内，即"增之一分则太长，减之一分则太短""增一分则腴，减一分则寡"，适可而止为最佳。

（二）因素的相互关联思想

松树前后、左右、高低、粗细、直曲、疏密、主次、虚实、藏露、动静、张弛、刚柔、轻重、聚散、争让和顾盼的关系绝不是孤立存在的，各种关系之间是相互关联、相互影响、同生共存的。

左右分枝的长短，首先会引起树形轻重的变化，轻重的变化就会产生动静的变化，为平衡轻重，就要用枝条的疏密和聚散来改变，而长短疏密聚散就会有争让和顾盼，就会有直曲和张弛的变化等，各种关系相互交织、相互融合在一起，可以说是牵一发而动全身。所以在松树整形中一定要慎之又慎，多方考虑、全面考虑，不可以偏概全、一损俱损。当然，正因为各因素的相互关联，在造型中有时也会因一方面的变化而引起各方面的变化，使整体形态和意韵发生翻转，引起意想不到的改变，收到意想不到的效果。

（三）事物的发展变化思想

泰山松是活体艺术品，除受到自身的遗传因素影响外，其周围的生长环境也是在不断发展变化的，松树的生长变化直接影响着松树的造型变化，所以不能用一成不变的思想去看待松树的造型。首先，要用发展的眼光去预测松树的发展趋势和发展方向，从而制订适合松树造型的形式、方案和技术措施，要有预见性。其次，随着松树的生长发展和整形的进行，要根据不断变化的情况及时做出方案调整，及时适应发展带来的变化，要与时俱进，不可墨守成规。第三，随着造型的进行，人的思想、情趣和理解也在不断变化，应当根据松树的生长情况来深思熟虑，不断调整和优化造型方式和造型方案，才能做出形神兼备的泰山松。

四、松树造型美学的数学思想

人们在不断地造型美学实践活动的探索中，经常会用数学的方法去分析和研究美学规律和原则，使这些抽象的理论和原则逐步量化和具象化，从而能够更加直接地、简捷地去指导我们的实践活动。在松树造型中，最常用的就是黄金分割思想和不等边三角形构图思想。

（一）黄金分割思想

黄金分割（也称黄金比例或者黄金均衡）是一种特殊的比例关系，它的数值大约为1.618。黄金分割指的是：将一条线段分割成两部分，使得较长的部分与较短的部分的比值，等于整个线段与较长部分的比值。用数学公式表示为：

$$\frac{a+b}{a} = \frac{a}{b} = \varphi \approx 1.618$$

其中，a是较长部分，b是较短部分，a+b是整个线段的长度。

在松树的造型中，黄金分割法被巧妙地用来打造视觉上和谐美观的树形，以确保整体视觉上的平衡与美感。

（1）主干与树冠的比例：主干的长度与树冠的高度应按照黄金比例进行分配。例如，如果主干的长度为100厘米，那么树冠的高度可以设计为约62厘米（100/1.618 ≈ 62）。确保整体视觉上的平衡与美感。

（2）分枝的位置：在主干上分枝的位置可以按照黄金比例进行调整。例如，第一层主要分枝的位置可以位于主干高度的0.618处。而每一层分枝的长度则依次递减，保持黄金比例关系。

（3）分枝的长度：每一层分枝的长度也可以参考黄金比例。较低的分枝长度与较高的分枝长度保持1：0.618的比例关系（图4-8）。

（4）树冠的形状：树冠整体的轮廓常设计为不对称三角形或锥形，并尽量保持各部分之间的比例关系接近黄金比例。这有助于形成自然流畅的视觉效果（图4-9）。

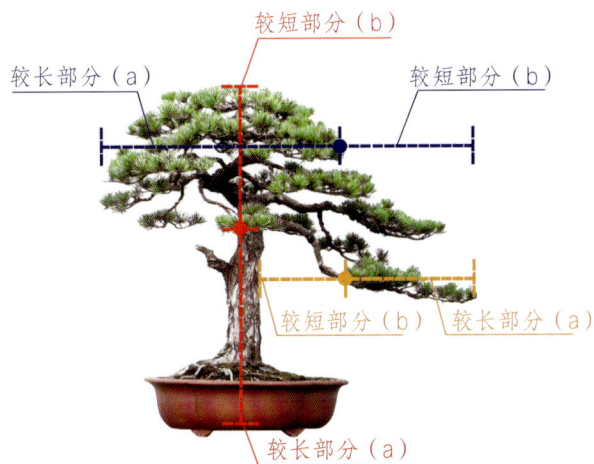

图4-8　主干与树冠、分枝的位置
（徐昊盆景作品）

图4-9　树冠的位置
（陈昌盆景作品《回首展翠》）

松树造型中的黄金分割法不仅仅是一种技术手段，更是对自然美的深刻体现。利用黄金分割法不仅呈现出视觉上的和谐与均衡，还赋予了松树艺术性的魅力。

（二）不等边三角形构图思想

在中国绘画构图中十分注重不等边三角形原则。当代著名画家潘天寿说："三角形、四方形和圆形，三者情味各有不同。圆形比较灵动而无角；四方形虽有角，最呆板；最好是三角形，有角而且灵动。如果在布局上没有三角形往往不好看。而不等边三角形，更好于等边三角形，因为角有大小，角与角距离有远近，虽然同样是三点，则情味更有变化。"

　　泰山松造型中的"三枝法"，即一"顶"、一"托"、一"飘"的结构，是不等边三角形构图最具代表性的形式，用不等边三角形的构图方式来布置枝和片的关系，泰山松就会更加平衡而灵动，就会有疏密和远近上的变化。"三枝法"的松树既稳定又具动势，是泰山松造型的基础形式。

　　而对于松树的每一个云片，也要采用不等边三角形的构图形式，而许多不等边三角形，纵横交错，大小相套，变化丰富，才能使整个泰山松造型构图均衡且富有动势（图4-10）。

　　泰山松造型的不等边三角形构图就是"分左右，一边长，一边短"。如写字，当碰到左右结构的字时，把笔画少的那边要么加长，要么加粗，字就会显得美观、稳健。而对泰山松来说要么加长飘枝，要么加多分枝，与另一面的枝量来配重，达到平衡和重心的稳定，要通过枝的疏密和缩放来平衡泰山松的重心问题，使树型稳健大方且灵活多变。

图4-10　不等边三角形构图思想
（彭盛材作品《彬彬有礼》）

第二节　泰山松造型的主要工作

　　选"面"、取"势"、调"线"和理"片"是泰山松造型的四个核心工作，选"面"和取"势"是造型工作的前提，而调"线"和理"片"是造型工作的方法。由松树主干和主枝构成的"线"串联起由松树小枝和针叶构成的"片"，共同构成了松树的"面"，"面"就能展现出松树的"形"和"势"。只有选出松树最美的观赏面，才能突出松树最生动的"形"和"势"，而找出松树最优美的"势"，也是选取松树最好观赏面的主要参考要素。围绕"势"的表现，就要将"线"调整的顺畅而有节奏，和谐而有个性，"线"是表现"势"的最主要手段。"片"随"线"形顺"势"而为，与"线"一起又构成了"面"和"形"。四项工作内容相辅相成，密不可分，相互促进。

一、选"面"

　　泰山松的"面"，是指主视面，就是其最佳观赏面，是最能体现该松树形态特征和内涵意境的一面，是最有价值的一面（图4-11至图4-22）。盆景制作上讲做树之前先"立意"，在泰山松造型上所谓"立意"就是根据松树桩胚的形态来确定要表达的主题，确定松树的造型形式，确定松树要体现的"势"，实际是"取势"的过程。"立意"也好，"取势"也好，都是为了用这棵松树所表现出的形态和所蕴含的力量去表达情感、情绪和情怀。松树或挺拔、或奇异、或孤高、或怡然、或深远、或洒脱，不论何种风格，都要先选出最具美感的"面"或最易表达美的情怀的"面"，因此选"面"是松树造型之前最先要解决的问题。

　　只有先确定了松树的主视面，才能区分出松树的前后、左右、高低和主次等关系，才能处理好根与干之间、干与枝之间、枝与枝之间、枝与叶之间的呼应与配合关系，才能理出松树最佳的"线"形，找出松树最美的"势"，表现出松树最好的"态"，才能做出最理想的松树造型。

图4-11　乱云飞渡仍从容
（刘晖写生作品）

图4-12　半依岩岫倚云端
（刘晖写生作品）

图4-13　挺然屹立傲苍穹
（《泰山松》写生作品①）

图4-14　孤标百尺雪中见
（刘晖写生作品）

图4-15　寸寸凌霜长劲条
（刘爱民写生作品）

图4-16　孤高韵自清
（刘爱民写生作品）

图4-17　修条拂层汉
（《泰山松》写生作品）

图4-18　有风传雅韵，无雪试幽姿
（《泰山松》写生作品）

注：①《泰山松》写生作品由杨耀、解维础、徐思民共同完成。余同。

图4-19　笑向闲云似我闲
（《泰山松》写生作品）

图4-20　一亩浓荫六月清
（《泰山松》写生作品）

图4-21　上枝拂青云
（《泰山松》写生作品）

图4-22　古甲磨云穿，孤根捉地坚
（刘晖写生作品）

　　每株松树有无数个"面"，而最美的"面"只有一个，因此选"面"是一个十分困难的事，要从多个方位、多个角度、多个层面不断观察和比较。选"面"首先看"势"，要选择最能体现这株松树"势"的一面；第二要看"线"，即整株松树的线条，选出具有最美线形的那一面；第三要多方考量和比较，多种因素综合考虑；第四要有发展的眼光，预计到松树以后生长的变化。观赏面也不是一成不变的，随着松树的生长变化和欣赏者审美的变化，面是可以改变的。松树所谓的"翻身调向"就是通过将松树改变种植角度或翻转方向，从而引起"面"的改变，收到意想不到的效果。当然，由于每个人的审美水平、审美角度不一样，所以选的最美面也有差异。

二、取"势"

　　在造型之前需要确定松树的树势，因为只有确定了树势，才能确定松树整形修剪的长短、动静、曲直、高低等，才能使松树具有内涵和意境。

　　这里所说的树"势"，不是指松树生长旺盛与否，是指松树造型的走势、气势和气韵，是外显形态和内在力度的统一，是动势和内蕴之力的方向所趋，是一种力的外张与形的展示（图4-23至图4-46）。干的直、曲、卧、斜等外显形式和其所蕴含的内在力量或趋势，是一种动态、动势或者蓄势待发的力量，是隐含于树体自身能引起人们心理共鸣的力量和动感。犹如书法中展现的灵动，篆刻中蕴含的遒劲，舞蹈中彰显的跃动一样，是一种趋势、一种力量、一种灵动。而松树的动势要通过树干的曲直，分枝的长短，布局的张弛等来表现和加强，动势使松树灵动而不呆板，遒劲而不柔弱。取"势"主要有以下四步：

　　（1）主干定势：主干伸延及其生长的方向和角度决定了树势的特征，如：直干伟岸，有顶天立地之势；斜干灵气，有潇洒飘逸之势；曲干流动，有逶迤升腾之势；卧干怡然，有藏龙卧虎之势；悬崖跌宕，有飞渡天险之势；丛林挺拔，有争相竞秀之势。

　　（2）侧枝助势：主干定势枝辅佐，侧枝的走向可助势。①枝干反向伸延，造成对抗矛盾力以助势，如跌枝、大飘枝；②重点枝强调夸张，制造不平衡以助势，如临水枝；③枝片群体相向，制造统一以助势，如风吹枝。

　　（3）根基稳势：根基为势的基础和起点，与干匹配，相得益彰。直干板根，气宇轩昂；斜干拖根，干、根反向伸延，看似各自西东，却是相抗得势；卧干以干代根，道是无根胜有根，气势不凡；悬崖爪根，咬住山岩，其干盘旋而下，蕴含有惊无险之势；"假山"丛林以"山"代根，具有托起层林竞秀之势。

　　（4）外廓显势：松树的周边轮廓出现枝片开合和气脉相通，体现了树相的整体趋势。

图4-23　嫦娥奔月
（刘晖写生作品）

图4-24　稼轩醉卧
（刘晖写生作品）

图4-25　太白醉歌
（刘晖写生作品）

图4-26　大鹏展翅
（刘晖写生作品）

图4-27　关公夜读
（刘晖写生作品）

图4-28　苏秦背剑
（刘晖写生作品）

图4-29　杜甫望岳
（刘晖写生作品）

图4-30　借花献佛
（刘晖写生作品）

图4-31　缓推云手
（刘晖写生作品）

图4-32　轻舒水袖
（刘晖写生作品）

图4-33　蓦然回首
（刘晖写生作品）

图4-34　交袂偶语
（刘晖写生作品）

图4-35　翘首期盼
（刘晖写生作品）

图4-36　躬身相邀
（刘晖写生作品）

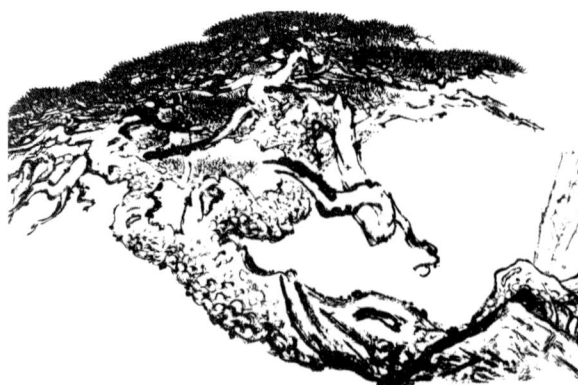

图4-37　苍龙回首
（刘晖写生作品）

图4-38　凤舞翩跹
（刘晖写生作品）

图4-39　虎踞高崖
（刘晖写生作品）

图4-40　猴子捞月
（刘晖写生作品）

图4-41　迅如捷豹
（刘晖写生作品）

图4-42　白鹤展翅
（刘晖写生作品）

图4-43　少林飞脚
（刘晖写生作品）

图4-44　太极长拳
（刘晖写生作品）

图4-45　卧龙出海
（刘晖写生作品）

图4-46　鹰栖高崖
（刘晖写生作品）

松树具有了"势"，就贯通了松树的气韵，具有了松树的内在美，才能体现出松树的风骨和品格。松树的整形一定要注重松树的内在气质和神韵，追求内在力量和动态的统一。每株好的松树，都有一种气韵在松树身上流动。

三、调"线"

"线"就是线形，是松树枝干的线条，主要指主干和主枝的线形（图4-47至图4-56）。一株松树的主干有直有曲，直线挺拔有力，有阳刚之气；曲线柔弱多姿，有阴柔之美。曲线也有折线和波线（硬角弯和软角弯）之分，折线刚劲有力，波线婀娜多姿。调"线"，一是通过不断调整松树的栽植角度，挑选出最美的线条；二是通过牵拉和蟠扎的手段改变主干或分枝的角度或弯度，改造出最美的线条。

松树枝干的线条组成了松树的空间结构，在松树造型中最能体现松树之遒劲多姿，松树之飘逸灵动的就是松树枝干的线条变化，而曲线的缓急顿挫和波折长短等则体现着松树造型节奏的变化，松树枝干的布局通过锐角与钝角的结合，长跨度与短跨度的转换，刚柔并济，动静结合，张弛有度，急缓有节。达到了矛盾的统一，获得抑扬顿挫的节奏感。

图4-47　真骨凌霜，高风跨俗
（刘爱民写生作品）

图4-48　枝柯偃后龙蛇老
（刘爱民写生作品）

图4-49 八千里风暴吹不倒
（刘爱民写生作品）

图4-50 风惊西北枝，雹陨东南节
（刘爱民写生作品）

图4-51 长松自是拔俗姿
（刘爱民写生作品）

图4-52 枝枝相钩带，叶叶同死生
（刘爱民写生作品）

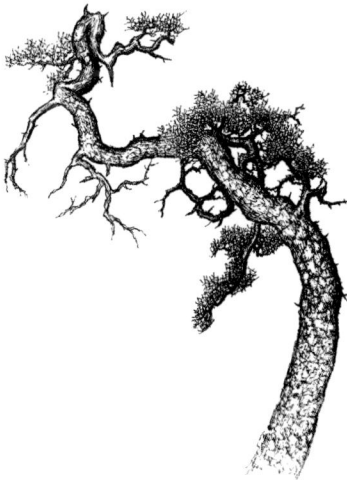

图4-53 疏柯亦昂藏
（刘爱民写生作品）

图4-54 盘屈孤贞更出群
（刘爱民写生作品）

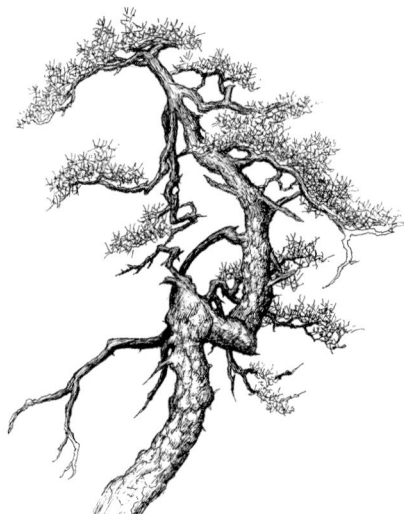

图4-55　岁寒无改色，年长有倒枝
（刘爱民写生作品）

图4-56　松高枝转疏
（刘爱民写生作品）

　　"线"要顺"势"而为，依"势"而行。干枝的曲直线条是松树产生美和动感的最常见形式，而曲线的滞畅、缓急和顿挫，决定了曲线的节奏，凝滞是流畅前的停顿和蓄势，而流畅则是凝滞后的宣泄和爆发。滞畅产生动静，产生节奏，产生动势和力量。

四、理"片"

　　自然界里的松树，尤其是老的松树，基本上都是平顶的，也就是说其枝叶是平展的，成簇的针叶由平展的侧枝连成水平的"片"（图4-57至图4-68）。这是松树在经年累月的风吹雨打、霜欺雪压的自然环境下形成的。因此我们在松树造型时要师法自然，可以人为地通过对枝干的牵拉和蟠扎，将松树纷繁芜杂的枝叶整理成云片状或云朵状，使松树的针叶自然成片，井然有序，这就是理"片"，也称为摆"片"。

　　"片"要配合"线"形，所谓"片"随"形"而共同造"势"。"片"的方向、"片"的疏密聚散都要跟随"线"形而改变，都是为"势"服务的，切忌逆"势"而为。理"片"，重在"理"，就是将无序整理成有序，将杂乱整理成规矩。泰山松（油松、赤松、黑松、马尾松和黄山松等）的针叶都是两针一束，由束组成朵，由朵连成片，而叶片与枝干则共同构成了松树的形。

　　在造型实践中，我们有时将松树叶片用铁丝绑扎成平平的圆形云片，如扬州传统盆景的云片一样，可以称之为"云片式"。有时将松树的叶片通过绑扎和修剪，整理成中间略高的蘑菇状或云朵状，如日本松艺的云朵一样，可以称为"云朵式"。两种形式各有千秋，而最理想的理片形式是"自然式"，就是通过修剪和铝丝蟠扎，将成束的松针组成小朵，用小朵组成略有高低起伏的小片，这样的"片"自然而不呆板。

　　选"面"、取"势"、调"线"和理"片"是泰山松造型中的核心工作，是重中之重。泰山松之所以在众多绿化树种中脱颖而出，就是因为泰山松的艺术性和人文性，泰山松已不仅仅是一种树，而是一种具有了灵魂的树，具有了思想的树。选"面"就是选出最具灵魂的"面""势"是树之灵魂表现，调"线"是使树的线条随"势"而改变，理"片"是为了"势"的丰满和充实。四者相辅相成，相互促进。

图4-57　樛枝偃盖蔚相扶
（刘爱民写生作品）

图4-58　密叶障天浔
（刘爱民写生作品）

图4-59　十八公子须苒苍
（马伯乐写生作品）

图4-60　柯条百尺长
（刘晖写生作品）

图4-61　叶叶相重重
（马伯乐写生作品）

图4-62　偃盖重重拂瑞云
（马伯乐写生作品）

图4-63　翠盖烟笼密
（《泰山松》写生作品）

图4-64　布叶捎云烟
（马伯乐写生作品）

图4-65　欲存老盖千年意
（刘晖写生作品）

图4-66　能藏此地新晴雨
（刘爱民写生作品）

图4-67　百下条阴合，千年盖影披
（刘晖写生作品）

图4-68　偃盖反走虬龙形
（刘晖写生作品）

第三节　泰山松造型的基本原则

　　21世纪以来，泰山松在园林造景中得到广泛应用，泰山松的生产也如火如荼地发展起来，而泰山松造型作为泰山松生产的关键环节，其理论研究和技术实践也在不断走向成熟和完善。

　　泰山松具有生物学和人文双重属性，因此我们在泰山松造型时一方面要遵循松树生物学规律，也就是松树生长的生理理论和生态理论，另一方面在泰山松造型时本着矛盾对立统一、因素相互关联和事物发展变化的哲学思想以及黄金分割和不等边三角形等数学思维去考虑造型的形式和风格，也就是要遵循松树造型的美学法则。

　　泰山松的造型主要是选"面"、取"势"、调"线"和理"片"四项工作，在长时间的造型实践中，泰山松造型师们根据泰山松造型的基础理论，逐步总结出了泰山松造型的五个基本原则：遵循师法自然古松的原则、遵循参照中国绘画的原则、遵循借鉴盆景理论的原则、遵循松树生长规律的原则和遵循造型美法则的原则。

一、遵循师法自然古松的原则

　　清代李渔在《闲情偶寄》中论松柏："苍松古柏，美其老也。"清代文人朱锡绶在《幽梦续影》中云："鹤令人逸，马令人俊，兰令人幽，松令人古。"千年松，万年柏，皆为世人所称道，而古松所独具的"潜虬之姿"（图4-69）和"耸峻之气"（图4-70）更令世人流连忘返。

图4-69　潜虬之姿　　　　　　　　　　图4-70　耸峭之气

祖国的高山大川、苑林古刹孕育了浩如烟海的松树，自然界的古松、奇松可谓繁若星辰，松树或驻山巅，若文人之吟唱；或临水溪，若墨客之抚琴；或生幽谷，若高僧之悟禅；或悬绝壁，若羽士之飞升；或偃水滨，若渔夫之望月；或处深山，若樵夫之听风；或立旷野，若农夫之远眺；或居中庭，若儒生之夜读。松之千姿百态，让人浮想联翩。

泰山上油松的铜枝铁干，黄山上天目松的清秀雄奇，庐山上黄山松和马尾松的遒劲挺拔，承德避暑山庄古油松群的多姿多态，都是泰山松造型的自然之师。

自然界中松树之繁茂、之高大、之挺拔、之虬曲、之苍劲、之古拙、之飘逸，无不体现着大自然的造化。丰富的松树资源孕育了松树千姿百态的自然美，而这正是泰山松造型学习和创作的源泉。

泰山后石坞是泰山的"奥区"，以深幽古奥著称，此处遍布古松怪石，环境清幽。现存有古松园一处（图4-71），有古油松1100余株，树龄皆200年以上。古松参天蔽日，苍翠古拙，形态各异，是中国现有为数不多的古油松景观林（图4-72），也可以说是泰山松的发源地，是泰山松造型师法自然的必往之地。

图4-71　泰山后石坞古松园

图4-72　后石坞的古油松景观

明代文人叶权所著《贤博编》中的《游岭南记》，连续用了27个"有……者"，把松树描述得形象生动，淋漓尽致，是泰山后石坞古油松群的最好写照。

"至于松……有大十围，高百尺，阴森茂密，上干紫霄者。有佝偻磬（同"盘"）折，鞠躬垂委，如两人作礼者。有挺干直枝，团圞（同"圆"）荫庇，近视为松，远如他树者。

有夸条直畅，攒立丛倚，连卷累佹相樛错者。有小枝虬结，委曲盘旋，如兔丝女萝寄附乔木者。有枝干端严，体势庄重，如章甫立朝者。有野火延烧，顶露丫枯，状如恶鬼狰狞者。有倒卧道旁，根出身腐，半死半生者。有肩高顶缩，庞赘臃肿，支离其形者。有倔强矫捷，擎拳抵掌，怒立狠视，如武夫欲鬭（同"斗"）者。有枝连干结，一偃一仰，交袂接臂，两相牵扯者。有夹道离立，彼顾此瞻，风响泉鸣，俨如偶语者。有皮鳞项曲，秃爪挐（同"拿"）云，如老龙出海者。有震雷劈身，斧痕环转，如双螭互盘者。有乔然上据，旁众俯从，拱视卑听，如七十子立孔门者。有山上鱼丽，山下鸟聚，翼分队进，形势欲来，如拥甲兵相追逐者。有顶干瘗落，身背隆起，小枝翩跹，如独鹤欲舞者。有未经斧斤，下体稠密，婆娑地上如矮人者。有百尺无枝，圆顶上秀，偃蹇石旁如张盖者。有孤形独体，旁出一枝，拳曲零丁，如长竿挂物者。有纷容萧蓼（同参），旖旎从风，声出金石，音如管钥者。有千年老干，鹳鹤巢顶，如禅师兀坐者。有丝枝下垂，柔而不禁，摇拽风中，如江南柳者。有意象高古，身势飞动，宛若洞仙，丰神迥别者。有平易疏秀，不偏不倚，清颜都貌，如美丈夫者。有青丛茂盛，苍枝宽博，垂绅拽裙，如儒生者。有枝干巉岩，剜皮去腹，惨然孤立，如饿佛者。其它怪不能状，远不可辨，隐不及视，俗不足取，不知其几。今虽名之为松岭可也，何取梅哉！"（图4-73至图4-104）。

图4-73　泰山古松1
（大十围，高百尺）

图4-74　泰山古松2
（阴森茂密，上干紫霄）

图4-75　泰山古松3
（鞠躬垂委，如两人作礼）

图4-76　泰山古松4
（挺干直枝，团圆荫庇）

图4-77　泰山古松5
（夸条直畅）

图4-78　泰山古松6
（攒立丛倚，连卷累危相樛错）

图4-79　泰山古松7
（小枝虬结，委曲盘旋）

图4-80　泰山古松8
（枝干端严，体势庄重，如章甫立朝）

图4-81　泰山古松9
（佝偻磬折，鞠躬垂委）

图4-82　泰山古松10
（倒卧道旁）

图4-83　泰山古松11
（根出身腐，半死半生）

图4-84　泰山古松12
（倔强矫捷，擎拳抵掌）

图4-85　泰山古松13
（夹道离立，彼顾此瞻）

图4-86　泰山古松14
（肩高顶缩，庞赘臃肿，支离其形）

图4-87　泰山古松15
（皮鳞项曲，秃爪拏云）

图4-88　泰山古松16
（交袂接臂，两相牵扯）

图4-89　泰山古松17
（老龙出海）

图4-90　泰山古松18
（乔然上倨，旁众俯从，拱视卑听）

图4-91　泰山古松19
（身背隆起，小枝蹁跹，如独鹤欲舞）

图4-92　泰山古松20
（婆娑地上如矮人）

图4-93　泰山古松21
（偃蹇石旁如张盖）

图4-94　泰山古松22
（禅师兀坐）

图4-95　泰山古松23
（百尺无枝）

图4-96　泰山古松24
（圆顶上秀）

图4-97　泰山古松25
（旁出一枝，拳曲零丁）

图4-98　泰山古松26
（千年老干，鹳鹤巢顶）

图4-99　泰山古松27
（意象高古，身势飞动）

图4-100　泰山古松28
（身势飞动，宛若洞仙）

图4-101　泰山古松29
（纷容萧蔘，猗旎从风）

图4-102　泰山古松30
（平易疏秀，不偏不倚）

图4-103　泰山古松31
（清颜都貌，如美丈夫）

图4-104　泰山古松32
（垂绅拽裙，如儒生）

无论人们做的泰山松造型如何巧夺天工，泰山松石景观营建的如何美轮美奂，在大自然的鬼斧神工面前都显得如此单薄和微不足道，人类能做到的最高境界只能是"虽由人作，宛自天开"。自然是我们最好的老师，自然界中的松树是泰山松造型最好的模板。

泰山松是自然造化与人类创造共同的作品。泰山松造型更是与自然造化有着千丝万缕的联系。一方面，泰山松的桩胚从自然界而来，生于自然，长于自然，是自然界的产物；另一方面，泰山松造型的原则和方法要尊重自然，遵循自然规律。松树造型不能随心所欲，凭空臆想出来，而应遵循自然之理。自然界中的松树所表现出的自然之态，自然之美，一方面是由松树的遗传特性所决定，另一方面是松树适应外部环境，受外界因素影响而形成的。因此，松树造型应遵循自然之理，不能凭空臆造。

松树苍劲，枝干舒展，叶多呈片状；柏树古拙，枝干虬曲，叶多呈团状。松树有阳刚之气，柏树有阴柔之美，各有其特性。但若人为地将松树做成柏树的形态，无论技艺多么精巧，也会显得不伦不类。而黑松曲折遒劲，赤松婀娜飘逸，油松古朴雄浑，也是各具特色，也应根据其自身特点来确定其整形方案。若一味地追求松树的屈曲婀娜，忽视了松树的阳刚之美，就会失去了松树的本性和气质，松树就不像松树了。

泰山松造型要"师法自然"，就是要"源于自然、高于自然"，而不是刻意地去模仿自然。所谓松树造型，就是对自然界中的山苗或人工栽培的圃苗，通过技术手段和艺术创作，去梳理、去改造，将松树最美的一面，最能体现泰山松之气韵、之气质、之品性、之内涵、之精神的一面展现在人们面前。因此，要深刻地观察自然，不断地领悟自然，让松树造型符合自然、融于自然，真正做到"虽由人作，宛自天开"。

"师法自然"还要做到"外师造化，中得心源"。因为泰山松造型还有一个艺术创作的过程，不但要符合自然规律，还要能反映人们对世界的领悟，对生活的思考，要融入感情，融进思想，才能有灵气、有内容、有气势、有意境，真正达到"情景交融""天人合一"的境界。

二、遵循参照中国绘画的原则

在中国古代山水画中，松树因其高尚的品质和高贵的品格，为古代画家们所钟爱。自晋隋以来，有大量的画作摹画松树，赞颂松树。古代画家在观察自然、领悟自然和师法自然的基础上，根据自己的审美标准和主观意趣来描绘松树，表现松树，从而使得画家笔下的松树各具特色，百花齐放。

古代画家利用笔下线条的粗细刚柔，轻重缓急，抑扬顿挫来表现松树或高大挺拔，或欹曲遒劲，或傲然挺立，或俯仰生姿，或孤松傲然挺立，或群松转巅下涧。画家笔下的松树千姿百态，千变万化。

中国历代画家所作山水画皆崇尚"外师造化，中得心源"的创作思想，画家们师法自然，凝练自然，化繁为简，尺山寸水。在泰山松的造型中借鉴中国古代绘画，其实质也是在间接地师法自然。中国古代山水画中的松树，是古代画家对自然界松树的深刻理解和提炼总结，参照中国绘画是我们师法自然的捷径。

很多古代画家对画松之法有过独特见解和精辟论述，明朝的高濂在《遵生八笺·高子盆景说》中对古代画家之松（图4-105至图4-108）作了如下总结："马远之欹斜诘曲、郭熙之露顶攫拿、盛子昭之拖拽轩翥、刘松年之偃亚层叠。"

图4-105　马远之松欹斜诘曲
（南宋·马远《山水人物图》）

图4-106　郭熙之松露顶攫拿
（北宋·郭熙《画挂轴》）

图4-107　盛子昭之松拖拽轩耸
（元·盛子昭《山水溪亭图》）

图4-108　刘松年之松偃亚层叠
（南宋·刘松年《青绿山水图卷》局部）

　　清代沈心友、王概等所作的《芥子园画谱》中对历代画家之松（图4-109至图4-114）的总结：
"马远松多作瘦硬如屈铁状；李营邱松多作盘结如龙蟠凤翥；王叔明大松多作直干；赵大年松多于
肥泽中见其奇古；郭咸熙每作群松；刘松年多作雪松。"

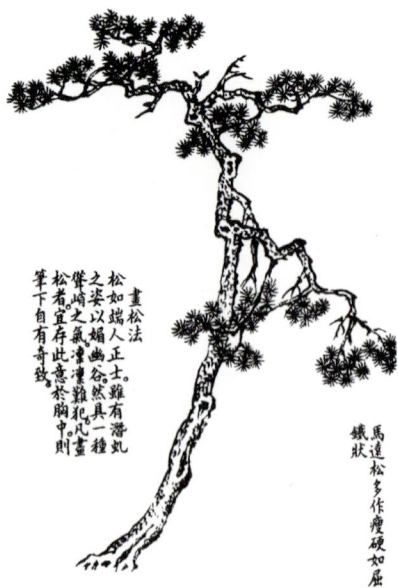

图4-109　马远《松》

图4-110　李营邱《松》

王叔明大松多作直幹其葉繁諸家者稍長雖雜亂中極有大理

图4-111　王叔明《大松》

趙大年松多於肥澤中見其奇古

图4-112　赵大年《松》

郭咸熙每作摩松大小相聯讐顧下潤一望不斷

图4-113　郭咸熙《群松》

劉松年多作雪松四圍章蓋松針先以墨筆珠珠畫出再以草綠間熟其幹則用淡墻着牛遺留上牛者雪也

图4-114　刘松年《雪松》

在中国传统山水画中的松树在造型上有以下4种风格：

（一）瘦硬型

瘦硬型以南宋夏圭《溪山清远图》和马远《宋帝命题册》为代表，造型转折诘曲，瘦硬刚劲，这与黑松的形态特征和生长特性十分吻合，对现代黑松的造型十分有借鉴意义（图4-115至图4-118）。

图4-115　瘦硬型松树1
（南宋·夏圭《溪山清远图》局部）

图4-116　瘦硬型松树2
（南宋·马远《宋帝命题册》局部）

图4-117　瘦硬型黑松1

图4-118　瘦硬型黑松2

（二）古朴型

古朴型以北宋李成《秋山渔艇轴》和南宋夏圭《山居留客图》为代表，造型遒劲古朴，雄浑凝重，这与油松的形态特征和生长特性十分吻合，对现代油松的造型十分值得借鉴（图4-119至图4-124）。

图4-119　古朴型松树1
（北宋·李成《秋山渔艇轴》局部）

图4-120　古朴型松树2
（南宋·夏圭《山居留客图》局部）

图4-121　古朴型油松1

图4-122　古朴型油松2

图4-123　古朴型油松3

图4-124　古朴型油松4

（三）飘逸型

飘逸型以元代张渥《竹西草堂图》和南宋马远《画雪景》为代表，纤柔婀娜，轻盈飘逸，而自然界的赤松在形态特征和生长特性上也是以枝干屈曲，枝叶飘逸见长，两者相互吻合，对现代赤松的造型十分值得借鉴（图4-125至图4-128）。

图4-125　飘逸型松树1
（元·张渥《竹西草堂图》局部）

图4-126　飘逸型松树2
（南宋·马远《画雪景》局部）

图4-127　飘逸型赤松1

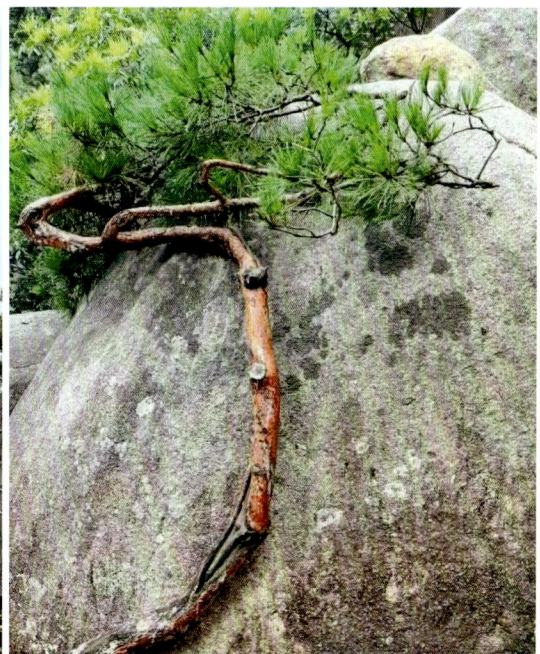

图4-128　飘逸型赤松2

（四）清秀型

清秀型以北宋赵佶《听琴图》和南宋刘松年《宋溪亭客话图》为代表，造型简洁疏朗，舒展清远，这与黄山松和马尾松的形态特征和生长特性十分吻合，对现代黄山松、马尾松的造型十分值得借鉴（图4-129至图4-132）。

图4-129　清秀型松树1
（北宋·赵佶《听琴图》局部）

图4-130　清秀型马尾松

图4-131　清秀型松树2
（南宋·刘松年《宋溪亭客话图》局部）

图4-132　清秀型黄山松

在中国绘画中，还有一类就是国画写生作品，松树写生作品对我们泰山松造型大有帮助。首先，松树国画写生是直接取自于自然，属于速写作品，相较于成品国画，融入的作者思想感情相对较少，尽可能地保留了自然界松树的原汁原味。其次，既然是画作，相较于摄影作品，绘画时已经剔除了繁杂的次要部分，只保留了松树的精华部分、特色部分，并且画作更容易看清楚松树的线条和结构，对于泰山松造型来说，借鉴起来更为直观简捷。

三、遵循借鉴盆景理论的原则

中国盆景艺术形成于隋唐，发展于宋元，兴盛于明清，有着悠久的历史和文化底蕴，是"立体的画，无声的诗"。新中国成立以后，中国的盆景艺术蓬勃发展。在20世纪80年代，盆景艺术家们在不断总结中国传统盆景艺术手法的基础上，根据地域将中国盆景分为扬派、苏派、徽派、川派、岭南派、海派、通派和浙派八大派。各派盆景各具特色，扬派严整壮观，苏派清秀古雅，徽派古朴奇特，川派虬曲多姿，岭南派苍劲自然，海派明快流畅，通派庄严雄伟，浙派刚劲潇洒，各有所长，各具特色。

21世纪以来，随着盆景艺术的发展，各派之间相互取长补短，融会贯通，逐渐打破了派系之间的壁垒。各地盆景艺术爱好者们，广泛交流，互通有无，不断总结，逐步形成了一套完整系统的现代盆景理论和造型方法。

泰山松造型艺术作为植物造型艺术中的一种，与中国盆景艺术有着相似的历史文化渊源，其在造型形式与造型方法上往往也是一脉相承的。因此，泰山松的造型完全可以借鉴中国现代盆景理论和技艺，结合松树自身的特点，形成完全适合于泰山松的相关造型理论和造型方法。

（一）借鉴盆景的造型理论

现代盆景中的修剪理论和造型理论是在不断总结传统盆景理论，结合几代盆景人的经验和教训的基础上提炼总结出来的，对泰山松造型实践大有裨益。

1. 盆景的修剪理论

在盆景的创作实践中，盆景造型师们相互交流，互通有无，逐渐总结出盆景修剪的诀窍，在泰山松造型中完全可以借鉴。

> 根要露，皮要皱，本要扭，脉要透，枝要秀，盆要旧。
>
> 枝无寸直，一寸三弯，疏可走马，密不透风。
>
> 正面要露，后面要藏，藏露兼备，含蓄有余。
>
> 一枝见波折，二枝分长短，三枝讲聚散，多枝有藏露。
>
> 直长位，宜藏不宜露，直曲位，宜露不宜藏。
>
> 不怕剪错枝，就怕立错位。

以上对树木盆景的评价标准和造型原则做了系统总结，"一枝见波折，二枝分长短，三枝讲聚散，多枝有藏露"，这完全可以用来指导泰山松的修剪工作。

盆景修剪还讲究"五去五留"之法：去高留低，去大留小，去直留曲，去远留近，去中留边。

与之相近的是果树的修剪理论，但果树的修剪主要目的是为了多结果，所以其修剪也是主要围绕果树通风透光而展开的，在泰山松造型中也可以借鉴。

南不留上，北不留下。东不留低，西不留高。

去粗留细，去直留斜。控制高度，年年落头。

密而不稠，稀而不空。剪上不剪下，剪外不剪内。透风又透光。

对于树木的修剪造型，干势分枝布局，专家和先辈们在盆景、果树等生产实践中总结出了丰富的经验和方法，在泰山松造型实践中应当博采众长，结合实际，逐步总结出泰山松自己的造型理论。

2. 盆景的造"势"理论

一株松树有正、有欹、有直、有曲，皆决定于主干取势，而对于分枝，古代绘画中又有"四岐"之说，即画树枝时要从左、右、前、后四面出枝，才能表现出一株树的立体感和空间感。《芥子园画谱》中论画树四岐法："画山水必先画树，树必先干，干立加点则成茂林，增枝则为枯树。下手数笔最难，务审阴阳向背、左右顾盼，当争当让，或繁处增繁，或简而益简……当熟四岐，后观诸法。四岐者即画家所谓石分三面，树分四枝也，然不曰面而曰岐者。以见此法参伍（同"悟"）变幻，直若路之分岐。熟之则四岐之中面面有眼，四岐之外头头是道，千头万绪皆由此生。"

现代树木盆景的造型中枝干的布局取势，亦讲究四岐法，即："树分四岐，有短有长，取势向背，亦弛亦张。"

主干取势向背：向势舒展、背势缩敛；

分枝布局四方：收尖结顶、注意穿插；

向势力求长枝：强化动势、协调轻重；

背势蓄枝转向：欲进先退、欲缩先伸；

前枝用于遮掩：丰富层次、斜曲有向；

后枝陪衬得体：多位造型、四面景观；

分枝布局有序：弛张互用、疏密相间；

切忌左右开弓：平板单调、虚实不分。

这里对树木盆景的布局取势做了系统的总结，泰山松造型之所以在众多绿化树种中脱颖而出，不仅仅是"形"美，关键在于泰山松的"势"，"势"的存在，使泰山松有了神韵，有了灵动和生气。现代树木盆景艺术中对布局取势的系统总结，可以直接应用于泰山松造型中的造"势"实践。

3. 盆景的造型理论

对于现代盆景的造型理论，现代盆景艺术家贺淦荪总结了如下盆景艺术美学原则：

有天有地，虚实相宜。盈亏相得，轻重相衡。疏密相间，聚散合理。

动静结合，险稳相依。欹正相存，巧拙互用。刚柔相济，雄秀结合。

弛张互用，藏露有法。高下相较，大小相比。长短相补，曲直相存。

远近相适，起伏相间。浓淡相和，冷暖互补。繁简互用，主宾相从。

争让不紊，顾盼有情。气韵生动，形神兼备。情景交融，情质一致。

而泰山松造型中，同样讲究枝干的前与后、左与右、高与低、粗与细、直与曲、疏与密、主与次、虚与实、藏与露、动与静、张与弛、刚与柔、轻与重、聚与散、争与让、顾与盼等关系的对立与统一，相互关联与融合。

4. 盆景的形神兼备理论

现代盆景艺术讲究盆景的形神兼备，讲究盆景的动"势"，神韵和意境，而这些正是传统泰山松造型中所欠缺的。泰山松区别于一般松树的不同之处是泰山松具有了"神"，具有了灵魂，就有了意境。"形"是泰山松的外显之美，"势"是泰山松的内蕴之力，"神韵"是泰山松精神内涵的具体表现，"意境"是泰山松精神内涵与人的思想情感的共鸣。泰山松造型不但要注重"形"的塑造，还要注重泰山松"神"的提炼，做到形神兼备，强化松树内蕴之力，体现松树的神韵，创造松树景观的意境。使泰山松不仅要有其表，还要重其松"魂"。

（二）借鉴盆景的造型形式

中国盆景艺术经过长期的发展，现在已形成了完整的造型理论和成熟的造型形式，这些造型形式和方法各有所长，各具特色，在泰山松造型中，可以充分汲取盆景艺术中的精髓，博采众长，取长补短，不断地丰富和充实泰山松造型理论和实践。

1.借鉴扬派盆景的"台式"和"巧云式"形式

扬派盆景是中国盆景艺术的重要组成部分，其特色在于"一三弯"和"云片式"的造型。其中，"云片"是扬派盆景的代表树形，由枝叶平展概括加工而成，形似蓝天飘浮的薄云。根据植株大小和树形曲直，"云片"的数量有所变化，为1~9片。

"台式"：树干矮，呈螺旋弯曲或自由弯曲，"云片"为1~3层时，极薄，十分平整，呈水平展布，被称为"台式"（图4-133）。这种形式注重层次分明、工稳严整，展现出扬派盆景的端庄大气和清丽古雅。

"巧云式"：当"云片"超过三层时，则称为"巧云式"（图4-134）。这种形式更加灵动飘逸，富于变化，体现了扬派盆景的技艺与文化结合的精髓。

近几年在赤松的造型中多借用此法，做成小云片状。

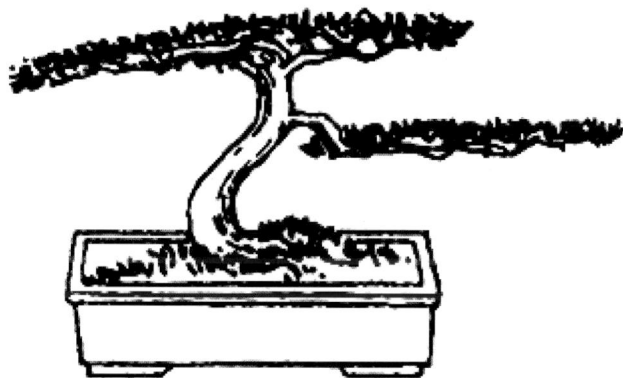

图4-133　台式
（邵忠，2008）

图4-134　巧云式
（邵忠，2008）

2.借鉴苏派盆景的"六台三托一顶"形式

苏派盆景的"六台三托一顶"形式是一种比较成熟的盆景造型形式，它体现了苏派盆景在处理虚实、曲直、疏密、开合、明暗等关系上的匠心独运。"六台三托一顶"是将主干弯成六曲，选择一定的位置，留九个侧枝左右分开，每边扎成三片，即"六台"；后面扎成三片，即"三托"；最后将顶扎成一大片，即"一顶"（图4-135）。整株树分成五层，共计十片，全部以棕丝扎成圆片式。陈列时则多成对放置，谓之"十全十美"，一片不可多，一片也不能少。这种形式端庄平稳，层次分明，但过于人工造作，而失却自然。

3. 借鉴川派盆景的"三弯九倒拐"形式

"三弯九倒拐"：又称"三掉拐"。将树木主干在同一立面上扎成九个拐，再在垂直立面上扎成三大弯（图4-136）。这种形式的特点是：正看三大弯，侧看九个拐，随视角而变，步移景异。

"掉拐"：将树木斜栽，然后将主干作反向压倒，造成第一弯；继续将主干横拐，换成第二弯；再将主干向上翻成第三弯；接着将主干回弯，造成第四拐；最后随弯作顶，使顶与基部在一垂直线上。此法概括起来说，就是"一弯二拐三出四回五镇顶"或"一弯二横三怀四回五镇顶"。这种形式的主要特点是可从不同角度观赏到不同的画面，正面看，只见一弯弯，三至五弯不见弯，犹如顿挫之直干；侧面看，一弯、二弯，逐渐隐匿，三至五弯，逐渐显现。

图4-135　六台三托一顶
（邵忠，2008）

图4-136　三弯九倒拐
（邵忠，2008）

4. 借鉴通派盆景的"两弯半"形式

"两弯半"型又称"狮式"盆景，相传为明代画家所创，造型上有极严格的要求，必须构成三弯九片一顶（三弯半），意态如狮。但"三弯半"的造型难度太大，要想达到标准很不容易，以后逐渐化为"两弯半"（图4-137）。

图4-137　两弯半
（邵忠，2008）

图4-138　三枝法
（邵忠，2008）

所谓"两弯半"就是将主干弯曲成"座地弯""第二弯"和"半弯"形成一个完美、自然和立体的曲线。主干从基部开始扎成两个弯，即成"S"形，再扎半个弯作顶，并使主干下部后仰，上部前倾，然后选留互生的侧枝扎成树叶形枝片，称作"片干"。片干散置两侧，层次分明，结顶枝片扎成半圆形。由于其意态如狮，故又称"狮式"。

5.借鉴徽派盆景的"游龙"形式

徽派盆景的"游龙"形式是一种具有独特美学价值的造型方式，其特点在于主干从底部到顶，蟠曲成"S"形数弯，状如游龙。侧枝不在主干的同一节点展伸，而均出自凸弯上，也称作"之"字形弯曲。左右对称严谨，上下处于一个平面，整株"屈作回蟠势，蜿蜒蛟龙形"，整饰庄重。

游龙式盆景的制作需要经过精心设计和细致的操作。在培植过程中，一般需先在露地压条和培育，每年二、三月份用棕皮和竹棍进行人工蟠扎、盘弯、整形，形成多个弯曲，使主干形状类似龙身盘旋，两边再整修伸张二侧枝，犹如龙爪。这样的设计不仅体现了对称美和庄严美，而且整体造型高大端庄、雄伟，于肃穆中见秀逸，于奇古中现苍劲。

6.借鉴现代盆景的"三枝法"形式

现代盆景中最常见的"三枝法"就是"一顶一托一飘"形式，其中"一顶"指的是在树桩的最上部结为"顶"，呈水平形、半球形或不等边三角形；"一托"则是在"顶"的下方，形成一小枝或一小片，起支撑或衬托"顶"的作用；"飘"是整个盆景的最长枝，要在"托"的另一侧，枝条要尽量舒展飘逸，为整个盆景增添动感和生命力（图4-138）。

由"一顶一托一飘"构成的不等边三角形既稳定又具有动势，也可以在三枝的基础上增加前、后侧枝，演化为五枝结构，可简可繁，明朗大气，是特别适合泰山松造型借鉴的形式。

7.借鉴现代盆景的"文人树"形式

现代盆景的"文人树"形式是一种注重意境和艺术表现的形式，它融合了文人的情感和审美追求，体现了文人的风骨、神韵、心境和趣味（图4-139）。

文人树盆景起源于文人画，以高耸、枯瘦、简洁的树形抒发文人内心清高、孤傲、淡然的情感。随着时代的发展，除了传统的细瘦高长的单干或双干树外，还包括那些艺术内涵丰富、文化气息浓郁、制作精良、雅致内敛且富有个性的中高型盆景，被称为文人树盆景。文人树盆景的特征是孤高细瘦的主干，简洁疏朗的枝叶，个性鲜明的线条和淡雅无华的风格。文人树盆景在形式上简繁不一，体量可大可小，多以线条表现主题和内涵，重视意境和情趣。

（三）借鉴盆景的造型技艺

1.借鉴扬派盆景的"云片"技艺

扬派盆景的"云片"技艺是其独特的造型手法之一，"云片"是用棕丝剪扎法，将枝叶扎成平整的薄片（图4-140）。一般顶片的形状为圆形，中下片多为掌形。该技艺讲究"枝无寸直""一寸三弯"，通过棕丝蟠扎，使枝条形成平整清秀、层次分明的云片状，如同蓝天飘浮的薄云，给人以曲线美的感觉。云片式在盆景造型中应用广泛，可以说是植物盆景中的基本造型。扬派盆景以扎为主，以剪为辅，注重自幼培养和功力深厚，形成了"桩必古老，以久为贵；片必平整，以功为贵"的艺术审美观。这一技艺不仅体现了中国盆景艺术的精髓，也展现了扬派盆景端庄大气、清丽古雅而不失灵动飘逸的独特风格。

2.借鉴岭南派盆景的"截干蓄枝"技艺

岭南派盆景的"截干蓄枝"技艺，是一种独特的盆景造型方法，其整个过程主要以修剪为主，很少蟠扎。所谓"截干"，是指把不符合造型要求的主干和长短不合比例要求的枝条截短或截掉，让树桩再度萌发，重新长出侧枝来。等到新枝长大到符合大小的比例后，以这一新长出的侧枝为主干，通常称为"以侧代干"。而"蓄枝"则是指对新萌动出来的枝条进行蓄养，无论树干还是枝条，当它长到符合大小要求时，按长度要求进行剪截，再让其萌发新枝，进行反复造型。这两个过程

图4-139 文人树
（邵忠，2008）

图4-140 云片技艺
（邵忠，2008）

是同时进行的，合称为岭南盆景的"截干蓄枝法"。通过这种方法，岭南盆景能够达到形神兼备的效果，展现出独特的艺术魅力。

3.借鉴海派盆景的"剪扎并施"技艺

海派盆景的"剪扎并施"技艺是指采用金属丝蟠扎，先将金属丝缠绕枝干后，在进行弯曲造型，基本形态扎成后，对小枝逐年进行细致修剪、剥芽、整形，使其全部成型。

（1）修剪：对盆景素材进行仔细端详，构思创作方向。先对所有枝条进行简单的梳理，修剪掉不需要的枝条，如徒长枝、平行枝、重叠枝、交叉枝等，对有用的枝条做金属丝绑扎。

（2）绑扎：使用金属丝对枝条进行绑扎，以塑造出理想的形态。绑扎时要按照一定角度将金属丝缠绕到枝条末端，并注意底部固定结实。完成绑扎后，用轻柔的力道将枝条固定到想要的位置。

4.借鉴现代盆景的"铝丝蟠扎"技艺

现代盆景的"铝丝蟠扎"技艺是盆景制作中的重要技法。它通过使用铝丝对盆景枝条进行弯曲和定型，以达到预期的造型效果。以下是铝丝蟠扎技艺的几个关键步骤：

（1）选择铝丝：铝丝的粗细应为所弯枝条粗度的1/3～1/2，以确保既能弯曲枝条又不至于损伤树枝。

（2）固定铝丝：铝丝的一端需固定在主干或主筋上，缠绕时由内向外，与枝干呈45°角。

（3）蟠扎顺序：遵循先主枝后侧枝，先粗后细的原则进行蟠扎。

（4）缠绕与弯曲：铝丝需紧密贴合树皮，避免过密或过疏。缠绕后，双手配合进行弯曲，注意弯曲受力点的位置上必须要有铝丝经过。

（5）养护与定型：长时间养护后，当铝丝快要陷入树皮时，应及时拆除以保护树皮。

在泰山松造型实践中，对于盆景艺术这些成熟的理论、形式和方法，我们应当结合每株松树的实际情况，巧妙借鉴、灵活运用、取长补短、全面理解，切忌生搬硬套和断章取义。若不加选择地套用这些形式和技艺，不但会造成泰山松的千篇一律，还会使泰山松造型呆板而无生机。

（四）现代松树盆景赏析

松树盆景在现代盆景中占据十分重要的地位，越来越受到人们的喜爱。盆景艺术家们制作出了众多优秀的松树盆景作品，这为泰山松造型提供了丰富的参考范本。

1.直干式

松树主干是直干，栽植方式较为端正，主要体现松树的高大挺拔、端正威严，一侧长长的飘枝，造成松树左右长短的对比和强烈的不平衡，从而产生动势，使松树端正而不呆板。将松树栽植时偏于一侧，使树干外移，这样就取得了盆景整体的均衡与稳定。长飘枝出枝在树干的黄金分割点附近，是为最佳出枝点，同时又在大飘枝之上衬以小飘枝，使分枝与主干之间，分枝与分枝之间达到和谐过渡（图4-141至图4-145）。

图4-141　直干式盆景1
（徐昊作品《曾受秦封称大夫》）

图4-142　直干式盆景2

图4-143　直干式盆景3

图4-144　直干式盆景4
（如皋花木大世界藏品《国魂》）

图4-145　直干式盆景5
（郑永泰作品《听松》）

2. 斜干式

　　松树主干斜卧于地面，其长飘枝随斜干
而延长，而主干的后折及时挽救了松树倾倒，
主干顶部与斜干反向而回，使松树逆向有了配
重。但整体树势仍然倾斜于一方，所以栽植时
在根部加以配石为配重，这样就会斜而不倒，
动感十足，有展翅欲飞之势（图4-146至图
4-150）。

图4-146　斜干式盆景1
（徐昊作品）

图4-147　斜干式盆景2
（徐昊作品《飞度》）

图4-148　斜干式盆景3
（郑永泰作品《英姿》）

图4-149　斜干式盆景4
（赵庆泉作品《一枝独秀》）

图4-150　斜干式盆景5
（徐昊作品《空谷》）

3. 卧干式

这组盆景的主干较矮，基本卧于地面，一侧长长的飘枝稀疏而细长，灵动而飘逸；另一侧的托枝则密实而厚重，左右两枝一长一短形成对比；顶枝基本居于主干中心，这样一顶一托一飘形成不等边三角形，既有动势而又均衡稳定。同时，树干前面基本是干净无枝，更凸显主干之遒劲多姿；后面小枝若隐若现，又显出层次之丰富。整株盆景在前后左右、轻重聚散、疏密虚实的处理上可谓是匠心独运，极具章法，使得盆景既有松树的飘逸潇洒，又可见松树坚如磐石之气，可称是形神兼备的佳作（图4-151至图4-155）。

图4-151　卧干式盆景1
（韩学年作品《松之魂》）

图4-152　卧干式盆景2
（陈昌作品《回首展翠》）

图4-153　卧干式盆景3
（陈昌作品《华容耀世》）

图4-154　卧干式盆景4
（陈昌作品）

图4-155　卧干式盆景5

4. 曲干式

　　这组曲干式松树盆景，树干弯曲，其重心基本居中，主干扶摇而上。干的直线与波线，弯曲的软角与硬角交错互换，急缓张弛，体现着树干刚柔的变化。主干两侧分枝在左右长短和疏密聚散上合理搭配，使松树柔韧而不显无力，虬曲而不显柔媚。曲干式松树造型切忌一味讲究枝干曲线的变化，缺少直线变化或硬角弯，从而造成松树的软弱无力，使得松树造型不像松树。松树是一种阳刚树种，"虽有潜虬之姿以媚幽谷，然具一种耸峭之气，凛凛难犯"。这与柏树不同，虽同是曲干式，柏树的曲线主要体现阴柔之美，而松树应当体现的是阳刚之美、耸峭之气、曲直相间、波折互现、刚柔并济和凛凛难犯（图4-156至图4-158）。

图4-156　曲干式盆景1
（徐昊作品《扶摇》）

图4-157　曲干式盆景2
（耕园藏品）

图4-158　曲干式盆景3
（马建中藏品《繁柯》）

5. 双弯斜干式

这组双干式松树盆景的双干弯曲有致，主次分明，树势统一。两干一高一低，较高的一枝领导整株松树的树势，较低一枝形成长长的飘枝。两干高低曲直相互配合呼应，可谓一气呵成。同时，两干构成的树冠共同组成不等边三角形，使得树势稳定而有动势，枝叶疏密得当，轻重搭配合理（图4-159至图4-161）。

图4-159　双弯斜干式盆景1
（李惠泉作品《秀松枝舞》）

图4-160　双弯斜干式盆景2
（徐昊作品《苍虬》）

图4-161　双弯斜干式盆景3
（张志刚作品《又见云飞松舞时》）

6.双直干式

这组双直干式松树，皆是一高一低，一大一小，高挺而飘逸。两直干松树造型关键在于两干的搭配，既要有高低、大小、粗细和疏密的对比变化，更要有树势的统一、比例的协调和过渡的和谐。两干共同创造出松树迎风而直立、刚正挺拔、卓尔不群和坚强不屈的风韵（图4-162至图4-165）。

图4-162　双直干式盆景1
（徐昊作品《月明松声稀》）

图4-163　双直干式盆景2
（胡乐国作品《向天涯》）

图4-164　双直干式盆景3
（韩学年作品《粤岭颂》）

图4-165　双直干式盆景4
（郑志林作品《凛然》）

现代树木盆景造型尤其是松树盆景的造型与泰山松的造型有众多相通之处，但二者也有所区别。两者由于体量上的差别，其欣赏视线和角度有很大的差异。首先，盆景因其要体现小中见大、缩龙成寸、咫尺山林的意境，才要将每个分枝都要做弯、做细，而泰山松可以不用考虑小中见大的问题，只需要做得符合自然，回归自然。其次，泰山松因其体量较大，比松树盆景更能清晰地看到其枝干结构，造型时应当更加注重主干和枝条的理顺，要用枝带"片"，要顺"势"而为。因此泰山松造型应当以修剪为主，去掉禁忌枝（轮生枝、对生枝、重叠枝、交叉枝等）再用铁丝牵拉，改变其中有害枝的走向，同时辅以铝丝蟠扎，对重点枝条做细部处理，便可形成造型自然，潇洒飘逸的景观。

四、遵循松树生长规律的原则

我国幅员辽阔，松树资源丰富，能用于泰山松造型的松树品类繁多。由于松树树种的差异和地域的不同，使泰山松的造型形式丰富多彩，造型方法各具特色。

首先，因泰山松树种的多样性可使用不同的造型方法和形式。现在用于泰山松造型的树种，在北方地区主要是油松、赤松和黑松；在南方地区则以黑松为主，黄山松和马尾松为辅；在东北地区有人也开始尝试用樟子松做泰山松造型；在西南地区有人也在用高山松做泰山松造型，用来做泰山松造型的松树有一个相同点是种类皆为二针松。

其次，泰山松相同树种中的不同品种在造型方法和形式上也有所不同。用于泰山松造型的松树不但有树种上的差异，各树种中也是品种繁多。油松在全国各地分布广泛，其品种有粗皮油松和细皮油松之分，也有窄冠油松和阔冠油松之分，在地域上更有西北群、乌拉山群、西南群、南部群、中部群、山东群、东北群、东部群、山海关群等9个不同类型的种群；而黑松的常用品种也有20余种之多。所以相同树种松树的不同品种，在泰山松造型中的造型方法和造型形式当然也会有所不同。

最后，地域的差异，造成了松树不同的品种，也造成了泰山松造型的不同风格。各个地方由于所用的树种不同，品种不同，气候条件不同，传统文化差异，审美观不同等，泰山松造型上就会表现出不同的造型风格。这些形式多样、风格迥异的泰山松造型使得泰山松百花齐放，百家争鸣。常见的泰山松造型，有山西油松造型、东北油松造型、胶东赤松造型、日本黑松造型和国产黑松造型等五种风格。

泰山松造型虽然在造型方法上各显神通，造型形式上丰富多彩，造型风格上各具特色，但既然都是常绿裸子植物，都遵循着共同的生物生长规律，遵循着共同的造型美学原则，遵循着共同的泰山松造型原则。在栽植养护上，也具有相通的方式和方法。

（一）泰山松的树种差异而造成的不同的造型特点

泰山松造型的三个主要树种为油松、赤松和黑松。虽然都是松科松属的二针松，但在形态特征和生态习性上也存在众多差异。油松是中国的特有树种，分布地域广，品种繁多；赤松由于枝干多曲线，多波形弯，被称为"女人松"；黑松由于枝干多直线，多折形弯，被称为"男人松"。因此，在造型时，我们也应当根据其各自的特点来分别对待，采用不同的造型方法和造型形式，做出各具特色、形态各异、丰富多彩的泰山松造型。

1. 油松的造型特点

油松的形态特征：干形多姿，或直干挺拔，或曲干遒劲；树皮苍老，或厚皮纵裂如龙鳞，或薄皮块裂似龟甲；老树的树皮下部为黑灰色，上部则为红褐色。油松枝干的柔韧度在油松、赤松和黑松三种松树中居中，其针叶的硬度也是居中，硬但不扎手，针叶叶色在冬季比黑松针叶稍发黄。油松树冠幼树时多为尖顶，随着生长逐渐衍化为平顶。

油松的习性特征：幼树生长较快，而老树则生长较慢。其抗寒性在三种松树中最强，抗瘠薄、抗旱、抗风等能力强，但不耐盐碱，不耐湿热，地理分布相对较广，但在江南地区容易生长不良。油松的萌芽能力相对较弱，根的再生能力适中，移植易成活。

结合油松的形态特征和生长习性，在油松整形时一般修剪较轻，多用铁丝牵拉和蟠扎的方法，对要求高的树一般用铝丝蟠扎的方法，但铝丝蟠扎整形后缓苗一般时间较长，正常需要一年半到两年的时间扶壮才可见效果。对油松的枝叶一般蟠扎成大的云片形状，要求层次丰富而疏密有致。结合油松的形态特征，油松的造型形式以直干式为主，斜干式为辅，曲干式最少。

油松造型的特点是古朴苍劲，刚柔相济（图4-166至图4-169）。

图4-166 油松造型1

图4-167 油松造型2

图4-168 油松造型3

图4-169 油松造型4

2. 赤松的造型特点

赤松的形态特征：干形屈曲多姿，分枝波折有致，树皮赤色如血，薄片状剥落，枝干较柔软。赤松在油松、赤松和黑松三种松树中针叶最软，颜色较浅，多为平顶。赤松枝叶以柔韧见长，素有

"女人松"之说。

赤松的习性特征：生长速度较慢，抗寒、抗旱、抗瘠薄能力强，不耐盐碱，不耐湿热，其虫害较多。赤松的萌芽能力在油松、赤松和黑松三松中居中，但其根系再生能力较弱，移植时成活率最低。

结合赤松的形态特征和生长习性，在赤松整形时，一般修剪和牵拉并重，比较适合用铝丝蟠扎定型，铝丝蟠扎后一般需扶壮缓苗一年到一年半的时间可见效果。一般用铝丝扎成小云片或小云朵的形式，体现赤松的柔曲和层次。结合赤松的形态特征，赤松的造型形式以曲干式为主，斜干式为辅，直干式最少。

赤松造型的特点是屈曲遒劲，疏朗飘逸（图4-170至图4-173）。

图4-170　赤松造型1

图4-171　赤松造型2

图4-172　赤松造型3

图4-173　赤松造型4

3. 黑松的造型特点

黑松的形态特征：干形曲折遒劲，树皮黑似水墨，幼时条状剥裂，老树树皮粗厚或呈块状如细鳞甲，或呈条纹状，枝干硬脆，尤其是针叶坚硬扎手，比油松和赤松的针叶坚硬得多，冬季针叶颜色仍翠如碧玉。黑松的冬芽白色，因此又称"白芽松"，这是黑松与油松和赤松的最大区别，油松和赤松的冬芽为黄色。幼树多为尖顶，老树则为宽圆锥状或伞形。黑松枝叶以刚硬见长，素有"男人松"之说。

黑松的习性特征：幼树生长快，而老树则生长变缓。黑松抗瘠薄、抗旱能力强，但抗寒能力在油松、赤松和黑松三松中最差，一般北方地区易受冻害，但其抗盐碱、抗湿热较好，在江南地区亦能生长良好。黑松的萌芽能力较强，其根系的再生能力也较强，移植时易成活，但黑松病害严重。

结合黑松的形态特征和生长习性，我们在黑松整形时常以修剪为主，结合铁丝牵拉，对个别枝条可以用铝丝蟠扎，铝丝蟠扎整形后一般一年后即可达到较好的效果。黑松叶片一般可整理成小云朵状。结合黑松的形态特征，黑松的造型形式以直干式为主，斜干式和曲干式为辅。

黑松整形的特点是刚劲有力，自然清逸（图4-174至图4-178）。

图4-174　黑松造型1　　　　图4-175　黑松造型2　　　　图4-176　黑松造型3

图4-177　黑松造型4　　　　　　　图4-178　黑松造型5

（二）泰山松的地域差异而造成不同的造型风格

不同树种的松树在做泰山松造型时有不同的方法和特点，就是同一树种的松树中的不同品种或类型，也因为其不同的形态特征和生长习性，而采取不同的造型手法和造型形式，从而也会形成不同的造型风格。

　　油松是泰山松造型的最初始树种，也是现在泰山松的最主要树种，但由于生长区域的不同，生存环境的差异，不同地域的油松所表现的形态特征也有所不同，其造型方法和造型形式也相应有所差异，不同类型的油松造型也有相应的特点。

　　油松最常见的两个类型：窄冠形（尖顶松）和宽冠形（平顶松）。窄冠形油松（尖顶松）的特点是树冠呈塔型，树冠基部较宽，枝下高距地面近；树冠中部的第一侧枝最初时水平伸展，但末端斜向上，第二、三级侧枝发育差，甚至多数二级侧枝呈短枝状。所以窄冠形油松就比较适合做成迎客型的泰山松。而宽冠形油松（平顶松）的特点是树冠卵形，树冠中下部最宽，枝下高较高；树冠中部侧枝水平开展或角度较小，先端不斜向上，二、三级侧枝较发达。所以宽冠形油松更易做出平顶的造型，更易成云片，更有层次感，可以根据干形做出各种形式的泰山松。

　　就地域而言，东北地区的油松以窄冠形居多，而山西地区的油松和泰山地区的油松则以宽冠形居多。地域的差异造成了品种的差异，而品种的差异也造成了风格的差异。

　　黑松原产日本及朝鲜南部海岸地区，山东青岛于1914—1921年由日本最早引入栽培，因其抗盐碱和抗海风的优良特性，新中国成立后在山东和江浙沿海地区被广泛引种，多用于荒山绿化。而在日本由于盆景造型的需要，黑松选育的品种较多，达二三十种之多，最常见的有三河黑松、鹿岛黑松和龟甲黑松等。现在我们用作泰山松造型的黑松品种一般简单地分为国产黑松和日本黑松两种。由于不同的地域差别，不同的品种表现，不同的文化传统，造成了黑松不同的造型手法和造型形式，从而形成了国产黑松和日本黑松两种截然不同的造型风格。

　　赤松是中国的原生树种，主要分布在山东的胶东地区和东北地区。由于赤松的移植成活率较低，病虫害较多，用作泰山松造型发展较油松稍晚。但赤松树形变化较多，更能体现泰山松的婀娜身姿之美，逐步形成了胶东赤松的独特风格。

1.山西油松造型风格

　　原产山西地区的油松属油松的中部种群，特点是针叶长而宽，以阔冠形居多，树皮或厚而苍老如龙鳞，或薄而红赤似龟甲，树干或虬曲或斜倚，多姿多态。山西油松的造型多具苍松古韵，似睿智老者，虽砺岁月沧桑，老而弥坚，苍劲古朴而洒脱（图4-179至图4-183）。

图4-179　山西油松造型1

图4-180　山西油松造型2

图4-181　山西油松造型3

图4-182　山西油松造型4

图4-183　山西油松造型5

2. 东北油松造型风格

原产东北地区的油松属油松的东北种群，特点是针叶较山西油松短，针叶茂密，以窄冠形居多，树皮多黑厚而纵裂，叶片多蟠扎为大云片，树干多直干，枝叶繁茂，干形挺拔如壮士傲然挺立，似少年英姿勃发，显松树挺拔繁茂之态势（图4-184至图4-188）。

图4-184　东北油松造型1

图4-185　东北油松造型2

图4-186 东北油松造型3

图4-187 东北油松造型4

图4-188 东北油松造型5

3.胶东赤松造型风格

山东胶东地区所产赤松，多为低干，树形低矮，少有高大之树。树干曲折舒展，张弛有力，树皮红赤或黑灰色，针叶细软，叶片常细扎为小云片状，树形似仕女婀娜多姿，婉约轻盈，灵动飘逸（图4-189至图4-193）。

图4-189　胶东赤松造型1　　　　　　　　　图4-190　胶东赤松造型2

图4-191　胶东赤松造型3　　　　　　　　　图4-192　胶东赤松造型4

图4-193　胶东赤松造型5

4.国产黑松造型风格

　　国产黑松造型发展较晚，少有古树大树。树干或直干挺拔伟岸或曲干孤傲清逸，针叶茂密碧绿，层次丰富多变，多借鉴现代盆景的制作工艺。以修剪为主，蟠扎为辅，树形灵动，多清秀飘逸具文人气，瘦硬遒劲有侠客骨（图4-194至图4-198）。

图4-194　国产黑松造型1

图4-195　国产黑松造型2

图4-196　国产黑松造型3

图4-197　国产黑松造型4

图4-198　国产黑松造型5

5. 日本黑松造型风格

这里所说的日本黑松，是指由日本进口的黑松造型树。日本黑松多直干，直干有弯者更佳，树皮漆黑如墨，块裂如龟甲细鳞。枝条和叶片精扎细剪，叶片蘑菇状如云朵，层次丰富而鲜明。日本黑松的特点是枝干苍劲而整洁有序，形如龟寿，神似鹤年（图4-199至图4-204）。

图4-199　日本黑松造型1

图4-200　日本黑松造型2

图4-201　日本黑松造型3

图4-202　日本黑松造型4

图4-203　日本黑松造型5

图4-204　日本黑松造型6

（三）泰山松的栽植和养护

松树，作为常绿针叶的裸子植物，有其特有的生长规律，在栽植、修剪、浇水、施肥、喷药和养护等方面，也应当遵循其特有的生长习性和生态规律。

1. 泰山松的栽植

泰山松的栽植一般是指松树圃苗或山苗的移植过程，因松树根系和针叶的特殊性，其栽植时间和栽植方法等也有其特殊要求。

（1）松树的栽植首先要保证其土球尽量完整。对于圃苗来说，土球基本可以保证，一般土球大小为其根茎的8～10倍，起完土球后要包装紧密，防止土球散开或开裂。对于山苗来说，由于地理环境的限制，土球不能保证达到标准甚至可能不完整，栽植时应格外注意。

（2）为保证新植松树根系的透水和透气，一般选用含砂量较高的泥砂土或风化料来栽植，同时为防止积水应采用高培的方式。

（3）栽植之前应当将外露的根和劈裂的根剪出平口，同时涂抹上杀菌剂。

（4）对于土球完整的圃苗，应当去除土球的外包装，这样有助于根系与土壤的紧密接触；对于土球不完整的山苗，为保证原土壤中共生菌不散失，应当保留原包装，直接将土球埋在砂土中。

（5）栽植时可以使用专门的控根器，也可以用油毡和铁丝网做成简易的控根器，或栽植后用砖或砼块砌筑简易树池，这样有助于松树的二次移植。

（6）对于土球遭到严重破坏而散土球甚至于几乎裸根的山苗应当采取一定补救措施，如在土球边栽植同种的松树小苗增加其共生菌等。有条件的可以用原树附近的原土回填。

（7）为不破坏松树根部的共生菌，栽植完毕后不能用多菌灵等杀菌剂灌根。

（8）栽植后土球周围应捣实，尽量不留空隙，在浇头遍水时应边灌水，边向漏水处充砂土，保证土球周围不出现空洞。

（9）栽植完后应用支撑撑牢，可以用三角撑或四角撑，对于较大规格松树再辅以铁丝牵拉，保证其稳固，以防春季的大风使松树摇晃从而破坏土球，影响成活率。

（10）松树的移植时间应选在松树的休眠期进行，一般在冬季（北方地区在10月下旬至12月中旬）、春季（北方地区在5月份以前）和雨季（松树二次发芽展叶之前）进行。

（11）山苗在移栽之前，最好提前1~2年做断根处理，有助于松树在原生地根系的愈合和萌发新根。提前断根时，第一年断一半，回填、浇水、恢复原样；第二年再断另一半，回填、浇水；第三年起挖，可以保证成活率。

2. 泰山松的修剪

松树栽植后，由于根系受到破坏，为平衡树势，应当对松树作适当修剪。

（1）首先剪除受伤枝、折断枝、劈裂枝。

（2）其次适当去除过密枝。

（3）为促进根系的萌发，不宜对松树修剪过度。

（4）修剪伤口应平整，为防止淋水造成感染腐烂，可以用锡纸包裹伤口，也可以使用愈合膏涂抹伤口。

（5）尽量避开雨天修剪，否则淋水使伤口不易愈合。

（6）松树长势旺盛时才可进行整形修剪，一般移植扶壮一年或两年后才可重剪。

（7）修剪后应加强养护，及时喷药，防止病菌感染和虫害危害。

3. 泰山松的浇水

在松树的养护中，浇水是一项十分重要的技术活，需要格外用心。

（1）栽植后第一遍是定根水，一定要浇透、浇实。

（2）浇头遍水时应先检查支撑，支撑一定要牢固，防止浇水时松树歪斜或移动。

（3）三至五天后浇第二遍水，将树穴内缺土部分填满填实后再浇水，此时切忌移动松树而造成土球散球。

（4）由于山苗栽植时用的砂土或风化料透水性较好，在北方春季缺雨，尤其是干热季，水分散失较快，应及时补水，根据土壤情况一般一周左右应浇一遍水。

（5）浇水应遵循不干不浇、干透浇透的原则。

（6）在北方干热季节可以通过叶面喷水增加松树的水分，应当在每天早晚向叶面喷水。

（7）松树树干含有胶质，尽量不用树干输液的方式来补水。

（8）进入雨季后应减少浇水量，防止水涝。

（9）松树成活且生长旺盛时，为促使短枝和短针形成，可以适当控水，但一定要注意适度。

（10）夏季暴雨后要及时排除松树树穴内的积水，树穴内积水时间过长就会造成松树根部缺氧，从而造成烂根。

4. 泰山松的施肥

为促进松树的生长，在松树生长期应当适时适量施肥。

（1）松树刚移植时切忌施肥，只有等到松树根系生长健壮，树势基本恢复后方可施肥。

（2）松树施肥应当以有机肥为主，如牛粪、豆饼、菜籽饼等，肥料应当腐熟后使用。

（3）施肥应当以薄肥勤施为原则。

（4）松树修剪整形后不能立即施肥，应当在树势基本恢复后再施肥。

（5）施肥应当在松树生长旺盛的春末或夏季二次发芽后进行。

5. 泰山松的喷药

影响松树移植成活和生长长势的重要因素，是松树病虫害的防治工作是否有效，而病虫害防治最重要的就是喷药，应及时对症下药，清除危害。

松树常见的虫害和病害有：

（1）天牛：很多下山桩，由于长势弱，天牛幼虫钻入皮层，咬食形成层，从而造成植株死亡。5～6月份，天牛会咬食松枝及嫩皮。对于天牛危害可用辛硫磷、溴氰菊酯、噻虫啉等喷施树叶和枝干，发现蛀孔时可采用棉签熏杀。

（2）松干蚧：松干蚧寄生于树干裂缝里，为鳞皮覆盖，隐蔽性很强，当表面发现松干蚧时，在翘裂的树皮下就会有大量的松干蚧。受松干蚧危害，松树会出现发芽长针不齐，弱枝不发芽现象，还会引起干枯病。对于松干蚧可以用1～1.5波美度石硫合剂或杀螟磷（杀螟松）防治。

（3）红蜘蛛：红蜘蛛隐匿于松树叶间吸食针叶的营养，初期不易发现，当气温升高时，红蜘蛛大量繁殖，叶面会暗淡失绿，几天后就会波及全树，并且蔓延到其他松树上。受害严重的松树全树针叶呈灰白色、无光泽，而且不可逆转，要等到第二年换上新针才能恢复原貌。防治红蜘蛛的常用农药有阿维菌素乳油、哒螨灵、乙螨唑、丁氟螨酯（金满枝）等。因红蜘蛛傍晚大量出来活动，傍晚施药效果更佳。用药时最好杀虫剂和杀卵剂混合使用，每周一次，连续三次，可达到杀灭效果。

（4）松大蚜：松大蚜聚生于松枝上，吸食松树的营养，排泄出含有蜜露的粪便，散落于地上，受害松树会出现松针黄褐斑和焦尖，严重时会造成松树枯叶失枝，会引发煤污病的发生。松大蚜危害时，选用吡虫啉、氰戊菊酯乳油等农药稀释后喷洒防治，可有效杀灭松大蚜。

（5）小蓑蛾：幼虫会结丝成灰色囊袋，护囊倒立或悬挂于松树针叶或小枝上。幼虫咬食松针或新枝嫩皮，8～9月份为主要发生期，危害严重时可将整棵树的针叶吃光。发现小蓑蛾危害时，可选用敌敌畏、敌百虫、辛硫磷等农药稀释后喷洒。

（6）纵坑切梢小蠹、松梢螟：二者均为蛀心虫，危害时幼虫钻入松树枝梢，沿木髓上下蛀食枝梢的木质部，使枝梢失水枯死。可选用吡虫啉、杀螟松、敌敌畏、辛硫磷等农药喷杀。

（7）松树线虫病：因天牛危害而带入病原，线虫随天牛咬食的伤口进入木质部，寄生于松树的树脂道内大量繁殖扩散，导致植株失水枯萎。受线虫危害致死的松树针叶呈红褐色，当年不会脱落。线虫病是松树毁灭性的流行病，无有效方法可以救治，一旦发现应立即烧毁。

（8）松树落针病：发生于深秋至初冬，发病时自当年针叶根部开始发黄，逐渐向上扩展，此时轻轻触碰针叶便会脱落。9月下旬至10月初，用敌磺钠（敌克松）兑水，间隔半月再浇一次，同时选用百菌清、甲基硫菌灵（甲基托布津）、多菌灵等杀菌剂喷洒叶面及枝干，连续两次，可有效预防落针病的发生。

（9）松针褐斑病：病原菌在病树的隔年老针或落叶上过冬，第二年5～6月，当年新针长到一定长度后，病原菌从气孔侵入新针，产生黄色或淡褐色小斑点。7～8月高温时，病害发展为褐色，多个病斑汇合形成褐色段斑，造成病斑以上针叶尖端迅速变褐枯死。如不及时采取有效防治，9～10月又出现第二次发病高峰导致松树死亡。冬季和早春喷施3～5波美度石硫合剂进行预防。当病害发生时，及时选喷代森锌、多菌灵、百菌清、甲基硫菌灵（甲基托布津）、嘧菌酯（阿米西达）等杀菌剂，每10天左右一次，连续2～3次，可有效控制病害发展蔓延。

（10）松针赤枯病：病原菌主要感染松树当年新针，发病时部分新针自叶基、叶中或叶尖枯死，枯死的针叶呈赤褐色，间有褐色病斑。一般每年5～6月感染病原菌，7～8月出现赤枯症状。高温和雨水有利于病原菌扩散，导致发病严重。一旦发生赤枯病，可选用退菌特、多菌灵、代森锌、甲基硫菌灵（甲基托布津）等农药进行防治。

6. 泰山松养护月历

泰山松是"三分栽，七分养"，养护在泰山松造型中至关重要。

1月，松树处于休眠期，可以在枝干喷施石硫合剂防治病虫害。雪后应及时清除松树上的积雪，防止冻害。

2月，松树处于休眠期，防雪防冻害，对于新移植树应根据需要用毛毡或草帘覆盖土球以保温。2月下旬害虫开始活动，可泼洒石灰硫黄合剂预防虫害。

3月，松树冬芽开始萌动，应及时浇返青水，及时补充水分；也到了移植的好时节，对需要移植的松树在土壤化冻后就可进行；注意防治病虫害，可用吡虫啉防止蚜虫，至4月上旬均可进行；也是嫁接补枝的好时节，可适当修剪，注意防止风害。

4月，松树开始生长，适合移植、修剪、蟠扎造型，应及时补充水分，注意松梢螟、红蜘蛛和叶枯病的危害，可以开始施肥，注意薄肥勤施。

5月，新芽已开始生长，开始疏芽，北方进入干热季，逐渐不适合移植；适宜修剪、逼芽、蟠扎造型，适当施肥，注意浇水，适当时对新移植松树喷水。5月松芽已常常呈蜡烛状，树势强的树冠和枝头部分尤显粗壮，可在芽停止生长针叶见绿时，对居中的芽用手指掐断，去强留弱，去中留边。

6月，可以切芽，要避开雨天，切芽时严禁上肥，适当控水，松树生长旺盛期，适合修剪、蟠扎造型，注意病虫害防治，注意干透浇透，防止过干或过涝。6月新芽已长成针叶，此时实施摘芽短针法，除弱小需养壮的芽外，将芽从基部剪断，只留去年老针叶，大约1～2周后会发二次芽。

7月，高温雨季来临，注意防虫防病，可用氧化乐果防治红蜘蛛。7月亦是摘芽的好时期，摘芽后松树的吸水性会暂时减弱，此时可暂时停止施肥，待二次芽长出时再施肥。

8月，松树新芽已长成针叶，可进入二次发芽，可以进行雨季移植，也可以进行摘芽，生长二次芽。雨季注意土壤的排水透气，见干浇水；红蜘蛛有可能爆发，注意预防，可以进行修剪整形。8月对二次芽进行留芽作业，水肥充足的树会在摘芽后1～2周长出二次芽，其中有些壮枝会冒出4～5芽，如不处理枝头会长成团状破坏树形，此时可用镊子去掉上下方向的芽，水平留两芽处理，一般上部强枝留弱芽，下部弱枝留壮芽，以此平衡树势。

9月，松树又进入二次生长旺盛期，应当保证水肥的充足供给，可以喷施叶面肥。防止叶枯病的发生。这是修剪整形的好季节，二次芽处于生长旺盛期，应保证水肥充足，对长势不良的芽，可一周喷一次叶面肥。

10月，松树外部生长逐渐结束，转入内部储存能量，应保证水肥的充足供给，注意防治病虫害，适宜整形蟠扎。

11月，保证肥水充足供给，适宜修剪、整形，对当年新叶扶弱控强，可以拔除老针，壮者留4组，弱者留5组。

12月，逐渐进入冬季，松树开始进入休眠期，是冬季移植的好时节，注意灌好冻水，注意保温，防治病虫害。也是拔针减枝的最佳时期。

泰山松造型枝干布局的核心问题就是处理好松树四岐的各种要素之间的关系，达到矛盾的和谐与统一，如枝干的前与后、左与右、高与低、粗与细、直与曲、疏与密、主与次、虚与实、藏与露、动与静、张与弛、刚与柔、轻与重、聚与散、争与让、顾与盼等关系。只有灵活运用造型艺术的辩证法，处理好造型中的各种对立与统一关系，才能把松树造型赋予其艺术魅力与内涵。

五、遵循造型美学法则的原则

（一）前与后

松树造型的前与后，就是指松树的正面和背面。所谓"前要露，后要藏"，就是所谓的松树的前后关系。原则是"前露后隐，前纳后延"。

前露后隐，指从正面能够清晰地看到松树的主干走势、整体轮廓和结构，背面部分巧妙地隐藏起来，以达到视觉上的层次感和深度感。故要去除正面的顶心枝，使前面的枝条尽量稀疏，不要有遮挡枝存在。而对松树背面的处理，为增加层次和景深，要留有背后枝，但不易过大或过长，否则会形成背尾枝，造成松树造型的喧宾夺主问题。

前纳后延，指在松树造型前选主视面的时候，一般选取向内环抱观赏者的一面，这样的松树造型对观赏者来说具有收纳的感觉，会更有凝聚力和亲和感。而松树后面的枝条则向外开放延展出去，增加了深远感。

前低后高，前面的枝干和云片要低于后面的，这样就不会造成遮挡，且显得层次丰富。

这就是泰山松造型的"前后相和"原则（图4-205）。

图4-205　前后相和
（陈光华藏品《奇劲唱风》）

（二）左与右

松树造型的左与右，是指松树的横向发展，也就是松树左右分枝的长和短的关系，应遵循"此长彼短、此收彼放"的原则，也就是盆景造型上所讲的"向势力求长枝，背势蓄枝转向"。这一原则的核心是通过左与右枝条长短的比较，创造出均衡而不对称，稳定而有动势，灵动而不呆板的泰山松造型。

此长彼短，指一侧的枝条较长，而另一侧的枝条就要缩短，要形成长与短的对比，打破对称布局。长的一侧具有延伸的趋势，尽量延长，代表树势走向；短的一侧要显得紧凑，起着稳定和平衡树势的作用。

此收彼放，短的一侧枝条要收，长的一侧枝条要放，收的一侧内敛和含蓄，而放的一侧更加开阔和自由，这种对比产生了松树造型的动感和活力，具有了不对称的动势，但一定要注意整体树形的稳定和均衡的处理。

图4-206　左右相较
（郑永泰作品《听松》）

在树木造型的"一顶一飘一托"结构中，左与右的关系体现得最为明显。左侧最长的一枝即为"飘枝"，表现树势的走向；右侧短的一枝即为"托枝"，为了均衡和衬托左侧飘枝。一般为了保持均衡，"飘枝"要稀疏而飘逸；"托枝"要稠密而沉稳；"背后枝"是为了增加景深和层次；最上为"顶枝"，主导着整株树的长势和结构。"顶""托"和"飘"三者共同组成一个稳定的不等边三角形，均衡而灵动。

这就是泰山松造型的"左右相较"原则（图4-206）。

（三）高与低

松树造型的高与低，是指松树的纵向发展，是松树主干与分枝的高和低的关系。

对于单干的泰山松来说，高与低的关系是指松树主干与侧枝，各侧枝之间的高低关系处理问题。因为泰山松造型主要以平顶造型为主，各侧枝的云片也是平展的，所以各云片之间高低处置是至关重要的。首先，泰山松顶枝的云片一定是最高的一层，下面的托枝和飘枝，前后侧枝等是依次错落分布的；其次，一般前面的云片不要太高，不能遮挡后面的侧枝和云片，即前低后高；第三，各侧枝和云片的高低错落，争让聚散不但会直接关系着松树枝叶的通风和透光，也会直接影响松树造型的艺术性和美观性。

对于两干以上的泰山松造型，在处理松树高与低关系时尤显重要。多干式泰山松的高与低关系，不仅仅是各侧枝和云片的高与低，还有各个枝干之间的高与低关系。首先在处理各干之间高低时，分清主次是第一要务，主干是整株松树的灵魂，处于领导地位，决定了整株松树的走势和方向，所以一般来说主干是最高的，然后才是次干和从干。第二需考虑高低错落参差变化的问题，主干与侧枝的高低错落变化，主干与次干、从干的高低参差穿插，不但要灵活多变，更要布局清晰、处理明确，要层次丰富而不拥塞，枝干错落而不杂乱，高低对比鲜明而主次分明。第三，树干的高低比例要协调，高与低的对比要和谐，应结合疏密与开合、节奏与韵律等处理，使高低变化更富有情趣、均衡稳定，端庄而不失灵动。

这就是泰山松造型的"高低相比"原则（图4-207）。

图4-207　高低相比
（李惠泉作品《秀松枝舞》）

（四）粗与细

松树造型的粗与细，有三层意思，既指松树枝干表象上的粗细，也指造型手法的粗细和造型风格的粗细。

首先是指松树枝干的粗细关系，对于单干松树来说，主干与侧枝，各级分枝之间本身就存在粗细的变化，但这种变化要有主次，一般来说主干最粗，各级分枝依次变细，这是粗细有别问题；更要注意主干与侧枝，各级分枝之间粗细变化要过渡自然，不能粗细悬殊，造成比例的不协调。而对于多干松树来说，还指主干与次干的粗细关系处理问题，一般主干最粗，次干稍细，配干再细，主、次干之间一定要有粗细的变化和对比，同时还要注意主、次干粗细变化的比例协调。

图4-208　粗细相融
（郑永泰作品《苍松着意化为龙》）

其次是指造型加工手法的粗略与细致，松树造型要从大处着眼，依次推进，一般是先主干，后大枝，最后小枝，对大结构的处理宜粗不宜细，才能把握大局，控制方向；对小枝则要小处着手，要宜细不宜粗，精细收拾，仔细琢磨。

第三是指造型风格的粗犷和细腻，一株松树中既有粗犷的主干，也有细腻的小枝，风格上粗中有细，粗犷如"泼墨写意"，给松树以雄浑有力量感，而细腻则如"工笔细描"，使松树精致耐看，二者相辅相成，相互衬托，完美结合。

这就是泰山松造型的"粗细相融"原则（图4-208）。

（五）直与曲

松树造型的直与曲，是指松树干枝之间直与曲的对比和协调关系。

松树造型讲究直中有曲，曲中有直，即"干直枝曲，干曲枝缓"，也就是松树干与枝的直曲搭配关系。直线刚劲，曲线柔美，若松树树干挺拔伟岸，则其枝条造型时要偏向迂回曲折，才能刚中带柔；而松树树干弯曲盘折时，枝条造型就要相对缓和，否则曲线太多就会显得软弱无力。松树造型中的直曲相存关系也直接影响着刚柔相济关系。

"曲"是符合自然生长规律，不是人为的有规律的曲（如两弯半、方拐等），而是三维的、多方位、动感、扭旋的曲。国画中枝干的脉络设置多为"S"形，还有正反"3"字、"5"字形枝，连环"7"字形枝，"6"字回环形枝，这些都是前人总结的认为是美的曲线造型。

干枝的曲直也体现着造型中的动静关系。弯曲就会产生动感，枝干弯曲急促，近乎直角，则阳刚有力，称为"硬角"或"折"，也就是"折线"；枝干弯曲缓和，顺畅蜿蜒，则柔美多姿，称为"软角"或"波"，也就是"波浪线"。松树的枝条就是要灵活巧妙地利用直与曲，折与波的转换，来表现松树的动静和刚柔，即"一枝见波折"。

这就是泰山松造型的"直曲相存"原则（图4-209）。

图4-209　直曲相存

（六）刚与柔

松树造型的刚与柔，是松树内在风格的主要表现。

"刚"是刚劲、雄健；"柔"是婉约、柔曲。如同中国古代诗歌中的豪放派和婉约派，二者各有所美，各有千秋。但又不是截然分开的，过刚易折而无韧，过柔则靡而无力。松树粗壮有力的枝干，展示出力量感；松树曲折的枝条和细腻的松针，则富有婉约之柔美。只有刚柔相互融合，刚中有柔，柔中有刚，刚柔互济才能达到和谐统一。

刚和柔是相对的概念，在泰山松景观中，有诸多方面体现着刚与柔的对立和调和。

在泰山松石组合中，石为刚，松为柔。松因石而坚，石因松而华，石衬松柔，松衬石刚，有刚有柔，刚柔相济，共同营建了泰山松石景观。

图4-210　刚柔相济
（徐昊作品《云霞明灭》）

在泰山松造型中，粗壮的枝干为刚，细弱的针叶为柔。枝干的刚硬需要针叶的衬托，细弱的针叶需要枝干的支撑，刚柔同存共济，紧密结合。

在泰山松主要造型形式中，直干式为刚，曲干式为柔。直干式泰山松刚劲挺拔，曲干式泰山松屈曲遒劲，各有特色，各具千秋。

在曲干式泰山松主干弯曲中，硬角为刚，软角为柔，折为刚，弧（波）为柔。松树主干就是依靠波与折的交替转换来完成刚与柔的对比和融合，显现松树的柔曲和遒劲。

这就是泰山松造型的"刚柔相济"原则（图4-210）。

（七）主与次

松树造型的主与次，是指松树的枝与干之间（单干式）、松树的各个树干之间（多干式），谁为主、谁为次，谁统领、谁衬托的问题。

分清主次，是松树造型的首要任务，因为主体要统领全局，主体决定了松树造型的布局和形式，宾体要以主体为中心，起到衬托、辅助的作用，要从形式到内涵上趋向主体、烘托主体，从而凝聚于主体。有了主与次，就会有争与让。主体要强势，势不可争，而次体要弱势，要顺从、要躲让，有争有让，做到主体突出，客随主行，才能主题明确，立意鲜明，凝为一个整体。

在独干式松树造型中，首先要分清主干与侧枝，所有侧枝要为主干服务。确立了主干，就能围绕主干的走势去确定整个造型的走势，所有侧枝都要顺势而行，共同烘托。同时对于每个云片，也要先确定好"顶"与"托"，以"顶"统领，以"托"衬"顶"，要"众星捧月"，切勿"喧宾夺主"。

图4-211　主次分明
（徐昊作品《苍虬》）

对于多干式松树造型来说，更应先确定好主干和副干（在三干以上的松树，还会有主干、次干和配干等的主次分级）。主干与副干在高度和粗度上会有明显差别。主干为领导干，其余为辅助，但各干在风格上要统一，互相依存，形成一个不可分割的整体。

这就是泰山松造型的"主次分明"原则（图4-211）。

（八）轻与重

松树造型的轻与重，是保证松树造型重心稳定和树形均衡的决定性因素。

松树的轻与重相较会产生动势，动势是松树气韵的源泉。但轻重相较也势必会造成整个树形的重心不稳，这时就应当采取不对称的均衡或"重力均衡"的方式来保证造型的重心稳定。

在单干式泰山松造型中，对于松树的枝条和云片，密的地方就会显重，疏的地方就会显轻，长的枝条就会显重，短的枝条就会显轻，这就产生了轻重相较的对比，产生了不稳定。为了调和矛盾，达到"轻重相衡"，我们在泰山松造型时，对长的枝条可以修剪培养成稀疏细长的，这样就会显得相对轻；短的枝条可以培养成紧密厚实的，这样就会显得相对重，这就达到了轻与重的相衡。

在斜干式泰山松造型中，松树的倾斜就产生了动态，产生了树"势"。但倾斜也产生了重心的不稳定，为了达到"轻重相衡"，要将倾斜反向的枝条加长，或将倾斜相对一侧的根裸露，作为配重，才能使重心稳定。

在多干式泰山松造型中，各干之间，可以通过干的疏密远近和干的粗细来平衡轻重，干密就会重，干疏就会轻，干粗就会重，干细就会轻；也可以用枝条的长短来平衡轻重，长的就会重，短的就会轻，大多数时候是综合利用各种要素来平衡轻重。

这就是泰山松造型的"轻重相衡"原则（图4-212）。

（九）虚与实

松树造型的实与虚，是形式与内容、树体与意境、实体与空白、枝干与树叶、密聚与疏散等的相互依存问题。

实与虚，就是实在和虚空，是一个相对问题。

对于泰山松造型来说，松树实体就是"实"，而松树的气韵、意境等就是"虚"。由松树的造型和形态，而让人产生联想和共鸣，就形成了松树的气韵和风格，也就是松树的人文属性。如抛开了"实"的形体，松树"虚"的意境就无从谈起，没了依托；而抛开"虚"的意境，松树就失去了精神内涵，就会缺乏生气，成了一株"死树"，只有二者相生共存，才会达到形式和内容的高度统一。

对于泰山松生长空间来说，松树的形体是"实"，而空间的留白就是"虚"。只有靠空间的留白，才能显现出松树实实在在的"形"，才会产生树势，产生树形，才构成千姿百态的"树"。

对于泰山松树体来说，松树枝干就是"实"，树叶就是"虚"。由硬的枝干生出软的针叶，针叶依枝干而生，而针叶也充实了枝干的形态，二者相依共存，不可分离。

图4-212　轻重相衡

图4-213　虚实相生
（彭盛材作品《绝壁苍虬》）

对于泰山松枝叶的疏密来说，密聚则为"实"，疏散则为"虚"，有密有疏，虚实相对而生，虚中有实，实中有虚。

这就是泰山松造型的"虚实相生"原则（图4-213）。

（十）藏与露

松树造型的藏与露，是增加松树层次，深化松树意境的主要手段。

艺术贵在含蓄，含蓄之美历来是中国传统艺术的特点之一。我们在松树造型中也要讲究含蓄，松树的枝干和云片也要有藏与露，露中有藏，藏中有露。

在单干式泰山松造型中，对于主干的优美之处，美的枝条和叶片，要采取"露"的手法，把好的方面展示在人们面前，方显出松树奇特优美之姿，体现出松树的气韵和精神。"露"的同时切忌一目了然，一览无余，一定要有藏有露，要利用松树干、枝、叶的穿插变化，对相对差的枝条或云片适当遮挡，使其若隐若现，来丰富松树的层次感和空间深度，使得松树的意境更加深远，景中有景，韵味无穷。

在多干式松树中，还要利用主干、次干和配干之间的前后错落、穿插遮挡来凸显松树层次之丰富，意境之深远。

把好的面、好的枝干和好的叶片显露出来，用以展示松树的精神和风采；把差的面、差的枝干和差的叶片隐藏起来，用以增加松树的层次和意境。以"露"来遮掩"藏"，是"取"与"舍"；以"藏"来加深"露"，是以"次"衬"主"。同时，"藏"者为"虚"，"露"者为"实"，有藏有露，则虚实相生。

这就是泰山松造型的"藏露有法"原则（图4-214）。

图4-214　藏露有法
（真趣园藏品《古韵松涛》）

（十一）疏与密

松树造型的疏与密，是指松树的分枝和针叶在松树整体造型中散和聚的关系。

松树分枝和针叶由于种种原因不会是同步发展的，都是有疏有密、有聚有散的，密有赖于疏的衬托，疏离不开密的点缀，若枝叶过密而无疏，则会有拥塞窒息之感；若过疏而无密，则会显得松散无力；不疏不密，平均安排，则又会呆板而无生气。

对于松树造型中枝叶的疏密布局，首先要做到"密不透风，疏可跑马"，这是疏与密的对比问题。松树需要疏的地方就应当宽敞、自由，枝叶分散，稀疏；需要密的地方就应当尽量密，就要紧凑、密实，枝叶紧密聚集。这样就会形成一种强烈的对比变化，产生疏密的节奏和韵律，使松树造型灵动而不呆板，充实而不单调。

其次要做到"疏密得当，疏密有致"。疏和密是相依共存、相辅相成的，密处当密，疏

图4-215　疏密有致
（徐昊作品《远方》）

处当疏，应当相间布置，合理安排，疏密得当。要根据松树造型的需要合理安排枝叶云片布局的疏密，使松树既不松散无力，又不拥塞窒息，既有对比变化，又有和谐统一。枝叶密的地方给人以"实"和"重"的感受；疏的地方给人以"虚"和"轻"的感受，疏密有致就会虚实相宜，轻重相衡。

这就是泰山松造型的"疏密有致"原则（图4-215）。

（十二）聚与散

松树造型的聚与散，是指松树干与干之间、枝与枝之间、叶与叶之间的聚合与散开的关系。

根据松树的造型需要，松树的干和枝叶的布局不是平均分配的，而是时聚时散，聚散结合的。聚则密，密则重；散则疏，疏则轻。聚散要根据造型需要而定。为制造松树的势，疏展的枝条、枝叶要散而飘逸，密实的枝条、枝叶要聚而稳重，聚则"密不透风"，散则"疏可跑马"。聚则气势聚合，散则气势分散，对于树的核心部分、关键部分，一般要用聚的方式来加强其"势"，强化其特点，凝聚其精神。

图4-216　聚散合理
（陈昌作品《回首展翠》）

在分枝的处理上常讲"三枝讲聚散"，就是在松树三枝以上枝条的布局安排一定不可在间距上均匀分布，三个分枝在一块时，要两枝紧靠，另一枝分离出去，有聚有散，才会有疏密的变化，才不会呆板无趣。

对于多干式松树来说，各干之间聚散关系表现得更为突出。各干之间的远近聚散，疏密搭配，对整个树形的均衡稳定至关重要。同时，粗细的搭配，高低的参差，也直接影响着干的远近聚散，干与干之间要有聚有散，聚散结合。

这就是泰山松造型的"聚散合理"原则（图4-216）。

（十三）动与静

松树造型的动与静，主要表现为松树的势，即松树的走向与趋势。

松树造型中，必须注意取势导向，静中求动，动静相衬，方可避免松树的呆板乏味。松树本身处于静态的状态，但在造型处理中，通过选取合适的姿势和方向来赋予它动态的感觉，这就是松树"势"的概念。松树造型就是利用松树的"势"，来表现松树的灵动和生机。

松树树干的形式，即树干的正欹俯仰，最容易产生动势，而弯曲、扭转、欹斜的树干尤其富有动势。斜干式松树倾斜树干的形态是直观的动势；曲干式松树弯曲的树干则蕴藏着抗争之力，也是一种动势；高大挺拔的直干式松树，表面静止平稳，树干向上伸展，展示出一种参天之势，也是一种动势，而上下虚实疏密轻重的不同，也会产生动势。这就是静中有动。

在动中讲究均衡尤为重要，因为松树造型不但要有动势，还要重心稳定，不至于倾斜失衡而产生"险情"。我们常用"反向着力"的方法来解决动势均衡的问题，即"凡势欲左行者，必先用意于右；势欲右行者，必先用意于左；或上者势欲下垂；或下者势欲上耸。"通过反向的意图来达到平衡，这样就会有动又有静，动中有静，生动而和谐。

这就是泰山松造型的"动静相衬"原则（图4-217）。

（十四）张与弛

松树造型的张与弛，是松树造型布局上的节奏与韵律。

"张"就是紧张、急促，"弛"就是松弛、缓和，松树的造型或密或疏、或重或轻、或长或短、或直或曲，从来不是平铺直叙的，而是时而紧张如暴风骤雨、剑拔弩张、十面埋伏、危如累卵；时而缓和似和风细雨、轻歌曼舞、疏缓和畅、静如止水，这样的松树造型就会节奏鲜明，张弛有度，耐人寻味。

张与弛表现在松树的曲直布置上最为明显，曲线与直线之间，曲线的波与折之间，其长短与角度，平缓与急转，应时而紧凑急促，时而松弛缓和，做到张与弛交错，险与稳共存。

张与弛其次表现在松树的疏密布置上，松树枝叶的稀疏表现为松树的舒缓和松弛，枝叶的密实则表现为松树的紧凑和紧张。犹如一首乐曲，有舒缓、有紧张，张弛交错。

张与弛的关系在松树造型中表现为动静关系，因为张与弛是一种内蕴力量，内蕴力量也是松树"势"的一种表现。

这就是泰山松造型的"张弛互用"原则（图4-218）。

（十五）争与让

松树造型的争与让，是指松树的枝与干之间、枝与枝之间、枝与叶之间的争强与躲让关系。

松树造型为凸显动势，形成不均衡对称，在左右两侧的分枝上，要做到有争有让，争让有度。长的枝条就是争，短的就一定要让，若无争让，就如扁担一样，平均而无动势，呆板而无生趣。

图4-217　动静相衬
（胡添辉藏品）

图4-218　张弛互用
（郑永泰作品《碧翠飞流》）

同一方向的两个侧枝，也有争让，所谓"两枝分长短"，就是长的为主，要争，短的为辅，要让。有长有短就会有对比，有变化，有层次。

叶片与枝干之间，也有争让，为了不"喧宾夺主"，很多遮挡枝干，影响动势发挥的枝条和叶片就要剪除或剪短，使松树的势更加明显，松树的特点更加突出。

对于多干式松树来说，各干之间争让关系更为重要，主干要更加粗壮高大，动势最为突出，而次干、辅干等一定要充分避让，一定要相应弱小，主的要争，次的要让，有争有让，争让不紊。

这就是泰山松造型的"争让有度"原则（图4-219）。

图4-219　争让有度
（麦兆基作品《太极新姿》）

（十六）顾与盼

松树造型的"顾"与"盼"，是松树枝干形态表现中的呼应关系。

松树的干与枝之间、枝与枝之间、枝与叶之间不是孤立存在的，是相互联系的，都应该是紧密围绕松树的"势"的方向，遥相呼应的，这就是顾与盼的方向性。松树的左枝与右枝，上枝与下枝，前枝与后枝，疏与密，虚与实，轻与重之间，也是相互呼应，顾盼有情的。

在多干式松树中，主干与次干，配干之间也会产生顾盼呼应关系。

造型中讲究"左顾右盼两弯半，云头雨足美人腰"，就是讲松树的主干弯曲要有呼应。左曲右曲要紧密联系，也指左右交替出枝，两枝之间的呼应关系。"左顾右盼"犹如舞蹈，既潇洒展开，又凝聚于中心；既增加了动势，又产生了韵味，即所谓的顾盼。用外在神态传达了深层次的情感。

这就是泰山松造型的"顾盼有情"原则（图4-220）。

图4-220　顾盼有情
（简茂德作品《醉邀明月》）

泰山松造型美学的核心在于如何通过形式、结构和比例的精准控制，表现出内在的美感。在追求美的过程中，要善于观察和感悟自然，尊重和驾驭对立统一的力量，力求在自然与艺术之间找到

完美的平衡与和谐。

　　总之，泰山松造型的基本原则首先是建立在师法自然的基础之上的。师法自然，不仅要参照自然界中松树的生态生境和形态特征，更应从自然状态下的古松和名松着手，以自然古松和名松为模板，通过观察、对比、提炼、分析和总结，从感观和认知上找到美的形式和构图。而中国山水画中的松树和现代盆景中的松树也都是基于师法自然的产物，一个是师法自然的平面艺术，另一个是师法自然的立体艺术，两者是与泰山松造型同源的两种艺术形式。因此，在泰山松造型中首先是师法自然古松，然后要参照中国绘画艺术和借鉴现代盆景理论。

　　泰山松造型要遵循松树生长规律和造型美学法则是基于泰山松具有的生物学和人文两种属性，也就是要遵循生物学理论和美学理论的原则。首先，泰山松是一株活着的植物，要遵循松树在生物学和生理学上的基本法则，是解决松树"活"的问题；其次，泰山松又是一件经过人工整形培育的艺术品，又要遵循造型美学的基本法则，是解决松树"美"的问题。

第四节　泰山松造型的评价体系

　　一株泰山松造型的好坏是相对的，会因欣赏者的审美水平、审美标准和审美角度的不同而有认知上的差异，也会因松树所处的周围环境不同而有所差异，没有绝对的美或不美。对于一株泰山松的评价，是指对一株健康的、成型的泰山松的评价，包括松树的外表形态、内在神韵和生长状况等各种综合性因素。我们可以从根、干、枝、叶、形和神等方面通过制定相对的标准加以评价，但各个方面因素不是孤立存在的，而是相互联系、相互影响的，需要综合考虑。我们要全面地、系统地去观察和分析，真正看到泰山松之美，领会泰山松之魂。

一、根

　　泰山松的根是整株松树的根本，是松树的基石和重心稳定的基础，决定着整株松树的稳固和动势。泰山松的根系在整株泰山松评价因子中的比重约占10%，主要从外露根系的形态和土下根系的生长状况两个方面做出评价。

　　一株高品质泰山松的根系应具备以下特征。

（一）外露根系的形态

　　（1）根爪遒劲有力。

　　（2）根的粗细与树干过渡自然。

　　（3）根盘的大小与整树比例协调。

　　（4）根盘对松树动势起到均衡和稳定的作用（图4-221、图4-222）。

图4-221　泰山松的外露树根1　　　　　　　图4-222　泰山松的外露树根2

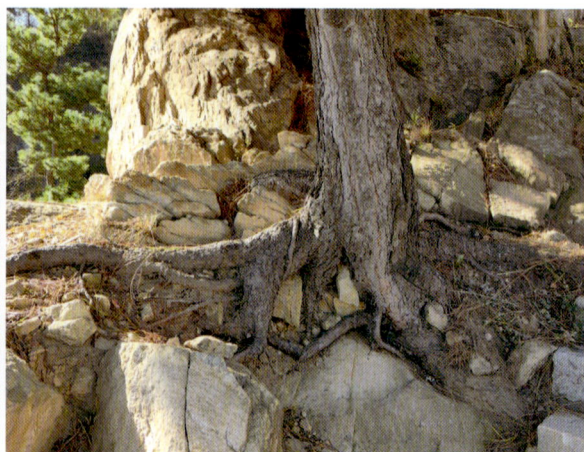

（二）土下根系的生长状况

　　（1）根系分布向四方均衡发展，能使整株松树坚实稳固。

（2）根系生长发达，为提高移植成活率，应当主根少，毛细根多。

一株好的松树，应当"根似龙爪扣巉岩"。

二、干

泰山松的树干决定了松树的树形、树势和气韵，是泰山松外形的核心所在，是评价的重要因子。泰山松的干在整株泰山松评价因子中的比重约占20%，主要从树皮和干形两个方面做出评价。

一株高品质泰山松的干应具备以下特征。

（一）树皮

（1）树皮的颜色：赤松树皮赤色如血，黑松树皮黑似水墨（图4-223、图4-224）。

（2）树皮的剥落：油松的树皮为岁月剥蚀，更显苍古遒劲；粗皮油松的皮纵裂如龙鳞，层层剥蚀；细皮油松的皮块裂似龟甲，斑驳淋漓；黑松树皮以块裂成龟甲为美；赤松树皮薄如鱼鳞，层层剥蚀（图4-225至图4-228）。

| 图4-223　赤松树皮赤色如血 | 图4-224　黑松树皮黑似水墨 | 图4-225　油松树皮苍古遒劲 |

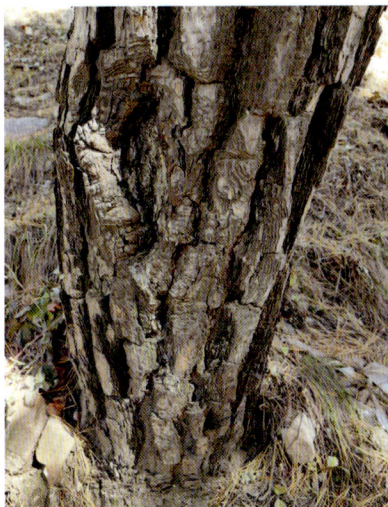

图4-226　粗皮油松树皮纵裂如龙鳞　图4-227　细皮油松树皮块裂似龟甲　图4-228　黑松树皮如龟甲龙鳞

（二）干形

干形顺畅，如行云流水，一气呵成，有动势，变化有韵律，粗细过渡协调。直干式要刚劲挺拔，斜干式要凸显动势且均衡稳定，曲干式要遒劲多姿（图4-229至图4-232）。

图4-229　松树的立干干形顺畅

图4-230　松树的卧干遒劲有力

图4-231　松树干的波形弯柔美

图4-232　松树干的折形弯刚硬

三、枝

泰山松的分枝决定了松树的脉络，是冠形的支撑。泰山松的枝在整株泰山松评价因子中的比重约占10%。

一株高品质的泰山松的枝应具备以下特点。

（1）分枝布局合理，疏密有致，长短协调（图4-233）。

（2）分枝曲直相宜，曲折有变化，有韵律（图4-234至图4-236）。

（3）分枝虬曲有力，如屈铁，似钢爪。

（4）分枝顺势随形，过渡合理。

图4-233　松树树枝疏密变化

图4-234　松树小枝的曲折变化

图4-235　松树树枝的曲折变化

图4-236　松树树枝的干直枝曲

四、叶

泰山松的叶是指松树的云片，是松树的肌肤，勾勒出松树的外形，体现着松树的风韵（图4-237、图4-238）。泰山松的叶（云片）在整株泰山松评价因子中的比重约占10%。

一株高品质的泰山松的叶应具备以下特征。

（1）叶色：翠绿如碧玉。

（2）叶形：针簇如云朵。

（3）叶片：布局合理，疏密有致。

图4-237　自然界中松树的针叶云片

图4-238　苗圃中松树的针叶云片

五、形

泰山松的整体树形是松树的外显形态，体现着松树的神韵（图4-239至图4-242）。泰山松的形在整株泰山松评价因子中的比重约占30%。

一株高品质的泰山松的形应具备以下特征。

（1）具有自然之形，自然之形不是简单地去模仿自然，而是提炼自然界松树之精华，去除芜杂，得最传神之处。

（2）构图均衡，布局合理，主次分明，气韵生动，顾盼传神。

图4-239　绘画中松树飘逸的树形1
（刘晖写生作品）

图4-240　绘画中松树飘逸的树形2
（刘爱民写生作品）

图4-241　苗圃中整形后油松树飘逸的树形

图4-242　苗圃中整形后赤松树飘逸的树形

六、神

泰山松的"神韵"是由松树的形态而表现出的松树的气韵、风骨和精神等，有国画之意，是松树的内涵意义，是人文之美（图4-243至图4-246）。泰山松的神在整株泰山松评价因子中的比重约占20%。

一株高品质的泰山松，应当具备形神兼备，气韵流畅，树"势"明显，风骨独特。

图4-243　松树枝干舒展如仕女飞天
（刘晖写生作品）

图4-244　松树枝干飘逸似闻鸡起舞
（刘晖写生作品）

图4-245　松侵半窗乞清风

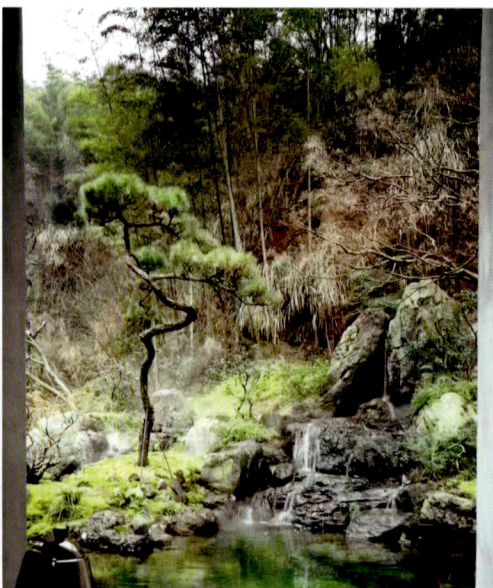

图4-246　独立幽溪涧底客

总之，一株泰山松造型的评价要从根、干、枝、叶、形和神等方面综合考虑，六个方面首先要搭配和谐。当然，每株松树各具特色，各有所长，在泰山松造型时还要展现出其特长，突出其特色，隐藏其缺陷和不足，才能制作出个性突出、特点鲜明的泰山松。

第五章　泰山松造型形式

在自然界中，由于松树生长的地理地质环境千差万别，其所经受的天时气候条件千变万化，所以造就了松树的千姿百态。自然界中的松树或蜿蜒似龙蟠，或婀娜如凤翥，或如虎踞高崖，或似鹤舞溪畔，或如虬龙出海，或似鹰击长空，是泰山松造型的最好模版。在中国古代山水画中，由于作者所处的地理环境差异，其心理体验不同，画法笔意悬殊，画中的松树或苍古如老者缓推云手，或飘逸似仕女轻舒长袖，或潇洒如文人夜读，或端庄似武士守关，可谓丰富多彩，是泰山松造型最好的参考。

泰山松造型就是在师法自然和借鉴中国绘画的基础上，遵循松树的生长规律和造型美学原则，利用泰山松造型技术，做出既有自然之风姿，又具人文之风骨的泰山松。在泰山松的造型实践中应当遵循师法自然的原则，要因树而异，因地而异，因时而异，切忌墨守成规，切忌一成不变。

对于泰山松造型形式的分类，自古以来各有侧重和分法。在明代高濂的《遵生八笺·高子盆景说》中对松树的论述："更有松本一根二梗三梗者……时对独本者，若坐冈陵之巅，与孤松盘桓；其双本者，似入松深处，令人六月忘暑。"可以看到古代已将松树分为独本，一本二梗，一本三梗等，即现今所说的单干和一本双干、一本三干、一本多干等的分法。

对于独本松树，古代又有"直松"和"偃松"之说，所谓"直松"，是指直干挺拔之松，相对应为"曲松"，是以主干之曲直所分；而"偃松"是指偃卧匍匐之松，其相对应为"立松"，即直立之松，是根据松树的栽植形态来分，直立可有正立和侧立之分，而近代人们将盆景松分为立式和卧式也是这个意思。

在以往的松树形式分类中，涉及松树主干的多少，即单干和多干；也涉及松树主干的曲直，即直干和曲干；同时又涉及松树栽植主干的形态，即立干和卧干，这三个方面的分类指标（见表5-1）。但在泰山松造型的实践中，往往三个分类指标同时使用，所以会造成分类不十分严格。

我们结合松树传统意义上和现代习惯上的分类，根据松树树干的表现形式，将泰山松大体分为五种基本形式：直干式、斜干式、曲干式、双干式和多干式。

泰山松的各种造型形式各具特色，各有所长，当然也各有利弊（图5-1）。清代文人龚自珍在《病梅馆记》中说："以曲为美，直则无姿；以欹为美，正则无景；以疏为美，密则无态。"直接点明了几种形式的特点。直干式泰山松以丰富的层次见长，但往往失之于干直无姿；斜干式泰山松以欹斜动势见长，但往往失之于重心不稳；曲干式泰山松以曲折多变见长，但往往失之于干曲柔弱；双干式泰山松以双干间的顾盼揖让见长，但往往失之于主次不明；多干式泰山松以各干间的丰富结构见长，但往往失之于芜杂繁冗。

表5-1 泰山松分类表

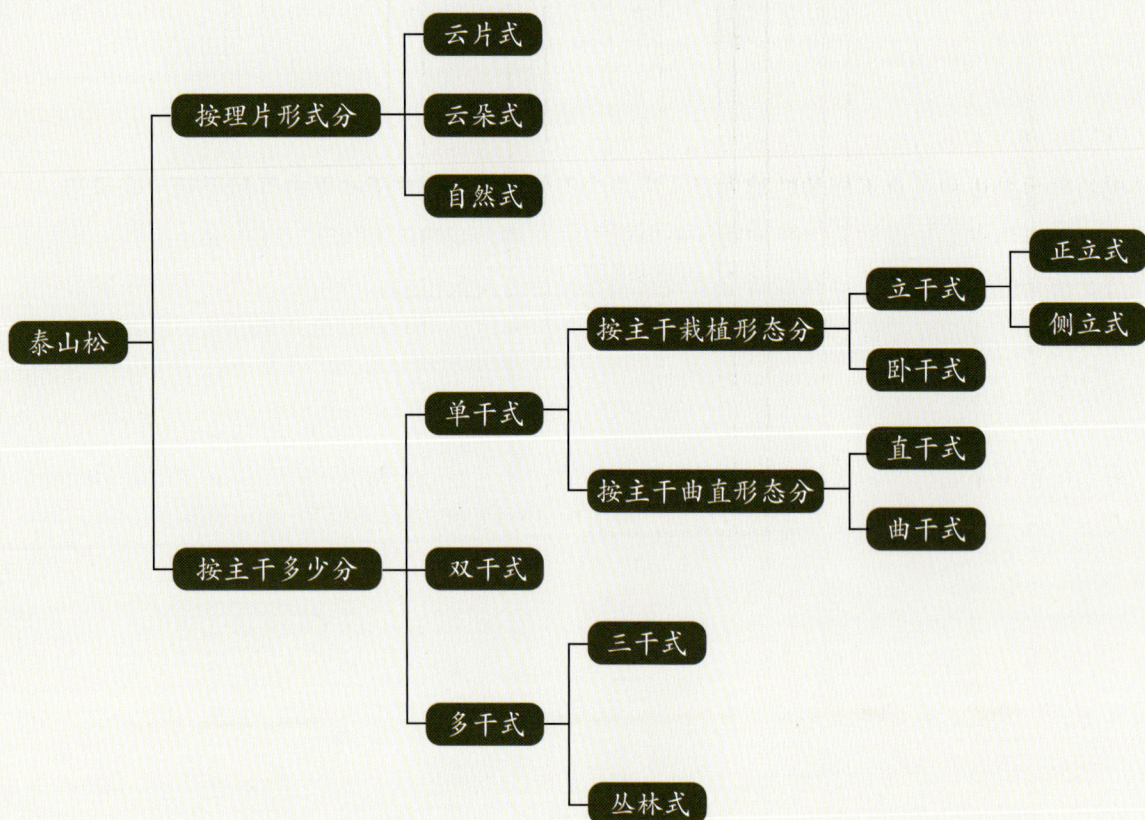

```
泰山松 ┬─ 按理片形式分 ┬─ 云片式
       │              ├─ 云朵式
       │              └─ 自然式
       │
       └─ 按主干多少分 ┬─ 单干式 ┬─ 按主干栽植形态分 ┬─ 立干式 ┬─ 正立式
                       │         │                   │         └─ 侧立式
                       │         │                   └─ 卧干式
                       │         └─ 按主干曲直形态分 ┬─ 直干式
                       │                             └─ 曲干式
                       ├─ 双干式
                       └─ 多干式 ┬─ 三干式
                                 └─ 丛林式
```

图5-1 泰山松的各种造型形式各具特色
（北宋·米芾《春山瑞松图》局部）

第一节　直干式

直干式泰山松是指松树主干基本为直线，且树形端正挺拔的一种泰山松造型。这种树型主要表现松树的高大挺拔和正直不屈的精神内涵。高者参天耸立，立地拔天；平者舒展平延，迎风望月，在泰山松的造型中也是最常见和最常用的一种形式。

直干式泰山松根据枝干形态，结合景观应用可分为高大挺拔型、细高飘逸型、矮秀平展型、粗壮古树型、直干迎客型和直干过门型六种形式。

一、高大挺拔型

高大挺拔型泰山松是指松树主干高耸，笔直挺拔，且树形端正的泰山松造型。这种树形的泰山松多树冠平展，云片层次简练，分枝点较高，给人以高大挺拔、高耸入云之感（图5-2至图5-7）。

图5-2　高大挺拔型松树1 　图5-3　高大挺拔型松树2 　图5-4　高大挺拔型松树3
（元·赵孟頫 　　　　　（北宋·李成 　　　　　（明·唐寅《事茗图》）
《松阴晚棹图》局部） 　　《寒林平野图》局部）

图5-5　高大挺拔型泰山松1 　图5-6　高大挺拔型泰山松2 　图5-7　高大挺拔型泰山松3

225

一般适合做丛林栽植，体现松林的繁茂和清幽（图5-8、图5-9）。这种类型的泰山松也可二三成组，丛植于建筑旁，覆于屋顶之上烘托建筑之清幽（图5-10、图5-11）。

图5-8　高大挺拔型泰山松群植1

图5-9　高大挺拔型泰山松群植2

图5-10　高大挺拔型松树组栽1
（南宋·刘松年《山馆读书图》局部）

图5-11　高大挺拔型松树组栽2
（南宋·刘松年《秋窗读易图》局部）

二、细高飘逸型

　　细高飘逸型泰山松是指松树细瘦而孤高，干直或微弯，树形基本端正，也称为"文人型"泰山松（图5-12至图5-16）。这种树形干高，枝稀，叶疏；瘦中见风骨，高中见精神；有文人的诗意，佛家的禅意，道家的飘逸。主要体现松树的潇洒飘逸，高风亮节和不屈于世俗而清高的风骨。大多孤植或二三成组丛植于庭院，体现松树的孤直、庭院的高雅和主人的清逸。

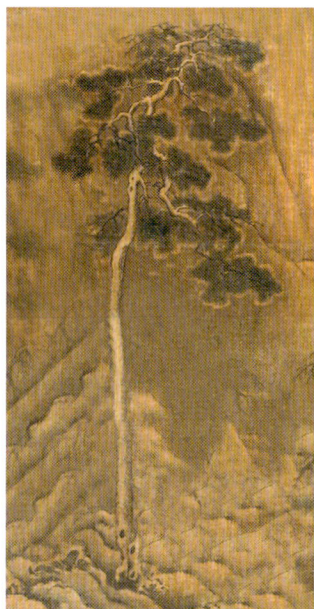

图5-12　细高飘逸型松树1
（唐·王维《剑阁雪栈图》局部）

图5-13　细高飘逸型松树2
（北宋·王诜《秋林鹤逸图》局部）

图5-14　细高飘逸型松树3
（元·吴镇《洞庭渔隐图》局部）

图5-15　细高飘逸型泰山松1

图5-16　细高飘逸型泰山松2

三、矮秀平展型

矮秀平展型泰山松是指松树主干通直，分枝较低，树冠繁茂平展，云片层次丰富的直干式泰山松造型（图5-17至图5-20）。这种树形的泰山松的主要用途是三五成组，高低错落栽植于街头绿地（图5-21、图5-22）。

图5-17　矮秀平展型泰山松1

图5-18　矮秀平展型泰山松2

图5-19　矮秀平展型泰山松3

图5-20　矮秀平展型泰山松4

图5-21　矮秀平展型泰山松组栽1

图5-22　矮秀平展型泰山松组栽2

四、粗壮古树型

粗壮古树型泰山松是指松树主干挺拔苍古的直干式泰山松造型（图5-23至图5-33）。这种树形的泰山松要比文人型矮壮，主要以苍老嶙峋的树干和龟甲龙鳞的树皮来展现松树的苍古遒劲和顽强的生命力，多见于古油松和大黑松，最具气势和最能体现松树的阳刚苍劲，是古松的代表，也是松树长寿延年的最好表现。

图5-23　粗壮古树型松树1
（唐·王维《千岩万壑图》局部）

图5-24　粗壮古树型松树2
（清·郎世宁《弘历哨鹿图》局部）

图5-25　粗壮古树型松树3
（马伯乐写生作品）

图5-26　粗壮古树型松树4
（马伯乐写生作品）

图5-27　粗壮古树型松树5
（马伯乐写生作品）

图5-28　粗壮古树型松树6
（刘晖写生作品）

图5-29　粗壮古树型泰山松1

图5-30　粗壮古树型泰山松2

图5-31　粗壮古树型泰山松3

图5-32　粗壮古树型泰山松4

图5-33　粗壮古树型泰山松5

五、直干迎客型

直干迎客型泰山松是指松树主干笔直或略曲，在树的一侧有一大枝向外伸展出去，形如同黄山迎客松的泰山松造型（图5-34至图5-39）。这种造型的泰山松特点是向外延伸的长飘为松树增加了灵动，彻底改变了直干无姿的形象。

图5-34　直干迎客型松树1
（黄山迎客松）

图5-35　直干迎客型盆景松树

图5-36　直干迎客型松树2
（元·吴延晖《龙舟夺标图》）

图5-37　直干迎客型泰山松1

图5-38　直干迎客型泰山松2

图5-39　直干迎客型泰山松3

六、直干过门型

直干过门型泰山松是指松树树干笔直或微弯，树冠平展但偏于一侧，如覆盖于大门屋顶之上，俗称"过门松"（图5-40至图5-47）。

直干式泰山松虽为直干，但凭借丰富的平展云片层次，直干的挺拔之势和飘逸之姿仍可营造出独特的泰山松组群景观。同时为弥补直干无姿的不足，我们在泰山松造型中，对于直干式一定要特别注意分枝的取舍和长短，注意枝叶的疏密和聚散，也就是层次的变化，用层次的变化来增加树姿的灵动，用分枝的分布和长短来加强势的观念。干虽是直线挺拔，但首先要分枝和云片左右长短相较，前后取舍有度，就会产生动感，产生走势；其次是枝条和云片切忌均匀分布，要有疏密变化、大小变化、长短变化和聚散变化，才能使树形灵活多变而非千篇一律，树势灵动飘逸而不呆板无姿。

图5-40　直干过门型泰山松1

图5-41　直干过门型泰山松2

图5-42　直干过门型泰山松3

图5-43　直干过门型泰山松4

图5-44　直干过门型泰山松5

图5-45　直干过门型泰山松6

图5-46　直干过门型泰山松7

图5-47　直干过门型泰山松8

第二节　斜干式

从广义上讲，斜干式泰山松是指树干倾斜，树干与水平面呈一定幅度的夹角，枝条平展，树冠重心偏离植物根部的泰山松造型。整个造型舒展，疏影横斜、飘逸潇洒、险而稳固，体现出树势动静变化与平衡的艺术效果。斜干式除本身就具有这种形态的天然桩材外，还可通过改变松树的种植角度，将直干式松树栽植时欹斜，使之呈斜干式造型。

斜干式的特点是主干向一侧倾斜，重心多偏离干基，茎杆一般做回首状，倾则险峻，枝条回抽，韵律十足，充满动感，整体均衡和谐。斜干式主要体现险峻秀奇、潇洒飘逸，以稳当基、以险出奇、以飘收尾、回归重心，充满韵律和动感。

斜干式泰山松的树干可以是直干，也可以是曲干。

直干斜干式是指松树的主干倾斜但不弯曲，或者略有弯曲的造型形式。一般是主干从基部向上开始倾斜，甚少弯曲；主侧枝（拖枝）与倾斜方向相反回抽，或者大飘枝回旋向后，重心点一般在主干1/2处向下，偏离主干。整个造型显得险而稳固，体现姿态动与静的变化与均衡的和谐统一。根据倾斜角度大小，可分为横卧型和欹斜型两种。横卧型：是指主干倾斜角多低于45°，重心稳固，能够维持在主干基部左右，同向配飘枝；重心偏离主干，则反向配拖枝，拉回重心，体现均衡和动感。欹斜型：是指主干较直或者稍有弯曲，倾斜角一般超过45°，顶干可适当弯曲，取刚中有柔之势，拖枝回抽向上，整体轻盈灵动，俊逸潇洒。

曲干斜干式是指松树的主干弯曲并且向一侧倾斜，整体树势欹斜的造型形式。曲干斜干式分为硬角曲斜干势和软角曲斜干式。硬角曲斜干势：干身硬朗刚健，多为硬角回转，常见为"之"字形，枝爪多用鸡爪枝、鹿角枝，常见有高位探枝向上伸展，跌枝填补下部空挡，造型夸张，灵动刚健，动感十足，充满想象力；软角曲斜干式：主干呈波浪形弯曲，软角和硬角相互转换，柔中有刚，刚中带柔，整体刚健，而细节绵柔，灵动之势和曲柔之美相互结合，充满神韵。

卧干式泰山松是斜干式的一种特殊形式。斜干式泰山松倾斜幅度较大，欹斜至主干呈匍匐状，主干和水平夹角小于30°，重心点更低，可称之为卧干式。树干横卧于水平面，如卧龙之势。树冠枝条则昂然向上，生机勃勃，树姿苍老古雅，野趣十足。其中树干水平横卧或与土壤接触者称"全卧"；树干虽横卧生长，但不与水平面或土壤接触者称"半卧"。当然，有时也可以将某些直立生长或倾斜生长，并具有一定弯度的松树横着栽种，通过改变种植角度的方法，使之呈卧态，从而形成卧干式。

狭义上讲，斜干式泰山松是指松树主干基本为直线，但树形向一侧倾斜，重心偏离干基的泰山松造型，也就是仅指直干的斜干式泰山松。这种树形的泰山松因倾斜而有动势，倾则险峻，充满动感，主要表现松树处于险境而顽强不屈，抗击风雪而坚韧不拔的精神和风骨。

本节所说斜干式泰山松是指狭义的斜干式。根据松树主干与树冠高度的比例关系，斜干式泰山松可分为高干欹斜型和低干欹斜型两种，根据树冠斜飘的形式可分为斜飘回头型、斜飘高背型、斜飘临水型和斜飘过门型四种。

一、高干欹斜型

高干欹斜型泰山松是指松树主干直或略弯，树干欹斜而高挑，树干高度明显大于树冠高度，树冠平展的泰山松造型（图5-48至图5-54）。这种造型疏影横斜，飘逸潇洒，特别能体现树势。

图5-48　高干欹斜型松树1
（明·蓝瑛《玉洞桃华图》）

图5-49　高干欹斜型松树2
（清·郎世宁《弘历哨鹿图》）

图5-50　高干欹斜型泰山松1

图5-51　高干欹斜型泰山松2

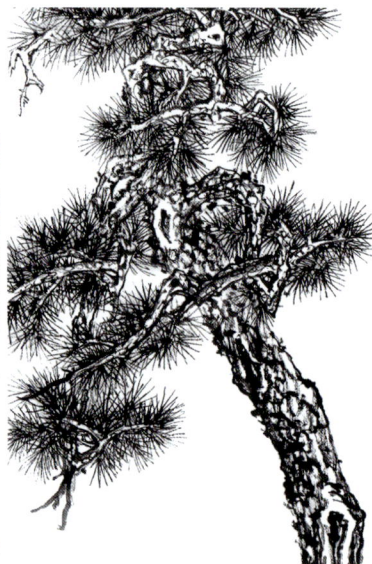

图5-52　高干敧斜型松树3　　　　图5-53　高干敧斜型松树4　　　　图5-54　高干敧斜型松树5
（马伯乐写生作品）　　　　　　　（马伯乐写生作品）　　　　　　　（马伯乐写生作品）

二、低干敧斜型

　　低干敧斜型泰山松是指松树主干直或略弯，树干敧斜而低矮，树干高度明显小于树冠高度，树冠平展的泰山松造型（图5-55至图5-58）。这种造型的泰山松主要体现树冠的变化，利用树冠来带动敧斜之势。

图5-55　低干敧斜型泰山松1　　　　　　　图5-56　低干敧斜型泰山松2

图5-57　低干敧斜型泰山松3　　　　　　　图5-58　低干敧斜型泰山松4

三、斜飘回头型

斜飘回头型泰山松是指松树主干直或略弯，树干欹斜，树冠形成一长长的斜飘，而主干顶部有一明显的逆向弯，树冠似有回头之势且树冠平展的泰山松造型（图5-59至图5-64）。这种造型的泰山松独特之处在于逆向回头之势缓冲了树势的倾倒，起到了树势均衡和稳定的作用。

图5-59　斜飘回头型松树
（清·郎世宁《弘历哨鹿图》）

图5-60　斜飘回头型盆景松树
（徐昊作品）

图5-61　斜飘回头型泰山松1

图5-62　斜飘回头型泰山松2

图5-63　斜飘回头型泰山松3

图5-64　斜飘回头型泰山松4

四、斜飘高背型

斜飘高背型泰山松是指松树主干直或略弯，树干欹斜，树冠形成一长长的斜飘，而树冠顶部有一明显的高出平飘的顶枝，树冠平展的泰山松造型（图5-65至图5-70）。这种造型的泰山松独特之处在于高出飘的顶枝将树势分出了一部分向上的走势，同样起到了树势均衡和稳定的作用。

图5-65　斜飘高背型泰山松1

图5-66　斜飘高背型泰山松2

图5-67　斜飘高背型泰山松3

图5-68　斜飘高背型泰山松4

图5-69　斜飘高背型泰山松5

图5-70　斜飘高背型泰山松6

五、斜飘临水型

斜飘临水型泰山松是指松树主干直或略弯，树干欹斜，树冠平展而偏向一侧，形成长长的斜飘，树冠如覆于水面的泰山松造型（图5-71至图5-76）。临水型强调的是"水在松下过"，对树冠离地高度要求不严，若栽于河岸，树冠能离开水面即可。

图5-71　斜飘临水型松树1
（南宋·马远《倚松图册》）

图5-72　斜飘临水型松树2
（明·关思《松溪渔笛图》）

图5-73　斜飘临水型泰山松1

图5-74　斜飘临水型泰山松2

图5-75　斜飘临水型泰山松3

图5-76　斜飘临水型泰山松4

六、斜飘过门型

斜飘过门型泰山松是指松树主干直或略弯，树干欹斜，树冠平展而偏向一侧，形成长长的飘，树冠偏似覆于大门屋面的泰山松造型（图5-77至图5-82）。过门型强调的是"人在松下行"，要求树冠离地较高，至少游人能够行走。

图5-77　斜飘过门型泰山松1

图5-78　斜飘过门型泰山松2

图5-79　斜飘过门型泰山松3

图5-80　斜飘过门型泰山松4

图5-81　斜飘过门型泰山松5

图5-82　斜飘过门型泰山松6

　　另外还有一种类似于双干式的泰山松，由主干底部生出的两个主枝皆为斜干，且都向同一方向倾斜，利用两个主枝的欹斜造成了整体树形欹斜，可称之为双斜干式（图5-83至图5-86）。

　　斜干式泰山松是外形上最具动势的一种泰山松造型，是利用松树树干和冠形的欹斜来造成松树的欲动之姿，是外显之动势。但由于树干倾斜欲倒，势必会造成重心的不稳，因此松树树势的轻重相衡就成了第一要务。松树要斜而不倒，有动势而稳定，就必须采取必要的方式和方法去平衡轻重，去缓解对冲欲倒之势。或是用树冠的回头之势去缓和树势向一侧的倾倒，或是用根盘来增加反向配重，或是用枝叶的疏密聚散来缓解轻重对比，总之就是既要有欹斜欲倒之势，更要有大厦将倾而胸有成竹、我自岿然不动之态。要斜而有度，斜而不倒。

图5-83　双斜干式盆景松树1

图5-84　双斜干式盆景松树2

图5-85　双斜干式泰山松1

图5-86　双斜干式泰山松2

第三节　曲干式

　　曲干式，是指松树的主干弯曲，树形走势或正立、或斜倚、或横卧的泰山松造型。这种树形主要表现松树虬曲多姿、苍劲似铁的精神内涵。如清代画家唐岱在《绘事发微》中所说："松似龙形，环转回互，舒伸屈折，有凌云之致"。"屈作回蟠势，蜿蜒蛟龙形"是曲干式泰山松的生动写照。

　　曲干式泰山松按干弯的角度形式可分为折弯型和波弯型两种，干形的"弯"体现在线条上就是"波"和"折"，也就是波线和折线，体现在角度上就是软角弯和硬角弯（图5-87、图5-88）。按树形的走势方向可分为立型和卧型两种，立型曲干就是树干总体纵向向上发展，卧型曲干就是树干总体横向水平发展。

图5-87　折弯型（硬角弯）

图5-88　波弯型（软角弯）

曲干式泰山松是最能显现松树的遒劲和灵动的一种形式，因为松树"弯"的波折扭曲是一种内蕴之力，是隐含在松树树形之内的力量和韵律（图5-89、图5-90）。不同的弯曲形式隐含着不同的力度和节奏，弯曲的长短与转换则蕴含着不同的韵律和刚柔。

图5-89　盆景松树的波折扭曲1

图5-90　盆景松树的波折扭曲2

一、折弯型曲干式

折弯，又可称之为急弯或硬角弯，有"L"形弯、"N"形弯和"Z"形弯三种。折弯刚硬而尖锐，会造成松树外形的刚劲和动势，是外显之力。

（一）"L"形弯

"L"形弯是形如字母"L"弯的形式，有正反"L"之分（图5-91至图5-94）。

图5-91　"L"形弯泰山松1

图5-92　"L"形弯泰山松2

図5-93　"L"形弯泰山松3　　　　图5-94　"L"形弯盆景松树

（二）"N"形弯

"N"形弯，正反两个"L"相接就会形成"N"形弯（图5-95至图5-98）。

图5-95　"N"形弯盆景松树
（陈光华藏品《奇劲唱风》）

图5-96　"N"形弯泰山松1

图5-97　"N"形弯松树
（马伯乐写生作品）

图5-98　"N"形弯泰山松2

（三）"Z"形弯

"Z"形弯，又称闪电弯或"之"字弯，也是两个连贯的折弯（图5-99、图5-100）。

图5-99　"Z"形弯松树
（杨耀写生作品）

图5-100　"Z"形弯泰山松

二、波弯型曲干式

波弯，又称慢弯或软角弯，有"C"形弯和"S"形弯两种。波形弯柔弱而缓和，储藏着内蕴之力，尽显松树之遒劲。

（一）"C"形弯

"C"形弯是形如字母"C"弯的形式，也有正反"C"之分（图5-101至图5-108）。

图5-101　"C"形弯泰山松1

图5-102　"C"形弯泰山松2

图5-103　"C"形弯松树
（南宋·李唐《晋文公复国图》）

图5-104　"C"形弯泰山松3

图5-105　"C"形弯盆景松树

图5-106　"C"形弯泰山松4

图5-107　"C"形弯泰山松5

图5-108　"C"形弯泰山松6

（二）"S"形弯

"S"形弯是多个正反"C"形弯组合而成，富于变化（图5-109至图5-117）。

图5-109　"S"形弯松树1
（南宋·李唐《晋文公复国图》）

图5-110　"S"形弯盆景松树
（周锡祥作品）

图5-111　"S"形弯泰山松1

图5-112　"S"形弯泰山松2

图5-113　"S"形弯泰山松3

图5-114　"S"形弯泰山松4

图5-115 "S"形弯泰山松5

图5-116 "S"形弯松树2
（宋·佚名《群仙高会图》）

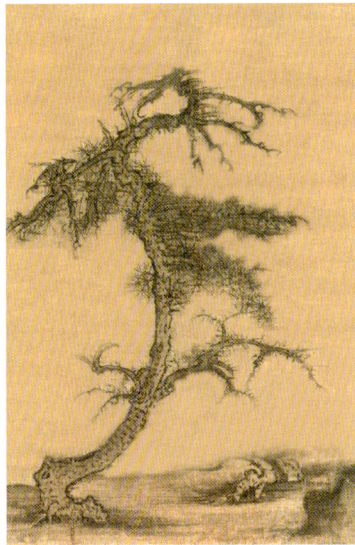

图5-117 "S"形弯松树3
（宋·王诜《溪山秋霁图》）

三、立型曲干式

立型曲干式是指松树的主干弯曲，整体树形是纵向向上的泰山松造型，有正立型曲干和斜立型曲干两种形式。

（一）正立曲干型

正立曲干型泰山松是指不管松树的树干如何弯曲，树干的重心基本上维持在树干中心附近，并保持树势总体垂直向上（图5-118至图5-129）。

图5-118 正立曲干型盆景松树

图5-119 正立曲干型松树1
（南宋·马远《归庄图》）

图5-120 正立曲干型松树2
（南宋·马远《松间吟月图》）

图5-121　正立曲干型松树3
（马伯乐写生作品）

图5-122　正立曲干型松树4
（马伯乐写生作品）

图5-123　正立曲干型松树5
（马伯乐写生作品）

图5-124　正立曲干型
泰山松1

图5-125　正立曲干型泰山松2

图5-126　正立曲干型泰山松3

图5-127　正立曲干型
泰山松4

图5-128　正立曲干型泰山松5

图5-129　正立曲干型泰山松6

（二）斜立曲干型

斜立曲干型泰山松是指松树的树干弯曲，同时整体树干向一侧欹斜，树的重心随之偏移中心，树势倾斜的松树造型（图5-130至图5-142）。

图5-130 斜立曲干型松树1
（明·蓝瑛《仿赵仲穆山水图》）

图5-131 斜立曲干型泰山松1

图5-132 斜立曲干型松树2
（南宋·马远《寒岩积雪图》）

图5-133 斜立曲干型泰山松2

图5-134 斜立曲干型泰山松3

图5-135 斜立曲干型泰山松4

图5-136 斜立曲干型泰山松5

图5-137　斜立曲干型松树3
（南宋·马远《松下群鹿图》）

图5-138　斜立曲干型松树4
（元·吴廷晖《龙舟夺标图》）

图5-139　斜立曲干型泰山松6

图5-140　斜立曲干型泰山松7

图5-141　斜立曲干型泰山松8

图5-142　斜立曲干型泰山松9

四、平卧曲干型

平卧曲干型是指松树的主干弯曲，整体树形是沿水平延伸的泰山松造型，是松树树干横向弯曲的典型代表，整体造型如蛟龙蜿蜒（图5-143至图5-150）。

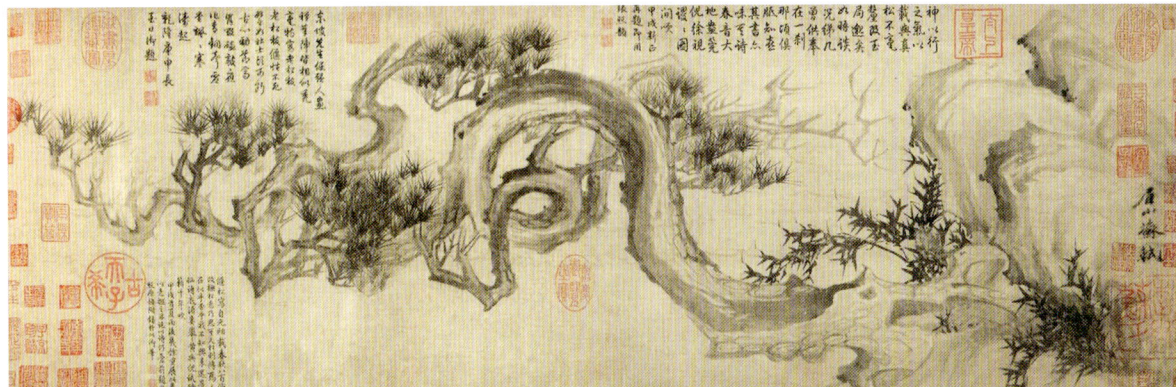

图5-143　平卧曲干型松树
（北宋·苏轼《偃松图》）

图5-144　平卧曲干型泰山松1

图5-145　平卧曲干型泰山松2

图5-146 平卧曲干型泰山松3

图5-147 平卧曲干型泰山松4

图5-148 平卧曲干型泰山松5

图5-149 平卧曲干型泰山松6

图5-150 平卧曲干型泰山松7

　　曲干式泰山松是最有变化的一种泰山松形式，变化的同时最应当注意的是松树的刚柔问题。干枝的直与曲，曲的波与折会对树形的刚与柔产生直接影响。直则刚，曲则柔；折则刚，波则柔。只有直曲结合，波折相间，才能做到刚柔相济。而直与曲的长短与相接，波与折的弯度与转换，都要有节奏和韵律的变化。直线挺拔，曲线柔和，折线刚硬，波线柔软。若只有直线，则至刚而呆板无变；若只有曲线，则会至柔而软弱无力；若只有折线，则会刚硬无肉；若只有波线，则会软弱无骨（图5-151至图5-154），至刚和至柔都不可取。所以只有直与曲的完美结合，波与折的和谐搭配，才能刚柔相济，阴阳协调。

　　松树不同于柏树，松树是阳刚树种，在造型时虽然有柔曲之美，但要切忌柔弱无力，要讲究遒劲，要有"耸峭"之气、"凌云"之致，要有挺拔之美，不要过度追求弯曲。

图5-151　至刚之柔

图5-152　至柔缺刚

图5-153　松树的耸峭阳刚之美

图5-154　过度弯曲而显柔弱

　　曲干式泰山松还应当注意这里所说的"弯"，是立体的弯，是三维的弯，而不是简单的在一个平面上的弯，不但有左右的扭曲，还要有前后的盘折。

第四节　双干式

双干式泰山松是指一本双干，即在一株松树的根部以下分出两个树干，两干相互依存，相携而生，相互揖让，浑然一体。

双干式泰山松或并肩而立，或错落有致，或两直携手，或两弯相依，主次分明，相依而存。根据两干的直曲形式，双干式泰山松可分为两直型、曲直型和两曲型三种。两直型泰山松根据两干的粗细相较，又可分为姊妹相依型和翁孙相携型两种。

一、两直型

（一）姊妹相依型

姊妹相依型的两干粗细基本一致，且皆为直干，树冠交叉浑然一体，如同姊妹相依并存（图5-155至图5-160）。造型灵感来自自然界中的姊妹松造型，但造型时一定要注意：一是两干的树势一定要统一，切忌反向而立，相互分离；二是两干分枝的相互穿插，布枝一定要相互揖让，达到浑然一体的效果。

图5-155　姊妹相依型松树1
（北宋·郭熙《早春图》局部）

图5-156　姊妹相依型松树2
（泰山姊妹松）

图5-157　姊妹相依型松树3
（黄山连理松）

图5-158　姊妹相依型松树4
（恒山姊妹松）

图5-159　姊妹相依型泰山松1

图5-160　姊妹相依型泰山松2

（二）翁孙相携型

翁孙相携型的两干一大一小，且皆为直干，如翁孙相携状（图5-161至图5-172）。这种类型的泰山松在自然界中较为常见，不但能体现松树的苍古和长寿，更具有"祝祷生命常青，子孙相随"的深意。造型时一定要注意：一是两干的树势统一，相携相扶，顾盼有情；二是两干的主次一定要分明，大小有别，切忌喧宾夺主。

图5-161　翁孙相携型松树
（庐山龙冠松）

图5-162　翁孙相携型盆景松树1

图5-163　翁孙相携型泰山松1

图5-164　翁孙相携型泰山松2

图5-165　翁孙相携型　　　　图5-166　翁孙相携型泰山松4　　　图5-167　翁孙相携型泰山松5
　　　　泰山松3

图5-168　翁孙相携型　　　　图5-169　翁孙相携型　　　　图5-170　翁孙相携型盆景松树4
　　　　盆景松树2　　　　　　　　　盆景松树3　　　　　　　（彭盛材作品《英姿焕发》）
　（郑志林作品《中和》）

图5-171　翁孙相携型盆景松树5　　　　　图5-172　翁孙相携型盆景松树6

二、直曲型

直曲型的两干一直一曲，相互配合，树势统一，枝干和云片相互交叉揖让（图5-173至图5-178）。这种类型的泰山松造型时一定要注意：一是直干和曲干的相互配合，树势的统一；二是直干和曲干的主次关系，一般直为主、曲为辅，正为主、斜为辅，一定不要喧宾夺主。

图5-173　直曲型松树
（北宋·李成《捕鱼图》）

图5-174　直曲型泰山松1

图5-175　直曲型泰山松2

图5-176　直曲型泰山松3

图5-177　直曲型泰山松4

图5-178　直曲型泰山松5

三、双曲型

双曲型的双干式泰山松两干皆为曲干（图5-179至图5-184）。这种类型的泰山松造型时一定要注意：一是一主一次，一般树干较粗的一枝为主，主次分明；二是两干树势统一，次随主势；三是两干弯的波折要相互呼应，刚柔相济；四是两干的云片要交错揖让，疏密有度。

图5-179　双曲型泰山松1

图5-180　双曲型泰山松2

图5-181　双曲型泰山松3

图5-182　双曲型泰山松4

图5-183　双曲型泰山松5

图5-184　双曲型盆景松树

第五节 多干式

所谓多干式泰山松，就是一本多干，是指一株松树自树根基部同时长出三个或三个以上的树干，三干高低参差，前后错落，相互呼应，融为一体。

多干式泰山松注重的是多个树干之间的搭配和组合，是一种松树的群体美。根据树干的多少，多干式泰山松可分为三干型和丛林型两种。

一、三干型

三干型泰山松是指一本三干的松树造型（图5-185至图5-196）。这种类型的泰山松在造型时一定要注意：一是三干的主干、次干和配干要分清，且分工明确；二是三干的高低和粗细要有差别且过渡自然；三是三干的枝条和云片要争让得体，疏密有致；四是三干的树势要一致，有凝聚力。

图5-185　三干型松树
（北宋·李成《捕鱼图》）

图5-186　三干型盆景松树1

图5-187　三干型泰山松1

图5-188　三干型泰山松2

图5-189　三干型泰山松3

图5-190　三干型泰山松4

图5-191　三干型泰山松5

图5-192　三干型泰山松6

图5-193　三干型泰山松7

图5-194　三干型泰山松8

图5-195　三干型泰山松9

图5-196　三干型泰山松10

二、丛林型

丛林型泰山松是指一株松树在树根基部同时长出四干或四干以上的树干的松树造型（图5-197至图5-204）。这种类型的泰山松有丛林的感觉，但造型时一定要注意：一是各干之间的远近疏密关系，一定要分组布置，或一或二，或三五但必成组；二是各组之间要有配合和呼应；三是整体树势要统一，干枝的搭配，云片的交错，一定是一个整体，切忌有逆向或离心的干和枝。

图5-197　丛林型泰山松1

图5-198　丛林型泰山松2

图5-199　丛林型泰山松3

图5-200　丛林型泰山松4

图5-201　丛林型泰山松5

图5-202　丛林型泰山松6

图5-203　丛林型泰山松7

图5-204　丛林型泰山松组栽

第六章　泰山松造型技术

一株泰山松的价值取决于三个因素：一是桩胚，是自然之功；二是造型的技术，是人为之功；三是年功，是岁月之功。三者缺一不可，相互影响，相互促进。

泰山松造型之前的准备工作是松树的扶壮和养护，而修剪、牵拉和蟠扎是泰山松造型的核心技术。松树的栽植和养护是确保松树成活和健康生长的关键，而松树的造型就是通过技术手段改变松树的枝干和叶片，从而使松树自然美观（图6-1）。松树造型对树来说是"伤筋动骨"的事情，因此整形必须建立在一株健康茁壮的松树之上，树势较弱的松树若强行整形，极易造成其死亡。整形之后还要格外精心养护，才能使松树及早恢复树势，达到造型成功的效果。树势恢复，生长旺盛后还要不断复整保型，然后继续养护扶壮。

因此，泰山松的扶壮养护和修剪整形是一个连续、不可分割、交替进行和长期不间断的艰苦过程，不但需要从业者有精湛的栽培养护技术，还需要有广博的文化知识素养，是一个技术与艺术相结合的功夫活。

泰山松的整形步骤是：移植→初剪→扶壮→修剪和牵拉→扶壮→细剪、牵拉和蟠扎→扶壮→复整→扶壮……整形和扶壮是交替进行和不断完善的过程。

若整形修剪对于泰山松造型来说是减法，而补枝嫁接和切芽逼芽则是加法，牵拉和蟠扎同样是加法。松树的牵拉和蟠扎是通过改变枝干的走势，增加枝条的波折，来弥补松树自身存在的缺陷，遮掩其瑕疵，增添其观赏面，丰富其层次，增加其内涵。

图6-1　自然美观的松树造型
（明·王绂《湖山书屋图》局部）

第一节　修剪

泰山松的整形修剪是不断去除禁忌枝的过程。所谓禁忌枝，也叫有害枝，指有害松树的生长和美观，影响松树的光照和通风等生长要求，背离松树树势的发展，或者有害松树造型构图的多余枝条。

泰山松造型还要坚持用发展的眼光去看待每一个枝条，要充分考虑枝条的发展趋势和发展潜力，预测到枝条修剪后的发展。同时要考虑松树枝条顶端优势的影响，顶枝与侧枝生长强弱和速度差异带来的影响。

常见的禁忌枝有顶心枝、背尾枝、对生枝、轮生枝、逆生枝、重叠枝、平行枝、交叉枝、直立枝、向地枝、徒长枝、肘窝枝、腋下枝、病虫枝和受伤枝等（图6-2）。

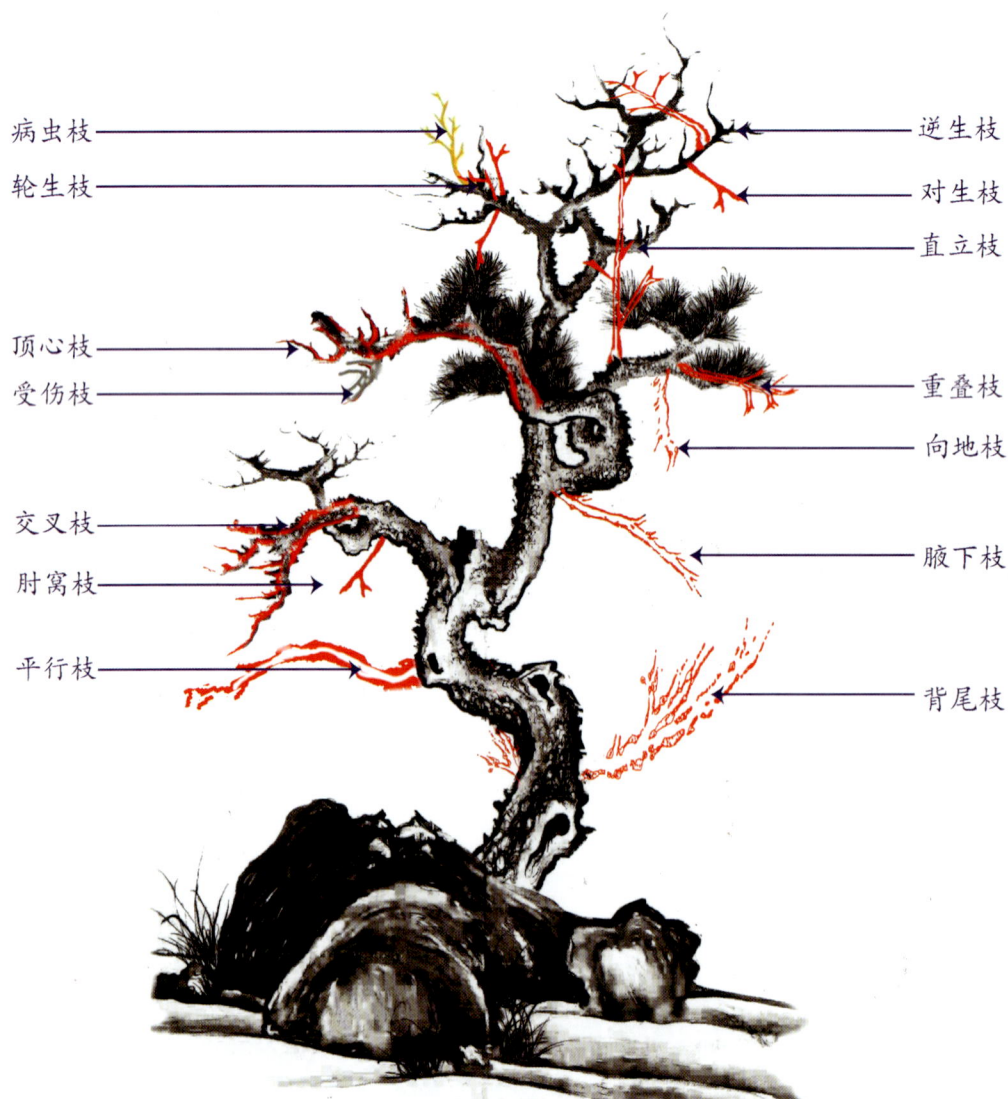

图6-2　松树常见禁忌枝

一、顶心枝

顶心枝，即在松树主视面的前面主干上长出的正对观赏者的分枝，又可叫饯面枝。此分枝会遮挡主干，影响树干之美和松树的气势，应当去除、短截或牵引至一侧。

二、背尾枝

背尾枝，即在主视面的背面主干上长出的较长分枝，形如尾巴，会破坏整个树形，分散树的气势，应当短截或去除。

三、对生枝

对生枝，即枝干上同一点位生出两枝，向两边一字伸展，形如扁担，又叫扁担枝，应当去除，短截或通过牵引使一枝改变走向（图6-3）。

图6-3　对生枝

图6-4　轮生枝

四、轮生枝

轮生枝，即枝干上同一点位生出数枝向四周伸展，形如车轮，故称轮生枝，应当根据造型需要剪除部分枝条（图6-4）。

五、逆生枝

逆生枝，即在枝干上长出的与周围枝条或整体走势相逆而生的枝条，逆生枝会严重破坏树形的走势，使树形杂乱无章，应当去除、短截或通过牵引使其改变走向（图6-5）。

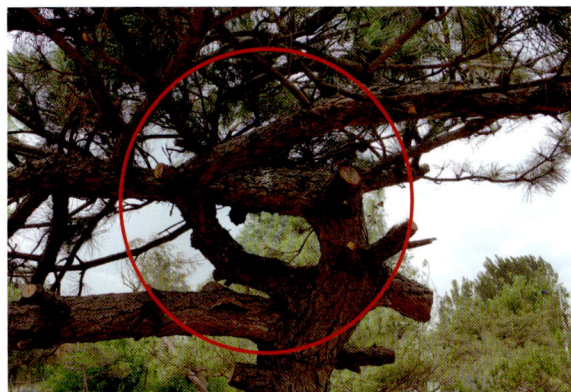

图6-5　逆生枝

六、重叠枝

重叠枝，即枝干上的两个分枝上下重叠，相互覆盖，影响树枝的通风和透光，应当根据造型需要剪除一枝或通过牵引使一枝改变走向（图6-6）。

图6-6　重叠枝

七、平行枝

平行枝，即枝干上同一侧面生出的两枝，上下平行均匀向外伸展的枝条，应当根据造型需要剪除一枝或通过牵引使一枝改变走向（图6-7）。

图6-7　平行枝

八、交叉枝

交叉枝，即枝干上的两个分枝交叉错落，上下交织在一起，影响树势的顺畅，应当根据造型需要剪除一枝（图6-8）。

图6-8　交叉枝

九、直立枝

直立枝，即在平展分枝上突兀地生长出的垂直向上的枝条，影响枝条的走势，应当剪除或通过牵引的方式改变其方向（图6-9）。

图6-9　直立枝

十、向地枝

向地枝，指枝条正下方长出的向地生长的小枝条，应剪除或通过牵拉蟠扎改变方向（图6-10）。

图6-10　向地枝

十一、徒长枝

徒长枝，即在枝干上长出的明显超出周围枝条的过旺枝条，徒长枝会影响周围枝条的生长和破坏树形的走势，应当剪除或短截。

十二、肘窝枝

肘窝枝，是指弯曲分枝的凹处，形如肘窝处长出的分枝，影响树势和枝干的走势，应当剪除（图6-11）。

图6-11　肘窝枝

十三、腋下枝

腋下枝，即在主干和分枝的连接处，形如腋下处长出的小分枝，影响分枝的生长和美观，应当剪除（图6-12）。

十四、病虫枝

病虫枝，即枝干上生有病虫害的枝条，严重的应当剪除，不严重的可以施药后短截。

十五、受伤枝

受伤枝，即枝干上受过伤害，如被劈裂和勒扎等的枝条，严重的应当剪除，不严重的可以处理后短截。

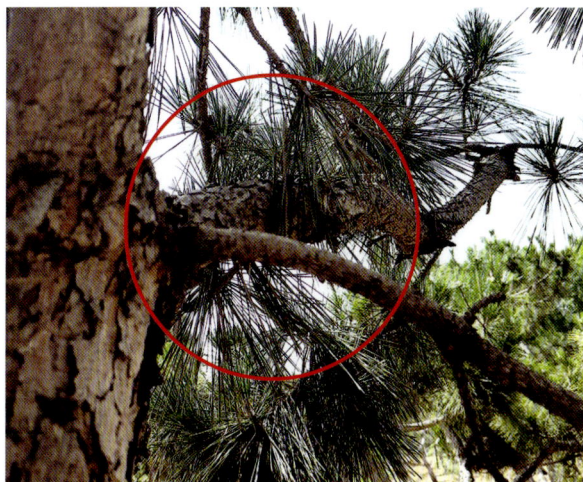

图6-12　腋下枝

处理禁忌枝的过程，也就是使松树由无序到有序，由杂乱到顺畅的理顺过程。因此，修剪除了疏剪和短截，还要精剪，既要做到"本要扭、枝要秀、皮要皱"，又要做到"一枝见波折，两枝讲长短，三枝有聚散，四枝有疏密"，使枝条达到参差错落，疏密有致，自然苍劲，气势顺畅的艺术美感效果。

同时还要注意修剪要干净利落，要求切口"平、净、巧"。"平"，就是切口平滑；"净"，就是修剪干净；"巧"，就是巧妙选择截位及其角度，一般以45°为宜，尽可能使创口愈合，消除人工痕迹。

第二节　牵拉与蟠扎

泰山松毛胚做过适当修剪，经过一到两个生长季的扶壮，就可以进行主干和枝条的牵拉和蟠扎工作了。泰山松的牵拉和蟠扎是十分复杂和辛苦的手艺活，是泰山松造型的关键环节，需要从业者具备较高的艺术修养功底和娴熟的蟠扎技艺。

牵拉和蟠扎是两个相对独立的过程，泰山松牵拉的目的是将树干或枝条改变方向或弯度，使之顺应树"势"，加强树"势"。而蟠扎的目的除使枝条改变方向或弯度外，还要将针叶理顺成"片"，使枝条和叶"片"随"势"而行，使树形顺畅而和谐。因此泰山松的牵拉和蟠扎是泰山松造型的取"势"、调"线"和理"片"的复合工作，是泰山松造型的重中之重。在实际操作中，一定要边动手，边思考，要结合每株松树的实际情况，熟练运用泰山松造型原则，多方兼顾，不断调整，才能使做出的泰山松更加完美，更具魅力。

泰山松的牵拉和蟠扎需要选择合适的时间进行。一般选择在松树的生长季节进行，因为在生长季节松树枝条内水分充足，枝干比较柔韧，牵拉和蟠扎不易造成枝条的折断或撕裂。在冬季休眠期只可进行轻度的枝条牵拉，但一定要注意力度。在进行牵拉和绑扎前，一定要对松树进行扶壮，树势弱的松树切忌过早地进行牵拉和蟠扎。牵拉和蟠扎对于松树来说是"伤筋动骨"的事情，树势弱的松树经不起牵拉和蟠扎工作的折腾。

以前在江南地区一般用棕丝绑扎的方法对松树盆景进行整形，棕丝的优点是较柔软，对松树枝条的伤害小；缺点是没有硬度，对松树枝条的打弯无法定型。在2000年以后，泰安地区的苗农用铁丝牵拉和蟠扎的方法将松树做成平顶式、云朵式或雨伞式造型，形成了独特的技艺。铁丝牵拉和蟠扎的优点是成型快，易操作，一般两年即可成型，但缺点是泰山松造型容易呆板无势，结构不明，艺术效果较差。

近年来，随着社会上对泰山松造型要求的提高和造型技艺的进步，泰山松的造型师们结合松树盆景的做法，又引入了铝丝牵拉和蟠扎技术，对松树的整形越来越精细。我们现在用铁丝牵拉和铝丝蟠扎相结合的方法来对泰山松进行整形，则能扬长避短，兼容并收。

一、铁丝牵拉和蟠扎

（1）铁丝的特性：具有良好的刚性和一定的韧性，特别适合用于牵拉松树的枝干。

（2）对于主干和较粗的侧枝可以用铁丝牵拉来改变枝和干的走势，对于小枝也可以用细铁丝缠绕和蟠扎来理"片"。

（3）铁丝牵拉：①选择适当的铁丝型号，然后用胶管套住铁丝前端，套管长度以能够缠绕所绑缚枝条为准，可以隔离和缓冲铁丝对枝干、树皮的损伤。或直接用胶皮、麻绳或布条等缠绕在树干或枝条上，铁丝绑缚在胶皮、麻绳或布条上。②将铁丝的一头绑扎在要改向的枝条或树干上，另一头选择适当的角度绑扎在下部的枝干或地上的木桩上。③铁丝要缓慢用力，逐步加紧，一定注意力度，注意不要折断或撕裂枝条。④若枝干需要较大的拉弯，一定要分步逐渐进行，多次牵拉，一次性较大的拉弯很容易将枝条折断或撕裂。⑤为防止枝条折断和撕裂，可以事先将枝干要弯曲部分用布条或麻绳密密的缠绕，若枝干过粗，也可以先用相应长短的几根粗铝丝沿枝条方向加固枝条，然后缠绕布条或麻绳。⑥铁丝牵拉有时要用木棍、竹竿、竹片或铁件辅助。⑦牵拉的铁丝可能会对路过的行人或动物造成伤害，必要时应在铁丝上缠上警示物。

（4）铁丝蟠扎：①用相应粗细的细铁丝缠绕在需要理"片"的小枝上。缠绕的过程中方向、角度与松紧度至关重要，如要使枝干向右旋转作弯，铁丝应顺时针方向缠绕，反之，则逆时针方向缠绕。铁丝与枝干呈45°，缠绕时要确保铁丝贴紧树皮。②作弯时应双手用拇指、食指和中指配合，徐徐扭动，直到达到所要求的弯度为止。③铁丝蟠扎理"片"，理出的"片"要水平，同时要结合修剪，要顺"势"。④蟠扎后2～4天要浇足水分，避免阳光直射，叶面要经常喷水，伤口两周内不吹风，以利于愈合。

二、铝丝牵拉和蟠扎

（1）铝丝的特性：铝丝柔韧性好，可以根据需要弯曲成各种形状，同时也具有一定的刚性和硬度，比较适合对松树小枝条的牵拉和小枝的蟠扎理"片"。松树的树枝一般是呈片状的，在制作枝片的时候，要有分枝的疏密聚散变化，不能做成死板的一片，要有虚实的空间变化和清晰的结构表现（图6-13至图6-16）。

（2）铝丝牵拉和蟠扎的优缺点：①优点：铝丝柔性强、排斥力小、容易弯曲，可以反复使用；铝丝在蟠扎时着力点比较好控制，操作简单，不像棕丝经常会出现力度不平衡等情况，更能对

图6-13　铝丝牵拉和蟠扎1

图6-14　铝丝牵拉和蟠扎2

图6-15　铝丝牵拉和蟠扎3

图6-16　铝丝牵拉和蟠扎4

枝条进行精蟠细扎，并能缩短造型时间。铝丝刚刚开始咬进树皮时，拆除铝丝不会对树皮造成伤害，同时陷丝造成的轻微伤痕会随着枝条的生长而逐渐消失。铝丝蟠扎操作简便易行，基本能一次定型，对操作者技术水平要求不是很高。②缺点：铝丝陷丝严重时，产生的疤痕有时难以消除。

（3）用铝丝蟠扎之前，一般要先将松树拔针，即拔除部分老的针叶。拔针的目的一是可以更加明显地显现出松树的线条，能清晰地看到松树的内部结构，易于蟠扎操作；二是拔除部分老针更利于新针的萌发。

（4）铝丝粗细的选择：根据蟠扎部位枝干的粗细程度，合理选择金属丝的粗细度，一般使用直径在2.5~4毫米范围内的铝丝对松树的枝干进行牵拉和蟠扎。太粗易伤树皮且费时费力，太细强度不够，无法达到造型的要求。扎前可适当清理影响造型的无用枝或者进行疏叶，便于更好地蟠扎。有时应事先缠绕尼龙扎带或者布条做防护处理，既能防绕丝时损伤表皮，又能降低拿弯时折断的风险。

（5）铝丝牵拉：可先用适当型号的铝丝对需要改向的分枝作初步牵拉，方法同铁丝牵拉，待蟠扎完毕后再二次调整牵拉方向和牵拉力度。

（6）铝丝蟠扎：①选择一根合适长度的铝丝。②将铝丝的一端缠绕在松树需要造型的枝干上。③将铝丝缓慢地缠绕在枝干周围，铝丝的密度要适中，直到缠完整个需要造型的枝条。④铝丝的另一端经过枝干缠绕完全后，将其固定结实。⑤小心地用铝丝拿住枝干，并慢慢地施加力度，同时观察铝丝是否有滑动或移动的迹象。⑥当慢慢地拿住枝干之后，将铝丝另一端固定下来，以保持枝干的稳定性。

三、铁丝牵拉和铝丝蟠扎

现在泰山松造型师们基本用铁丝牵拉和铝丝蟠扎相结合的办法对松树进行造型。即用铁丝牵拉的方法，对干或大侧枝进行改向或作弯；用铝丝蟠扎的方法对小的侧枝进行改向或拿弯，从而完成调"线"和理"片"（图6-17至图6-22）。

图6-17　铁丝牵拉和铝丝蟠扎1

图6-18　铁丝牵拉和铝丝蟠扎2

图6-19　油松整形前效果

图6-20　油松整形后效果

图6-21　赤松整形前效果

图6-22　赤松整形后效果

第三节　辅助技术

泰山松造型技术除修剪和牵拉蟠扎两大主要技术外，在造型实践中还会用到众多辅助造型技术。这些辅助技术简捷而实用，能够加快造型进度，增加造型美感，是泰山松造型技术必不可少的补充。

一、嫁接补枝

泰山松的嫁接补枝技术主要用于油松和黑松的造型。松树的嫁接补枝就是为了弥补松树枝条分布不好和不定芽生长不理想的状况。对松树进行嫁接补枝，不但可以适当调整枝条的分布，还能够促进造型的快速形成。松树嫁接一般采用髓心形成层对接法，分为插皮接和靠接两种。

（一）插皮接

嫁接时间通常是选择在每年3月左右，这个时期温度逐渐升高，松树的树皮细胞活跃性好，利于成活。

（1）准备接穗和砧木：选择1～2年生的枝条作为接穗，接穗越健壮越好，以长10厘米以内（不计叶长）为佳。拔去接穗剪口以上3～4厘米以内的针叶，保留少部分顶端针叶，并用嫁接刀切成长2厘米削面的楔形状，以增加形成层的面积（图6-23）。

選取健壯的枝作接穗　　　用保鮮膜包裹接穗　　　將接穗削成楔形

图6-23　接穗

（2）进行嫁接：在砧木上斜向内打一切口，深度与芽头的长度相当。将芽头插入切口中，确保斜面较大的一面朝外，以便于芽头的生长（图6-24）。

（3）固定和保护：使用嫁接带绑紧接穗和砧木的结合部，以防止脱落并加快愈合。为了防止芽头枯死，增加成活率，可以使用保鲜袋套住嫁接部位，并在袋内放入湿润的水苔，以增加袋内空气湿度（图6-24）。

用平凿侧角凿开松树枝干的皮层，深略过木质部 ｜ 将接穗的切削口完全插入树皮与木质部之间的形成层中 ｜ 绑扎固定

图6-24　嫁接与固定

（4）注意事项：避免在不良天气条件下进行嫁接，最佳嫁接时间是一天之中的上午9点到下午3点。嫁接过程中应保持手部清洁，并尽量避免损伤接穗和砧木的结合部，嫁接成活后可拆除裹膜（图6-25至于6-29）。

图6-25　嫁接正常成活后拆除裹膜

图6-26　在松树大干上补枝嫁接

图6-27　成活后拆去先端裹膜，接穗开始放针

图6-28　嫁接2年后效果1　　　　　　　　　　图6-29　嫁接2年后效果2

（二）靠接

靠接（又称桥接）的时间和插皮接时间一致，都选择在每年的3月左右。靠接的成活率要比插皮接相对高一些（图6-30）。

图6-30　靠接为老桩补枝

（1）选取接穗：选取健壮的松树小苗作接穗，为保证嫁接的亲和力，最好选取与砧木同品种或同类型的松树。

（2）切口处理：在砧木需要补枝的部位将树皮削至韧皮部，同样在小松树上端适当位置将树皮削至韧皮部。

（3）靠接：将小松树与砧木的大树干紧密相靠，使两者削去树皮的部分紧密相接，用胶带将两者固定牢固。

（4）成活：一个生长季后两者伤口愈合在一块，逐渐剪除小松树的下端部分，上端则依靠砧木的营养正常生长。

（5）注意事项：注意小松树盆的固定，防止移位或坠落，小松树要正常养护。嫁接处要密封严密，防止进水。

靠接的步骤分以下五步（图6-31至图6-35）。

图6-31　第一步：刮除老树皮　　　图6-32　第二步：砧木切口　　　图6-33　第三步：小松树切口

图6-34　第四步：对接　　　　　　　　　　图6-35　第五步：密封

二、缩枝

松树的芽头和针叶的生长与枝干的生长是不同步的。松树芽的生长，在泰安地区油松、黑松和赤松的芽头一般在每年的3月中旬左右开始膨胀生长（俗称鼓芽），至5月中旬左右展叶完成，芽头完全生长成针叶，并形成新的结顶芽，生长期约60天。新的芽头一般在次年的3月中旬之前有缓慢生长，但对于树势较强的植株在条件合适的情况下，当年新生顶芽会在7~8月进行延伸，出现第二次生长，在9月中下旬完成生长。但第二次抽梢往往不能形成顶芽或顶芽瘦小，次年生出的针叶也相应较短。而松树枝干的生长一般从5月中旬开始，7月中下旬因高温有一段停顿，8、9月出现第二次生长高峰，延续生长至11月初结束，生长期约5个半月。松树根的生长与枝干的生长同步。松树针叶的生长则从4月下旬开始，5月继续，6月高生长停止后针叶旺盛，7月基本定型，至8月完全停止生长。

松树的缩枝和切芽（短针）技术就是基于松树的生长规律而采取的措施。

泰山松的缩枝技术主要用于黑松和油松的造型，所谓缩枝是相对于松树的小枝抽枝节间过长，而采取的缩短枝间长度的技术措施。缩枝的时间一般安排在3月中下旬至4月中下旬，在顶芽萌发期间，新的顶芽形成之前，将枝间过长的小枝在过长部分至少留取3~5束针叶后连同顶芽一块剪除，这样小枝就会在5月上旬时在剪口下预留的针叶处生长出成簇的芽头（图6-36、图6-37）。

由于松树的萌芽能力较阔叶树弱，一般只在小枝顶端有针叶的地方萌生芽眼，没有针叶的地方很难生出芽头，所以缩枝时一定要预留好至少3~5束针叶。

图6-36　摘芽后在小枝下端
萌生新芽

图6-37　剪除小枝顶端的芽头后
在过长的枝间逼出新芽

三、切芽与短针

泰山松的切芽与短针技术主要用于黑松和油松的造型。切芽，又称逼芽，同时也可以起到短针的效果。松树松针过长，就会影响松树景观的观赏性，而短针的目的就是缩短针叶长度，使针叶长短适宜，增加针叶密集度，使枝叶流畅圆润。只有造型接近完成，进入造型成熟期，并且树势强健的松树才能短针（图6-38、图6-39）。

图6-38　短针后新发出的针叶密集而饱满　　　图6-39　切芽后萌发的新芽

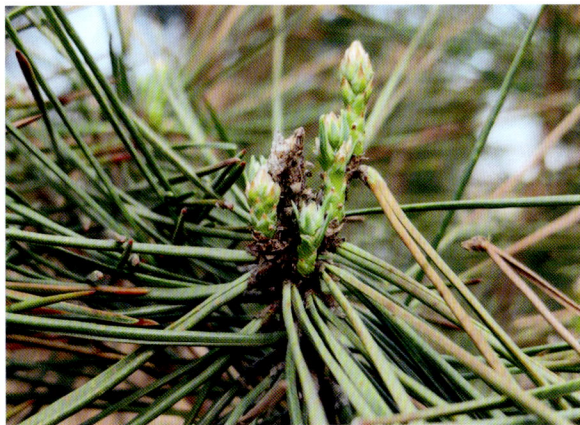

松树切牙技术就是利用松树芽的二次萌发原理而采取的措施。在6月当年新生的顶芽已成熟并基本停止生长，这时将新生的顶芽剪除，就会逼迫松树小枝在下端有针叶的地方生出二次芽，由于生出的二次芽多且较弱，我们可以有目的地选取部分芽头重点培养。由于二次芽较弱，发育出的松针也会相应缩短，同时也起到了短针的效果。

具体的做法是：在6月中下旬至7月上旬，将当年新发的嫩枝全部剪去，枝端仅留10束左右隔年老针，将多余的下部针叶拔除。如果隔年老叶过长，也可将其剪短至5~6厘米，使得所有枝叶都能较好地获得光照，通风良好。大约20天，新芽便重新长出。如果树势健壮，重长的新芽又多又密，等新芽稍大时要疏去过多的新芽，摘短过长的芽尖，每梢只留2~3芽即可。10~12月，满树短簇的新叶重新长成，这时可摘去隔年的老叶。

注意事项：一是切芽的时间要看养护方面的浇水施肥和光照通风情况。在北方操作时间不能晚于立秋，要给新芽留出2~3月的生长时间；二是切芽后注意控水控肥，见干见湿、浇则浇透，适当延长浇水间隔期，增加光照时间；三是剪子要平剪不要斜剪，减小创口面；四是切芽后去老针时间不能太早，太早了容易促使新叶强势生长，失去了短针意义；五是为了调节树势强弱，生长弱的枝条可以提前短针，长势强的可以晚一周短针，到7月摘芽时也可以弱枝留强芽，强枝留弱芽，这样可以使整体长势基本一致。

缩枝与切芽的区别是：缩枝是在顶芽萌发初期剪去过长的枝条及顶芽，时间在3月中下旬至4月中下旬；切芽是在顶芽萌发后切除新生的顶芽，时间在6月中下旬至7月上旬。二者的相同之处是所选的时间点都是在正常生长下新的顶芽即将形成，最容易萌发新芽的时期。

四、破干拿弯

破干拿弯，既能增加桩景的灵动性，又可使桩材达到古朴苍劲的视觉效果。

（1）使用破干钳在将要拿弯的部位进行破干，将干身一分为二，尽量做到均分，若干身较粗，可继续将干身破成四份，也就是交叉十字破干。

破干的长度取决于枝干的粗度和拿弯角度的大小，枝干较粗的，破开的缝隙要稍长些，拿弯角度轻微的，可少破开些，要根据造型需要灵活操作。

（2）破干完成后，简单的试一下拿弯能否成功，觉得合适的话便开始捆扎，通常要先用保鲜膜将破伤部位封好，用以减少水分蒸发，然后再用电工胶布扎紧。

（3）拿弯时要循序渐进，试探性地进行，不可操之过急。通常情况下，对于枝干较粗的，拿弯时还需要用牵拉的方式定型，或者使用木棍进行固定和支撑。值得注意的是，破干拿弯的操作是以旋转的方式进行弯曲的，而不是直接对弯操作的。

（4）对于特别粗壮的树枝，仅靠金属丝蟠扎是不能弯曲到位的，可用电钻在需要弯曲的内侧钻孔，使之弯曲到位。钻孔时，孔径不宜太大，用直径6～8毫米的钻头即可，向内斜向钻入深度至木质部的中心部位（切勿打穿树枝，否则弯曲时反而容易折断），然后轻轻地搅动钻头，掏空中心的部分木质，减少树枝的支撑力，从而使粗枝弯折到位。也可以用开槽法，即在树枝拿弯部位的一侧开一条宽10毫米左右的细槽，深度达树枝粗度的2/3，长度可根据拿弯的幅度而定。一些特别粗的树枝，可在开槽后掏去部分中心的木质部，以减少木质部的支撑力，达到拿弯的目的。

五、截干蓄枝

松树的截干蓄枝包括截干和蓄枝两个过程，二者相辅相成。将主干上端不理想的那一段截去，只保留理想的那一段，就是截干；截干后截口下部的侧枝就成为主枝，也就是以侧枝代干。将下部的主枝放养，精心培植，促其尽快生长，即所谓的蓄枝。等到侧枝生长到预期主干粗度的1/2～2/3可延伸作为主干时，再按照造型要求，将该侧枝上端截去，只保留理想的一段，再重新定向培养截口下端的分枝延伸代干，进行蓄养，至一定粗度后再截干，……反复截干蓄枝造型，就能枝干比例协调，结顶自然。

截干蓄枝一是可以使松树的枝与干之间，枝与枝之间形成自然的过渡，二是可以改变树干的线形，形成理想的波折和夹角。

截干蓄枝时由于松树的萌芽力较弱，一定注意要选取长势旺的侧枝作为代干枝，在截干时不要截得过狠，要在分枝以上留一小段，同时封好伤口。

六、蓄养牺牲枝

蓄养牺牲枝是利用松树的顶端优势来增粗的办法。初次制作的松树作品或半成品，有些枝条远远没有达到理想的粗度，可以对这些枝条采用蓄养牺牲枝的办法，来达到较快增粗的目的。具体做法：对于需要增粗的枝条，每年在摘芽时要有意保留顶端的芽头，形成顶端优势；第二年开始，这个枝条便会成长为徒长枝，以后每年叶面量会呈几何级增长，从而使该枝获得更多的营养积累而快速增粗；等枝条达到理想的粗度后，再剪去牺牲枝。这个方法既不会影响作品的整体造型，又能使作品达到理想的效果。

牺牲枝的功能体现在以下四个方面：一是用牺牲枝带粗主干，通过蓄养牺牲枝和松树的放养，使主干增粗的速度加快；二是牺牲枝助力枝与干和枝与枝之间的过渡，使松树粗细过渡自然；三是截口位置留有牺牲枝，可以尽快愈合，形成疤痕；四是牺牲枝可以壮根，壮枝对应壮根，当树桩一侧的根弱势，可以在弱根的主干基部培育一个枝条，任其生长，壮枝就能带动弱根生长。

对于一株泰山松来说，造型时间最短也需要三年，或者说三年的时间完成泰山松的基本造型。三年造型安排有两种方式：第一种方式可称为一次成型法，第一年春季对移植松树初步修剪，剪去原生桩枝的1/3左右，若是原圃的松树不需要移栽，则需要对松树断根后再初步修剪。然后养护扶壮，自然生长直至第三年的夏季，对松树进行一次性修剪、牵拉和蟠扎，一次整形完成，然后再进入扶壮养护。第二种方式称为循序渐进法，第一年春季对移植松树初剪，剪去原枝叶的1/3左右，然后扶壮养护，第二年夏季第二次修剪和大枝的牵拉，第三年夏季进行细剪、牵拉和蟠扎工作，然后进入扶壮养护，泰山松基本成型。

第一种方式的优点是经过两年的扶壮，松树长势旺盛，整形对松树造成的伤害少，是一次性整形；第二种方式的优点是整形分成两年进行，边造型边养护，造型过渡好，也更自然。

总之，泰山松造型是一个长期不间断的过程，是一个不断地修剪、扶壮和整形的重复过程，造型时间越长，随着年功的增长，小枝和云片会更加丰满，枝干之间的过渡会更加自然，泰山松会越来越具有神韵。

第三篇
泰山松石
景观

泰山上遍布泰山松，而泰山松的概念也已不仅仅局限于泰山上的松树，已经成为有造型的二针松的统称。现阶段，丰富的泰山松资源和深厚的泰山松文化使得泰山松造型技术和造型水平取得了巨大发展，泰山松已成为园林景观中不可或缺的重要元素。

刚健苍劲的形态特征使泰山松在园林景观中被广泛应用。松树碧绿的针叶，如盖的树冠，遒劲的枝干和常绿的习性，使泰山松成为北方最常用的常绿树种之一。

坚毅泼辣的生态习性使泰山松在园林景观中被广泛应用。耐寒、耐旱、耐瘠薄，强大的适应能力和顽强的生命力，使得泰山松在园林景观中无处不在。

深厚广博的文化特征使泰山松在园林景观中被广泛应用。坚贞的风骨、高贵的精神、顽强的品格和丰富的文化内涵使泰山松成为园林中不可替代的植物种类。

泰山周边盛产景石，尤其是泰山石，如今泰山石已不仅仅是指泰山上的石头，已成为一个广泛的概念，是有花纹的花岗岩自然石的统称。坚硬精美的外形和深厚的文化内涵，已经使泰山石成为景石中不可替代的品类。

泰山石以其精美的花纹，为人们所喜爱。泰山石的花纹清晰鲜明，内容丰富深刻。

泰山石以其坚硬的石质，为人们所喜爱。泰山石的石形沉稳浑厚，石质古老坚实。

泰山石以其丰富的资源，为人们所喜爱。泰山石周边的岩石品种繁多，资源丰富。

泰山石以其深厚的文化，为人们所喜爱。稳如泰山，重于泰山，泰山安则天下安是泰山石内蕴所在。

泰山石和泰山松已经不局限于泰山上的石头和松树了，已经成为两个独立的品类，成为现代园林中重要的造景元素。石为骨骼，松为肌肤，泰山石与泰山松搭配组合而成的泰山松石景观已逐步成为现代园林景观中的经典。泰山石沉稳坚实，古老厚重；泰山松矫健多姿，铜枝铁干；松石组合，刚柔相济，阴阳协调，相得益彰。

泰山松石景观精美的表现效果使其成为现代园林中的经典景观，松树翠绿似丹青，石头黑白如水墨，松石组合灵动而沉稳，气势壮观而大气。

泰山松石景观丰富的组合形式使其成为现代园林中的经典景观，松树千姿百态，石头形态各异，松与石的组合更是形式多变，丰富多彩。

泰山松石景观深厚的文化内涵使其成为现代园林中的经典景观，松树如端人正士，气质高雅而坚贞，石头似睿智老者，气势沉稳而坚毅，松石景观古老厚重而又不失高雅潇洒。

泰山松、泰山石、泰山松石景观是泰山的精华所在，是大自然馈赠给我们的瑰宝！

第七章 泰山松石景观

　　松与石，历来都是最佳搭档（图7-1），松因石而曲，石因松而幽。清代画家方薰在《山静居画论》中精辟阐述了松与石之间相互依存的关系："如作离奇盘曲之势者，只可傍以奇石，俯以湍流而已。"松树对石头的依存关系是由松树的本性决定的，如清代文人蒋骥在《读画纪闻》中所述："松性本直，则画者树身挺出或放纵其枝干为宜。其盘拿屈曲者，下必有山石，因其初生之时未得遂其性也。"

　　泰山松石景观，从狭义上讲是指泰山上的松树和石头组合形成的一种自然景观，如屹立于泰山石崖上的姊妹松景观，植于泰山盘道旁的五大夫松景观等，是泰山的代表性自然景观。而从广义上讲，泰山松石景观是指利用泰山松和景石的搭配和组合，结合地形处理，灌木和草坪等的配置，采用现代工程技术手段和美学艺术手法，营建的一种现代园林景观形式。

　　泰山松石景观汲取了自然界中松石组合的精华，也吸收了中国传统山水画中松石的配置理念，既具有景石的自然刚硬和稳固，又具有泰山松的青翠和多姿；既能展现泰山松坚韧和坚贞的风骨气韵，又蕴含石头稳重和坚实的精神内涵。"石配松而华，松配石而坚"，泰山松衬托出石头的沉稳凝重和古朴苍劲，石头则烘托了泰山松的"雪中见，风里闻"的不屈身影和洒脱形象，松与石相互衬托，完美融合，体现了现代人的精神追求。

　　泰山松石景观已经成为现代园林中不可或缺的一种景观形式。

图7-1　石与松

第一节　泰山松配置

"蕉叶引雨松招风，荷花隐香竹有影"，松树，如芭蕉、荷花和青竹一样，不仅仅是一种景观苗木，早已成为中国传统文化中的重要人文元素。而泰山松既具有挺拔飘逸、苍翠古朴的身姿，又被赋予了丰富的文化底蕴和深厚的精神内涵，是现代园林中必不可少的植物元素之一。

泰山松不但以其个体的飒爽英姿在现代园林中独领风骚，更以其相互配合和顾盼呼应的组合种植，创造出标新立异的群体美和风韵美，使得泰山松景观在众多园林植物景观中脱颖而出。

泰山松配置，是指泰山松景观中各松树之间的相互搭配和布局，以及泰山松组合与山石、植物等景观元素的相互搭配和布置。

在长期的泰山松栽植实践中，园林工作者们逐步总结出一整套完整的、系统的泰山松配置原则和方式，形成了一套全面的、专业的审美观和评价标准，而这些正是指导我们现代泰山松配置工作的方向和准则。

一、泰山松配置原则

泰山松配置景观首先是一种植物景观，所以其配置原则和配置方式是建立在师法自然基础上的，应是"虽有人作，宛自天开"的景观。同时松树配置景观是一种人文景观，所以其配置原则和配置方式也要遵循造型植物组景的美学原则和园林造景的基本规律。

清代郑绩《梦幻居画学简明——树谱》中所说："写松林最忌株株排匀，如树木栅一般，其株参差疏密，其枝俯仰交搭，或高或低，随山婉转而非死板，方有生气。"

因此，在泰山松配置造景中，应遵循以下造景原则。

（一）树势统一原则

树势是每一株泰山松的灵魂所在。每一株泰山松的树势，决定了其个体的走向和动势，决定了泰山松的形态特征和神韵表达。因此，每一株泰山松就是一个独特的个体，是有独立特征和性格的松树，这才有了泰山松的千姿百态和千差万别。

我们在泰山松的组栽配置时首要的原则就是树势的统一和走向的一致。在同一组松树中，不论大小、高低、正倚和曲直，泰山松的树势必然是同一走向的，树势是统一和一致的。若树势不统一或变化太多，就会使整组松树显得杂乱无章，甚至会感到支离破碎，过于芜杂的变化还会使人心烦意乱，无所适从。

泰山松配置的这一原则是由松树的生长自然规律所决定的。因为松树树势的形成，是天时（风吹雨打、霜欺雪压等）、地理（悬崖石坡、溪谷水畔等）和周围生物活动（人类活动、动物植物影响等）等共同作用而形成的一种避害反应，从而才使每株松树形成了独特的走向和形态。我们利用泰山松营建园林景观时一定要师法自然，要有生态群落的观念。对于在自然界中同一地理环境和同一自然群落中的松树所受到的天时、地理和生物影响必然是一致的，因此这一组松树的势必然也是一致的，一般是不会出现东倒西歪的情况。

　　在同一组泰山松景观中又有高低错落、正倚呼应、曲直搭配、前后揖让和左右相较等的差异和对比，而树势的统一恰恰将这些对立和矛盾捆绑在一起。树势的统一将这组松树联系成为一个整体，使得矛盾调和而和谐共存。有了共同的树势，就使整组松树有了共同的目标、共同的思想和共同的灵魂。

　　明朝仇英《桃花源图》的六株松树，分为两组，三株一组，隔河相望。除一株正立外，其余五株均向左倾斜。左侧一组的右边两株树冠回转向右，与右侧一组遥相呼应。整组松树浑然一体，气韵贯通（图7-2）。清代郎世宁《弘历哨鹿图》中五株松树，左侧两株一组、右侧三株一组，树与树前后错落、冠接枝牵、顾盼呼应，整体树势浑然一体（图7-3）。

图7-2　明·仇英《桃花源图》局部

图7-3　清·郎世宁《弘历哨鹿图》局部

（二）主次分明原则

一组泰山松景观，不论两株、三株或五株，还是七株或九株，甚至更多株的组合，一定要有一株主树。而这株主树则是这组松树的领袖和灵魂，引领了这组松树的势，奠定了这组松树的基调，决定了这组松树的形势和风格。一组松树景观缺了主树，就会群龙无首，就会形成一盘散沙。

当然有主就有从，有主就有次，两株成组的松树组合就应是一主一从，一主一次；而三株一组的松树组合就会有主树、次树和配树之分；三株以上的松树配置就会有主组、从组以及配组等的分别。总之，在松树配置组合中主树、次树和配树是有明确分工的，不可混淆。

主次关系，是松树组合中最核心的结构关系。主树是主体景物，主体景物是松树组合的中心，要处于显要位置。同时又是松树组合中集中表现创作意图的景物，每个松树组合中必须有一个，而且只能有一个主体景物。次树的功能是配合主树，加强主树，次树在一个松树组合中可以有一到两个，也可一个都没有。配树对主树和次树是附属、依存和烘托的关系，可以有多个，也可以没有。次树和配树是为配合主树而生的，是根据主树的需要而存在的，主树的需要决定了次树和配树的有无和多少。

在松树组合中要主次分明就一定要突出主树，所以往往把最高、最粗或最大的一株松树作为主树，将稍小的树作为次树和配树，如众星拱月，有主有从，主题明显。

五代时期珪观《山水图》中左侧三株松树为一组分布在建筑周围，另一株远离至山脚，遥相呼应，四株松树以最高的一株为主，其他俯从呼应（图7-4）。

图7-4　五代·珪观《山水图》

（三）顾盼呼应原则

泰山松配置的顾盼呼应关系是各松树个体组合成为组团的纽带，松树间的相互呼应将组团内的松树紧密联系在一块，成为一个整体。

泰山松的顾盼呼应关系在单株松树中主要体现在干与干之间、枝与枝之间和云片与云片之间以及前后左右和高低上下的顾盼呼应等，在一株松树内部的各部分只有相互联系，顾盼呼应，才能形成一个严谨的、有凝聚力的且个性鲜明的个体。

泰山松配置组合的顾盼呼应首先体现在各松树间关联和呼应关系上。一是组团内各松树间的高低上下的顾盼与呼应，各松树枝干和云片的穿插与俯仰，通过顾盼呼应将各松树紧密联系在一起；二是组团内各松树的前后左右的顾盼呼应关系，在平面上各松树的前后关系、左右关系，平面布置的疏密聚散，主树次树和配树之间的曲直结合，正倚搭配，都会存在呼应关系；三是组团内各松树的树势更应是顾盼呼应的，树势的统一不但是各松树的走势和方向要一致，各树的势之间也要有呼应，用势的顾盼来完成势的聚集和统一。

泰山松配置组合的顾盼呼应其次是体现在组团内各小组的连接和呼应关系上。一是各小组团也是有主有次的，主组团、次组团和配组团之间是相互配合、分工明确和紧密关联的。组团之间要主次配合，遥相呼应，共同造势，浑然一体；二是各组团之间通过由密到疏而联系在一起，密处成组，疏处相连，在组与组之间会有几株疏朗的松树散出于群体，而这几株松树之间的顾盼呼应就成了组与组之间联系的纽带。

在北宋王诜《秋林鹤逸图》中五株松树，左三右二，左侧两正一倚，倚者右倾；右侧两正，向左顾盼，两组俯仰生姿，遥相呼应（图7-5）。唐朝王维《阿房宫图卷》九株松树，呈四株、二株和三株三组分布，中间两株左右呼应，将整组松树连成一体（图7-6）。

图7-5　宋·王诜《秋林鹤逸图》

图7-6　唐·王维《阿房宫图卷》局部

（四）疏密得当原则

泰山松配置的疏密一是体现在松树之间株距的远近上，二是体现在树冠之间的距离上。二者距离远近关系的直接体现就是松树配置的疏密聚散。

泰山松配置的疏密聚散体现了整组松树的凝聚力和扩张势，是整组松树有机融合，紧密联系而应具备的结构形式。没有泰山松配置的疏密和聚散构成，整组泰山松就会是平铺直叙，或是行列种植，泰山松配置的美感就会大打折扣，松树的自然之美就失去了灵气，松树景观也就失去了生机和活力。

泰山松的配置组合主要是体现泰山松的群体之美，组合之美。一株泰山松，有高低、曲直、疏密和正敧的形态特征，也有动静、轻重、张弛和顾盼的神韵表现，但与泰山松的组合配置来比，有时难免会显得单薄。只有成组的泰山松，尤其是多株组合，才能显现出泰山松景观的大气磅礴之势和泰山松景观浑然一体的凝聚之力。

每一组松树的个体之间，从株距、高低和俯仰等都应当是精心安排的、有规律和章法的。松树之间株距的大小，树冠的远近，首先体现的是两株松树亲近和疏远、凝聚和疏散的关系，聚则凝为一体，加强树势，突现主题；散则扩展延伸，增加广度和深度。泰山松组合时要密不透风，疏可走马，疏密根据造景的需要达到强烈对比，才会显得泰山松组合灵活多变。疏密有致则聚散合理，聚散合理则张弛有度，张弛有度则动静相宜，各种关系相互关联而相辅相成。

五代十国画家巨然《松岩萧寺图》中两组松树，左二右六，右侧六株又可分为两小组，左二右四，株与株之间、组与组之间，有远有近、有聚有散、疏密有致（图7-7）。

图7-7　五代十国·巨然《松岩萧寺图》局部

（五）错落有致原则

泰山松配置的错落有致有两层含义：一是指泰山松栽植组合中平面上的前后错落有致；二是指泰山松栽植组合中立面上的高低错落有致。

泰山松配置时首先要注意栽植的前后错落，一定要做到前后呼应和错落有致。松树的栽植在平面上主树、次树和配树的前后揖让、主次搭配和远近疏密等要根据每株松树的造型特点，结合松树的取势、线条和云片，将松树有机地组合在一起。根据统一的势，顺畅的线和云片之间的揖让、聚散等来安排每株松树的平面位置和松树间的疏密聚散。同时要结合地形的处理、景石的安放和植物的点缀等，使松树组合在平面上布局严谨、主次分明、顾盼呼应、有机融合。

泰山松配置时其次是注意栽植的高低错落，一定要做到高低搭配和层次分明。每株泰山松的云片基本上都是平展的，多层的，多株泰山松组合栽植时，各平展的云片都相应达到了统一。这时最重要的就是各层次的分布，高低错落和层次穿插，各树云片的呼应顾盼和疏密聚散，都要服从整组松树的整体布局和大局观念。尤其是在直干式泰山松的搭配组合时，为实现各松树间的有机结合和丰富的变化，在立面上完全是依靠松树高低的搭配来完成云片间的错落，浑然一体的云片交错组成整组松树的势、形和神。松树在立面上的高低错落还与地形紧密相连，各松树的错落关系有时可以利用地形的高低加以调节。因此，对于泰山松的组合搭配，松树间高低的错落有致尤为重要。

元代吴廷晖所作《龙舟夺标图》建筑隐于松林之中，松林中各松树三五成组，或高或低，或远或近，错落有致，疏密得当，建筑与松林相互辉映、相得益彰（图7-8）。

图7-8　元·吴廷晖《龙舟夺标图》局部

（六）正倚搭配原则

泰山松配置组合除高低错落和前后错落的安排外，还有一个正倚搭配的问题。正倚搭配是松树组合的最常见形式之一，也是松树组合有别于其他乔木组合的主要特征之一。

正倚搭配可以是一正一倚，也可以是两正一倚，还可以是多正一倚，但都是以正为主，正树多，倚树少。正倚的搭配，使松树组合形式多样，松树的俯仰不但增加了树的动势，也使松树间产生了呼应关系。

在自然界中，由于松树所处的特殊地理环境和生长条件，斜干式泰山松十分常见。斜干式在泰山松造型形式中最具动势，松树虽欹斜，却倾而不倒，势险而欲动。单株的泰山松具有动势，当然也可以利用有动势的松树带动整组松树的动势。

在同一组松树中，正欹搭配，一般是正为主，欹为次，正树稳住了整组松树的势，造就了整组松树的气，是整组松树的基调。而倚树的出现，首先使松树组合有了动势，产生了动感，增加了灵动；其次是使松树组合有了延展，在凝聚之势之外有了延伸，与周围产生了联系。

在一大组团的松树组合中，各个正树聚集而成的组团构成了组合的主体框架，构成了小组团之间主组、次组和配组等的配合。而少许倚树，偏离于正树之外或游离于组团边缘，通过树与树之间的顾盼呼应来联结起各小组团，使各组团紧密相连。也就是说欹树既是小组团有机组成部分，又是各小组团的联系纽带。

291

在郎世宁《弘历哨鹿图》中有四株松树，右侧三株以直干为主，俯仰生姿，紧密相连，左侧一株斜倚，作回头之势，与右侧组团相互呼应，顾盼有情（图7-9）。

图7-9　清·郎世宁《弘历哨鹿图》局部

二、泰山松配置类型

泰山松配置组合类型根据组合数量的多少可分为单株、双株、三株和丛林等，根据栽植在园林绿地上的平面关系分为孤植、对植、丛植、列植和群植等几种类型。最为常见的是两株组合，三株组合和三五成组的群植。

（一）单株孤植

清代奚冈在《树木山石画法册》中云："孤松宜奇，成林不宜太奇。虽要古，然须秀，秀而不古则雅，古而不秀则俗。松恶俗，柳忌嫩。画柳画松不宜同。"

图7-10　孤植松树1
（南宋·马远《倚松图册》局部）

图7-11　孤植松树2
（南宋·马远《寒岩积雪图》局部）

泰山松的单株栽植，称为"孤植"，又称"孤松"，在园林景观中常作点景使用，松树要奇特秀美，形神兼备（图7-10至图7-15）。无论是直干还是曲干，要树形上或潇洒飘逸、或古朴苍劲、或高大挺拔、或屈曲遒劲，要有泰山松的风骨和气韵，能够展现松树苍翠而古朴、坚韧而高贵、孤傲而飘逸的气质和精神。

图7-12　孤植松树3
（明·程嘉燧《孤松高士图》）

图7-13　孤植泰山松1

图7-14　孤植泰山松2

图7-15　孤植泰山松3

（二）两株组合

两株泰山松的配置组合，一般是一大一小、一高一低、一正一欹或一直一曲，如画论中所说："二株一丛，必一俯一仰，一欹一直，一向左一向右，一有根一无根，一平头一锐头。"松树组合不仅仅看的是松树个体的风姿美，还要看松树组合的群体美。两株松树既要有对比，还要有顾盼呼应、前后揖让和高低交错，要有统一的势，二者融为一个整体。

《芥子园画谱》曰："二株有两法，一大加小，是为负老。一小加大，是为携幼，老树须婆娑多情，幼树须窈窕有致，如人之聚立，互相顾盼。"也就是说双株松组合时，一般是大小相较，当然有时也可两株并立。大小相较的称为"公孙树"，两株并立的称为"姊妹树"。

1.两正干

泰山松的两正干组合是指两株松树正行并立的组栽形式，这种形式通过高低错落和前后揖让的搭配，创造出层次丰富的松树景观（图7-16至图7-19）。

图7-16　两正干松树组合1
（北宋·王诜《秋林鹤逸图》局部）

图7-17　两正干松树组合2
（北宋·王希孟《千里江山图》局部）

图7-18　两正干松树组合3
（南宋·马远《松阁观潮图》局部）

图7-19　两正干松树组合4
（明·唐寅《事茗图》局部）

2. 一正一欹

泰山松一正一欹的配置组合是指一株正立的松树与一株欹斜的松树高低错落，正欹搭配的配置类型。正欹搭配的组合形式一般正者为主，欹者相从，既主次分明，又动静结合，直曲搭配，刚柔相济，两株松树既要相互呼应，又要具外展之力（图7-20至图7-25）。

图7-20　一正一欹松树组合1
（南宋·夏圭《听琴看瀑图》局部）

图7-21　一正一欹松树组合2
（南宋·夏圭《山水图对幅》局部）

图7-22　一正一欹松树组合3
（南宋·刘松年《青绿山水图》局部）

图7-23　一正一欹松树组合4
（明·宋旭《松壑云泉图》局部）

图7-24 一正一欹泰山松组合1

图7-25 一正一欹泰山松组合2

3. 两欹干

泰山松两欹干的配置组合是指两株松树同时向同一方向欹斜，相依相从的配置形式，两株松树可以是两斜干、两曲干，也可以是一斜一曲。这种组合最具动势，有历经暴风骤雨倾而不倒之势。这种组合独立栽植时一定要注意树势的均衡，可采取必要的方式来保持重心的稳定。一般是倾斜角度小的为主，倾斜度大的为辅；若两株松树皆为曲干，一般是弯度缓而高的为主，弯度急、弯度多而低的为辅（图7-26至图7-32）。

图7-26 两欹干松树组合1
（明·文徵明《桃源问津图》局部）

图7-27 两欹干泰山松组合1

图7-28 两欹干泰山松组合2

图7-29　两欹干松树组合2
（明·关思《松溪渔笛图》局部）

图7-30　两欹干松树组合3
（明·蓝瑛《山水图》局部）

图7-31　两欹干松树组合4
（元·吴廷晖《龙舟夺标图》局部）

图7-32　两欹干松树组合5
（明·唐寅《秋山高士图》局部）

（三）三株组合

泰山松的三株组合配置是松树最常见的配置方式之一。三株松树前后错落、左右穿插、大小相依、正欹搭配呈不等边三角形布局，三株组合一定要前不挡后，疏密有致。

中国古代山水画有云："虽属雁行，最忌根顶俱齐，状如束薪。必须左右互让，穿插自然。""三株一丛则二株宜近，一株宜远，以示别也。"三株松树组合时，不要种成一条直线，也不要等距离种植，以不等边三角形为宜，钝角三角形最佳。二株树聚集，一株散开，不但在平面上构成三角形布局，在立面上也是三角形结构，动静结合，顾盼呼应。

三株组合形式中的三株松树，一般最大的一株居中作为主树，第二株（次树）和最小的（配树）分列两侧，可以主树与次树聚集，配树散开，也可以主树与配树聚集，次树散开，这要根据景观需要和树的形态特点而定。

三株组合形式最常见的是两正一欹，当然也有三正并立和一正两欹等。

1. 两正一欹

泰山松的两正一欹组合配置形式是指两株正立的松树与一株欹斜的松树通过前后交错、相互顾盼呼应组合而成的松树配置形式。这是泰山松三株组合最为常见的配置形式，这种配置的三株松树有聚有散、有动有静、顾盼呼应（图7-33至图7-38）。

图7-33　两正一欹松树组合1
（明·蓝瑛《溪阁清言图》局部）

图7-34　两正一欹松树组合2
（明·蓝瑛《玉洞桃华图》局部）

图7-35　两正一欹松树组合3
（北宋·王诜《秋林鹤逸图》局部）

图7-36　两正一欹松树组合4
（南宋·佚名《青山白云图》局部）

图7-37　两正一欹泰山松组合1

图7-38　两正一欹泰山松组合2

2. 三正并立

泰山松的三正并立组合配置形式是指三株正立的松树前后错落、高低搭配、疏密聚散的组合形式，主要体现松林高大挺拔，密林清幽的松树景观和意境。三株松树一般是最高的一株作为主树居中，次树和配树分列两侧，但一定注意三树的株距要有疏有密、前后错落，不可等距安排，再次是注意云片层次的聚散和穿插（图7-39至图7-42）。

图7-39　三正并立松树组合1
（明·戴进《溪塘诗意图》局部）

图7-40　三正并立松树组合2
（明·戴进《春酣图》局部）

图7-41　三正并立泰山松组合1

图7-42　三正并立泰山松组合2

3. 一正两欹

泰山松的一正两欹组合配置形式是指一株正立的松树与两株欹斜的松树通过前后交错、相互顾盼呼应组合而成的松树配置形式（图7-43至图7-45）。

图7-43　一正两欹松树组合1
（唐·王维《阿房宫图卷》局部）

图7-44　一正两欹松树组合2
（南宋·赵伯骕《万松金阙图》局部）

图7-45　一正两欹泰山松组合

（四）五株组合

泰山松的组合配置形式最具代表性也最灵活多变的是五株松树的组合形式。如《芥子园画谱》所云："不画四株竟作五株者，以五株即熟，则千株万株可以类推，交搭巧妙在此转折，故古人多做五株，而云林更有五株烟树图。若四株则分三株而加一，加两株而叠画即是，故不必更立。"松树组合一般不会采取四株一组的配置形式，大多采用三株一组和五株一组的配置形式，即所谓的"三五成组"的形式。

　　五株松树进行丛植时，应确保植物个体之间体量、姿态和树形的不同。以3∶2或4∶1的格局分布为主，也可以1∶2∶2或2∶1∶2的格式分布，划分为较小的植物组团，并与大体量的松树相互呼应，形成富于变化的植物景观。五株松树造型，关键在于交错搭配和转折关联，着重做好大小搭配、错落有致和相互呼应。五株组合做好了，其他再多的松树组合也就此类推了。

　　3∶2分组如图7-46及表7-1所示，这类组合外形多为不等边四边形或五边形（图7-47至图7-49）。

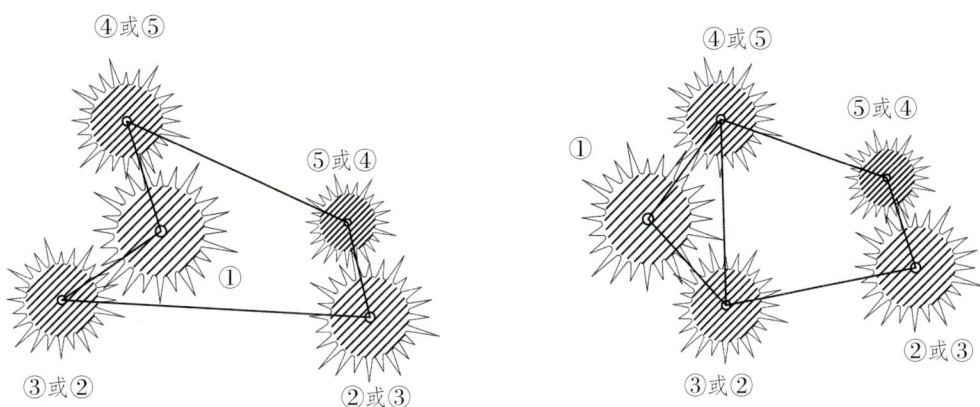

图7-46　五株（3∶2）配置平面图

注：①②③④⑤为松树大小序列。

表7-1　3∶2分组组合表

	组合一	组合二	组合三	组合四
三株一组	①②⑤	①②④	①③④	①③⑤
两株一组	③④	③⑤	②⑤	②④

图7-47　五株松树组合1

（五代十国·董源《行旅图卷》局部）

图7-48　五株松树组合2

（南宋·刘松年《青绿山水图卷》局部）

图7-49　五株泰山松组合

4∶1分组如图7-50所示，这种分组方式应注意单株一组的不能是最大的或最小的，且两个小组的距离不宜过远，做到相互映衬不孤立。外形多为不等边四边形或三角形。

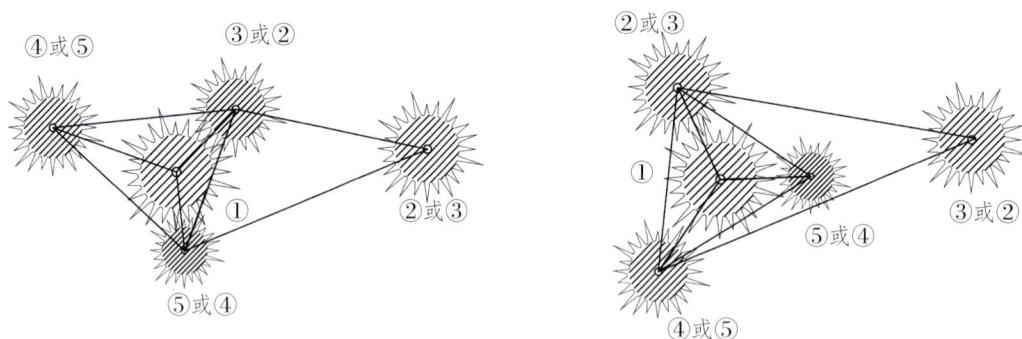

图7-50　五株（4∶1）配置平面图
注：①②③④为松树大小序列。

（五）七株组合

泰山松的七株松树组合配置形式可以将其分为4∶3或5∶2组合，也就是要分组布置，一是要注意组与组之间的疏密聚散、高低搭配；二是注意组与组之间的顾盼呼应（图7-51至图7-52）。

图7-51　七株泰山松组合

图7-52　七株松树组合
（北宋·王希孟《千里江山图》局部）

图7-53　九株松树组合
（明·王铍《湖山书屋图》局部）

图7-54　九株泰山松组合

（六）九株组合

泰山松的九株松树组合配置形式可以划分为2：4：3的形式或者更进一步的划分为2：3：1：2：1的形式，一定要成组布局，相互呼应（图7-53、图7-54）。

（七）丛林组合

由九株以上松树的组合，称之为"丛林式"，这时一定要分组布局，注意组与组之间的主次和呼应（图7-55、图7-56）。

图7-55　泰山松丛林组合1

图7-56　泰山松丛林组合2

　　松树在自然界的生长往往也是三五成组、疏密有致的。三株松树组合，一般是两聚一散的一加二方式，三株松树通过前后的错落、高低的搭配和距离的远近聚散，形成不等边三角形，这样无论从哪个方向看两树都不会重合，看到的都是三株树（图7-57）。五株松树不过是二加三或一加三加一的组合，只要避免三株成一线即可（图7-58）。三五成组的组合形式所形成不等边三角形是一种既稳定严谨又美观大方的组合形式，最能够体现步移景异的艺术效果。

图7-57　自然界中的三株一组

图7-58　自然界中的五株一组

泰山松的多株配置，一般要是奇数，多七株、九株和十一株等。但株数的增加绝不是简单的叠加，一定要注意松树组合的整体性，各小组之间的主次和呼应、过渡和连贯。明代大画家仇英传世的两幅山水画《仙山楼阁图》和《云溪仙馆图》，两幅画布局和内容十分相似。不同的是在《仙山楼阁图》中的一组松树是七株，而在《云溪仙馆图》中的一组松树是九株，两幅画中的这两组松树的布局都很有章法，整组松树的构图也基本一致。但二者对比可以发现，从七株到九株，并不是在七株的旁边加上两株这么简单。从整体外形上这两组布局形式相似，七株的组成是②+②+②+①的形式，而九株则是②+③+①+②+①的形式（图7-59、图7-60）。

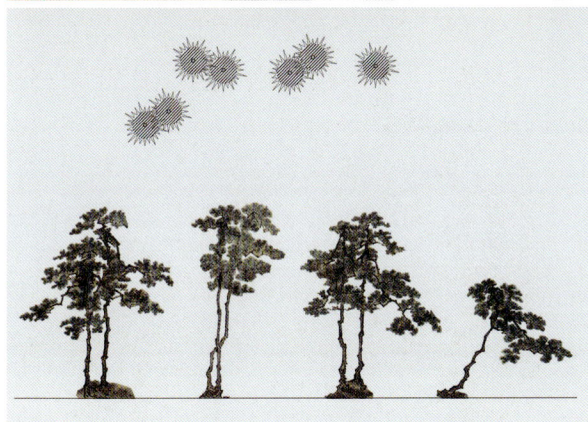

图7-59　七松组合（2+2+2+1）
（明·仇英《仙山楼阁图》局部）

图7-60　九松组合（2+3+1+2+1）
（明·仇英《云溪仙馆图》局部）

三、泰山松配置在现代园林中的应用

近年来，中国房地产发生了翻天覆地的变化，地产园林也随之取得了如火如荼的发展。泰山松作为一种优良的、高档的常绿造型植物，在现代园林，尤其是新中式园林中被广泛应用。泰山松以其潇洒飘逸的造型、苍翠欲滴的叶色，在现代园林中与新材料、新技术、新方式和新理念完美融合在一起，起着不可替代的作用。

（一）孤赏松

孤赏泰山松在现代园林中一般以其疏影横斜的造型孤植于景观的显要位置，以松树的高贵提升景观档次（图7-61至图7-68）。

图7-61　大门口孤植的泰山松在简洁的环境下飘逸灵动

图7-62　中庭中的泰山松1

图7-63　中庭中的泰山松2

图7-64　门口景墙的泰山松

图7-65　室内观窗外的泰山松

图7-66 景墙边的泰山松

图7-67 瀑布景观边的泰山松

图7-68 门口景墙边的泰山松

（二）双松

在现代园林中，双松的栽植大多以对植为主（图7-69至图7-71）。

图7-69 大门口对植的泰山松1

图7-70　大门口对植的泰山松2

图7-71　瀑布景墙前对植的泰山松

（三）三松

在现代园林中三株泰山松通过高低错落、前后搭配和相互呼应的配置，与现代景观元素紧密融合（图7-72至图7-75）。

图7-72　庭院中的三松组合

图7-73　花池中的三松遥相呼应

图7-74　景墙前后的三松融为一体

图7-75　大门口对景的三松组合

四、群松

在现代园林中群松的配置会创造出一种清新脱俗的意境（图7-76至图7-81）。

图7-76　庭前的群松与水池融为一体

图7-77　窗外的群松简洁而灵动

图7-78　地形上的群松与水池、广场和草坪相得益彰

图7-79　群松与水池形成虚实对比

图7-80　群松规整的造型与灵动的广场曲线相得益彰　图7-81　相对规整的松树造型衬托出现代景观的简洁

第二节 景石的配置

景石，是指产于高山大川中具有一定观赏价值的天然石头。可陈设于桌几在案头把玩，亦可散置于庭院园林作观赏。从古至今人们对奇石、对山川的崇拜和敬畏与生俱来，玩石、赏石、画石，以石造景的传统历史悠久。

从史前英国古人对灵石的崇拜而作的巨石阵，到中国古代文人"仁者乐山，智者乐水"的山水观，从日本庭院简洁而深远的枯山水，到中国园林中"一卷代山，一勺代水"的提炼和浓缩，人们对石头的崇拜和置石的思索从未停止。

中国自古就有赏石的传统。《南史》中记载："溉第居近淮水，斋前山池有奇礓石，长一丈六尺"，这是置石见于史书之始。其后历代不绝，至唐朝癖石之风渐盛。白居易在《太湖石记》中分出了赏石的等级。至宋代时皇亲国戚和高官巨贾大肆兴建私家园林，园中广置奇石。宋代杜绾在《云林石谱》中记录了文人们常把玩的116种奇石；到明、清时期，园中置石更为广泛，明代林有麟编绘的《素园石谱》中记录奇石102种，明代计成在巨著《园冶》中有"选石"一章，详细介绍了造园常用的16种自然石。

自然山石浑重古朴有山川永恒的远古之意，玲珑剔透又有抽象雕塑的现代之感，已成为现代园林中必不可少的造园元素。明代造园家文震亨在《长物志·水石》中说"水令人远，石令人古。园林水石，最不可无。"白居易的"取拳石为山，环斗水为池""百仞一拳，千里一瞬""以小见大，卧游山水"，以一石代群山之远，以一池代江湖之阔，这就是现代园林置石的魅力所在。

一、景观置石的种类

现代园林中常用的景观置石有四种：太湖石、黑山石、黄蜡石和泰山石，而作为松树配景的置石基本上也是这四种或其替代品。

（一）太湖石

湖石是石灰岩在长期外力作用下溶解形成的。湖石的主要特征是石坚但脆，表面有自然形成的缝隙、沟、洞、穴和褶皱。有的湖石石体玲珑、多姿多彩、线条浑圆柔和，犹如天然的雕塑品，具有极高的观赏价值。我国大型古典皇家园林和小型私家园林中多用太湖石作假山和置石。

狭义的湖石特指产于无锡太湖中的石头，广义的湖石泛指我国各地所产的由水冲刷溶解作用形成的具有湖石"瘦、漏、透、皱、丑"等特征的石灰岩，传统上分为南湖石和北湖石。湖石因产于太湖而得名，其中产于太湖洞庭西山的湖石最负盛名，尤以消夏湾一带出产的太湖石形态最好，品质优良。

太湖石为石灰岩，多为灰色，少见白色、黑色。《园冶》有云："性坚而润，有嵌空、穿眼、宛转、险怪势。"质坚硬，叩之有声，轮廓柔曲，纹理纵横，脉络起隐，环洞透漏，面多坳状。石灰岩长期经受波浪的冲击和水的溶蚀，逐渐风化，漫长岁月的磨砺和大自然的精雕细琢，逐渐形成了柔和流畅的线条和曲折圆润的形态。太湖石为典型的传统供石之一,以造型取胜,多玲珑剔透,具重峦叠嶂之姿,宜作园林石等。

　　湖石在我国分布较广,除太湖一带盛产外,北京(房山)、浙江(长兴)、江苏(宜兴)、南京(龙潭)、安徽(灵璧、宣城、巢湖)、河北(唐县)、河南(南阳)、辽宁(辽阳)、山东(费县)、广东(英德)等地亦有产出,只是在颜色和表面形态上略有差别(图7-82至图7-85)。

图7-82　江苏太湖石

图7-83　安徽太湖石

图7-84　房山太湖石

图7-85　浙江太湖石

（二）黑山石

黑山石指大山深处的野山石，又称古老石、山石。多呈黑色、青灰色，色泽沉稳，质地坚硬，带有苔藓更佳，是裸露在山体表面互相独立的景石，常用于水溪驳岸、假山、景墙和草坪摆设等。黑山石产于江西，独而不孤，群而又卓。黑山石做枯山水置石容易造景，配上简单的绿植亦禅亦画。传统选石大多讲究"漏、透、皱、瘦"，黑山石则保留原始粗糙表皮，浑实厚重，散置于草坪绿地，古朴而自然（图7-86、图7-87）。

图7-86　黑山石开山劈石

图7-87　黑山石之三山

（三）黄蜡石

黄蜡石其色黄，属水冲石，表面油润如蜡、浑圆如卵，石纹古拙、形态奇异，多呈块料而少有长条形。由于其色优美明亮，常以此石作孤景，或散置于草坪。黄石中以黄蜡石为贵，黄中透红，具有湿、润、密、透、凝、腻六个特点。其主色调为黄也难能可贵，多用于卵石小溪边（图7-88、图7-89）。

图7-88　黄蜡石孤景

图7-89　黄蜡石

（四）泰山石

泰山石产于泰山山脉周边的溪流山谷，其质地坚硬，基调沉稳、凝重、浑厚，多以渗透或半渗透的纹理画面而出现，以其美丽多变的纹理及年代久远的风化外形而著名（图7-90、图7-91）。

泰山石的岩石为斜长片麻岩、黑云母角闪斜长片麻岩、片麻状花岗岩、花岗片麻岩及细粒角闪石岩等。

泰山石不仅在石文化中因内涵丰富而珍贵，亦具有很高的观赏价值。泰山石质地坚硬，结构

图7-90　泰山石

图7-91　泰山石

细密，造型千姿百态，图案千变万化。一石一景，一石一物，一石一天地，一石一世界。欣赏泰山石，可以使人领略到大自然造化的神韵和鬼斧神工，出神入化，有回归自然之感，使人切实体会到"天人合一"的真谛。

在景石造景中，常用费县、泗水及莱芜周边的湖石替代太湖石，而用泰山周边河道的黄石替代黄蜡石，用徂徕山周边的辉绿岩替代黑山石，泰山石则多用山东蒙阴、河北曲阳的花岗岩。

二、景石配置的原则

景石在现代园林景观中是不可或缺的景观元素，而景石配置则是园林景观中师法自然，以小见大常用的手法。景石的配置是要用一块石头或一组石头去创造山的意境，要以"一卷代山，一勺代水"，因此在置石时要做到寸石生情，虽由人做，宛自天开，不但要符合造型美学的通用原则，还要结合景石的特点，具有自己的配置原则。

（一）对比统一原则

景石配置的对比统一原则是景石组合最重要的安装原则之一，也就是石头配置时矛盾对立和调和的原则，包括"三不等"原则和"三统一"原则（图7-92）。

景石配置的"三不等"原则，就是景石组合中各块石头的对比关系，即景石配置时各块石头要"大小不等、高低不等和距离不等"，也就是石头之间要有大小的对比，高低的对比和距离的对比。大小对比是指石头外形和体量的对比；高低对比是指石头立面上的高低不等，是石头的错落关系；距离对比是指石头间平面上的远近不等，是石头的聚散关系。这是置石配置中最重要的三个指标，而正是这"三不等"原则，才能使置石组合在体量变化、高低错落和远近聚散中灵活生动起来，有了空间上的变化和灵动。

景石配置的"三统一"原则，是指置石组合中各块石头的调和关系，即景石配置时各块石头要"石质统一、颜色统一和纹理统一"。石质就是石头的质地和石头的种类，在置石时同一组石头要

图7-92　工程施工中石头的"三不等"和"三统一"

质地统一，不可混乱使用；颜色是指石头的色调，在置石时也要做到色调的统一，在同一组石头中要做到冷暖色调的统一，黑与白的统一，否则混搭就会形成混乱，会显得杂乱无章；再就是纹理的统一，有的石头具有明显的纹理，即石头的横纹与竖纹，在置石中一定横即全横，竖即全竖，同一组石头中不要横纹竖纹并用，纹理混乱就会造成杂乱无序。"三统一"原则使景石配置时各块石头能够统一到一个整体，达到矛盾的调和，使石头组合灵动而不杂乱，多变而有序。

（二）主次分明原则

任何景观都是要有主有次，只有主次分明，才能井然有序，景石的配置更是如此。

景石配置的主次分明原则首先是体现在一组石头中的主次分明。一组石头，或大小两块，或攒三聚五，一定是以一块石头为主，有主石、次石和配石的区分。一组石头中一般以最大的，最高的一块为主，稍小的为次石和配石。次石和配石是为配合主石而存在的，要在纹理和方向上与主石保持一致，要围绕主石来安排其高低和远近，不可喧宾夺主。

景石配置的主次分明原则其次是体现在多块石头的群组中的组与组的主次分明。多块石头组合时一定是按组划分的，或三或两，或三五成组，组与组之间一定是有主次的。一般是以最大的一组，位置最显要或最高的一组为主，其他的组或次或配，遥相呼应。只有主次分明，才会井然有序而不杂乱，结构严谨而有章法。

景石配置的主次分明原则第三是体现在石头与周围植物搭配中的主次分明。在置石景观中是以景石为主，其他植物配合景石，衬托景石，还是以树木为主，景石作为衬托，二者一定要有主有次，不可并驾齐驱。以石为主，树就不宜过大，要将显要位置让于石头，用植物来衬托石头的精美。以树为主，石头就不宜过于突出，要低矮附于树下。只有先确定好主次，然后根据从属关系来决定石头体量的大小和位置的选择，才能主题突出，主次分明（图7-93）。

图7-93　石头与石头、石头与树木的主次关系

（三）相互呼应原则

景石配置的相互呼应原则是指成组景石的个体之间，置石组群的各组之间以及置石组群与周围景观之间的呼应关系原则。

置石的相互呼应首先是组成置石的各块石头的相互呼应关系。一组石头的主石、次石和配石之间一定是相互配合、相互呼应的。从立面上的高低，平面上的远近，石头上的纹理等来看，都要遥相呼应，紧密配合。只有顾盼呼应，石头与石头才有了联系，各块石头之间才能融为一体，才能形成石组。

置石的相互呼应其次是置石组群中的各石组之间的相互呼应关系。多块石头组成的置石一定是成组安排的，有主有次的，各石组之间也是相互联系、相互呼应、紧密配合的。只有各石组相互呼应和配合，才能使整组置石凝成一个整体，而不是散乱无章的一堆乱石。

置石的相互呼应还应是置石与周围景观元素之间的相互呼应关系。整组置石与周围的植物之间，周围的建筑和水体之间也要融为一体，相互呼应。大树、灌丛、草坪与置石之间相互交织、相互融合，建筑、水体、铺装与置石之间也是相互配合、有机融合的。石头是硬的，植物是软的；石头是实的，植物是虚的；石头是阴的，植物是阳的，只有石头与植物二者有机相融，才能达到景观的虚实结合、阴阳调和。也就是景观的各要素之间应当是分工明确，有主有次、主次分明，有刚有柔、刚柔相济。只有置石与周围环境有机融合的园林景观才可能是自然和谐的园林空间（图7-94）。

图7-94　石头与石头、石头与植物的呼应关系

（四）疏密有致原则

景石配置的疏密有致原则是指景石平面布置的疏密聚散原则。

置石的疏密聚散首先是指以主石为中心来布置次石和配石。距离近的应当尽量调整石头的角度和观赏面，使两石可以紧密相靠，浑然一体；距离远的应遥相呼应，顾盼有情。其次是成组布置时主组团与次组团、配组团之间也要疏密有致、聚散合理，各组团的主石之间也要合理安排、有疏有密，切忌平均安排。明末清初画家龚贤在《画诀》中说："石必一丛数块，大石间小石，然须联络。面宜一向，即不一向，亦宜大小顾盼。石小宜平，或在水中，或从土出，要有着落。"

置石的疏密聚散首先要有疏与密和聚与散的强烈对比，聚则密不透风，散则疏可走马，聚散适宜，才能使整组石头结构严谨而非散乱无章，布局自然而灵活生动。同时置石的疏密聚散又要过渡自然，疏与密之间、聚与散之间，石与石之间和组与组之间要有自然过渡，要有连接和缓和，既不要密成一体，又不能断然分离，还要有整体的章法（图7-95）。

图7-95　自然界中的石头疏密有致

置石的疏密聚散关系还与石头的藏与露有关。石头不可全部外露，要有藏（可以用土来掩埋、也可以用植物来遮挡），藏露的同时就会产生疏密。在置石时可根据每块石头的主次关系，通过掩埋过高的石头和过大的石头，来调整石头的高低和大小，达到主次分明、高低错落和大小适宜。也可用植物遮挡差的一面，突显美的一面，遮挡过于生硬的部分，软化过多石头的刚硬，从而使置石景观刚柔相济、阴阳相和。

（五）土石相融原则

景石配置的土石相融原则是指置石时石与土的关系。

置石与土的关系，首先是"石由土生""石以土为根"的关系。宋代郭熙在《林泉高致》中说："石者，天地之骨也，骨贵坚深，而不浅露。"因此在置石时，要将石头与土紧密融合，不可生硬地将石头直接安放在地面之上，要将石头的下部掩埋在土中一部分，如同石头植根于土，"石头生根似巨石"，这样就会使石头有了深度，就不会一览无余地展现在人们面前，让人看不透石头的大小，增加了石之稳固、石之厚重，石之朴实无华、石之远古沧桑。只有"石以土为根，树以石为根"，才能使土、石和树三者有机融合，宛自天开。

置石与土的关系，其次是景石与地形的配合。景石是安放在地形之上的，微地形是土山的延伸，而置石则是石山的延伸，土石有机结合才可创造出自然山林的意境。在置石时石头安放的高低、远近和大小一定要与地形的起伏、高低和延伸相融，紧密配合。切忌景石组合孤立于地形之外，与地形水火不容，要土掩石根，石由土生，土石结合，土山与石山相得益彰，配以草木，才能创造出自然山林的意境（图7-96）。

图7-96 自然界中土、石、树三者融为一体

（六）寸石生情原则

景石配置中的寸石生情原则是指置石的"以小见大"和"以少胜多"的原则。

从孤赏奇石到以拳石为山、环斗水为池，直到假山叠石，皆是为了以小见大、以石代山之意境。每块石头皆有山峰之意，石头的高低搭配则是山势的峭立起伏，石头的聚散延伸则是山势的纵深连绵。在古代赏石中有种石头称之为"宋山"，是指如宋画中有山势皴纹的奇石，其特点是有高耸的气势、鲜明的棱角、起伏的山势、精致的筋脉，声如青铜碧玉，是对以石代山、以小见大最好的诠释。因此在景石的配置时要深刻理解每块石头的形、质、纹和色，用好每块石头的面，调整好每块石头的高度和距离，将每块石头布置得恰到好处，才能创造出具有山林之趣、天然之趣的置石景观（图7-97）。

寸石生情，还要做到以少胜多，置石时在石头的数量上宜少不宜多，宁少毋滥。因为置石就是通过奇石的组合配置，创造出自然山林的意境。应当用最少的石头，去创造出深远的意境。做置石组合，尤其是多组石头配置时，还要借鉴古代绘画中的"三远"做法，即"高远"使主石有高峰耸峙之峻极；"深远"使置石有奥林幽深之静远；"平远"使置石有山川纵横之广阔。将置石的意境与周围环境紧密配合，置石高低与地形起伏结合，置石与林草搭配，紧密融合，才能使草石生情，有山林之妙。

明末清初画家龚贤所著《画诀》言及："石有面、有足、有腹。亦如人之俯、仰、坐、卧，岂能独树则然乎。"《芥子园画谱》中提道："画石大间小小间大之法，树有穿插，石亦有穿插，树之穿插在枝干，石之穿插是也，近水则稚子千拳而抱母，环山则老臂独出而领孙，是有血脉存焉。"这就是所说的片山多致，寸石生情。散置要注意石身之形状和纹理，宜立则立，宜卧则卧，纹理和背向均需一致，不要悖其道而行之。置石不宜过多，也不宜太少。过多会失去生机，过少又会失去野趣，要恰到好处。

图7-97　置石的以小代大、以石代山

三、景石配置的形式

按照布局形式的不同，置石分为单置石、双置石、三山石、五尊石和散置石等类型。

（一）单置石

单置的赏石一般分为特置石和单置石（图7-98）。

图7-98　单置石样式

特置石：特置的山石，亦称为孤赏石、孤置石，是由单块山石布置独立成景。北魏郦道元对承德避暑山庄东面磬锤峰描写道："挺在层峦之上，孤石云举，临崖危峻，可高百余仞。"这就是自然风景中的特置。大凡可作为特置石的都为峰石，因而对峰石的形态和质量要求很高。

特置石一般石体较大，外形奇特，较为珍贵，置放位置显赫。无论哪个角度观赏，都展现出完美的比例、形态和质感，为环境增添独特的美感和视觉吸引力。这类置石一般都放在焦点位置，从而使视线集中，位置突出。特置石要具备独特的观赏价值，作为局部的构图中心，特置本身应具有比较完整的构图关系。特置山石有时还用来镌刻题咏和命名（图7-99、图7-100）。

图7-99　特置石1

图7-100　特置石2

单置石：通常在外形上存在一定的不规则性，有的面形态完美，而有的面则形态相对较差。由于这种差异，摆放时通常会把较差的一面朝向边角或隐藏起来，以保持整体视觉效果的一致性和美观性。单置石可以直接放置在地面上或绿地中，与周围环境相融合，通过其独特的形态和体量在环境中体现石头的古朴和浑厚（图7-101、图7-102）。

图7-101　单置石1

图7-102　单置石2

（二）双置石

双置赏石应用较为广泛，因两块赏石形体不一，具有互补性，其装饰和点缀较为灵活（图7-103）。

双置石的形式大体有两种：一是两块赏石靠在一起，或一高一低、或一立一卧，也叫依附式；二是两块有对应关系的赏石拉开一定的距离相对放置，也叫相对式。作为双置石在体量和形态上均无需对等，可挺可卧、可坐可偃、可仰可俯，只求在构图上的均衡和在形态上的呼应，达到稳定与情感共鸣的双重效果。

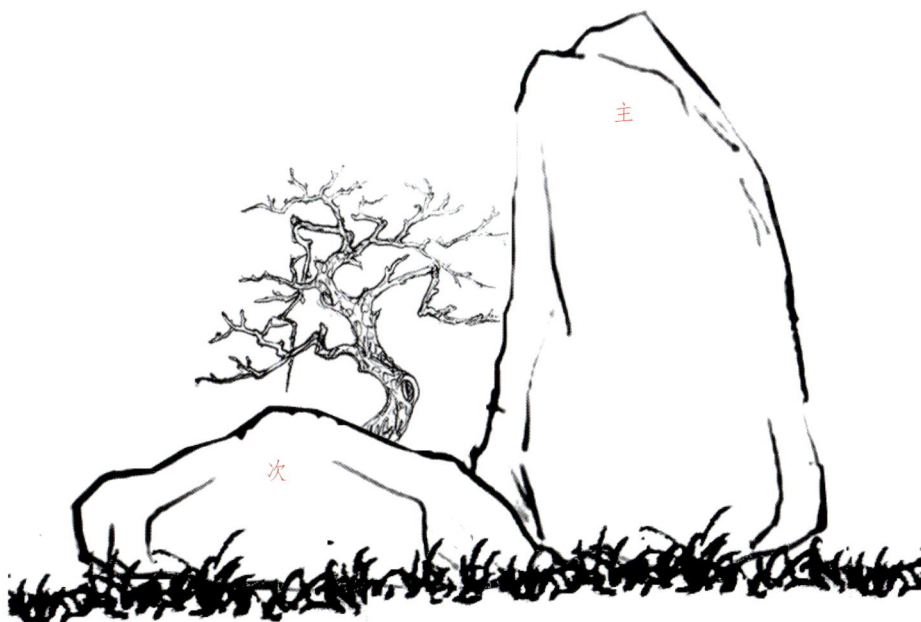

图7-103　双置石样式

依附式双置石，两石之间要紧密相靠，融为一块，放置时要不断调整两块石头的方向和面，使两石相接的面紧贴在一起。同时要注意两石的纹理一定要一致，横纹对横纹，竖纹对竖纹。还要注意两石的主次关系，次的要服从主的（图7-104）。

相对式双置石，两石之间的距离既不能太小，也不能太大。一般以一个石位为宜，即两石之间的距离约等于其中一块石头的宽度或直径，既不过于拥挤，也不彼此孤立。两石的摆放时既要体现其主次关系，还要体现两者的顾盼呼应（图7-105）。

图7-104　依附式双置石　　　　　　　　　　　图7-105　相对式双置石

（三）三山石

三山石通常由三块石头组成，分别称为主石、次石和配石。在中国古代园林和日本园林中都有"一池三山"之说，"三山"一般是指蓬莱、瀛洲和方丈海中的三座仙山，隐喻道教中求仙的传说。在摆放时，关键要注意它们的位置和相互之间的关系。通常主石位于中心或者稍偏，次石和配石则围绕主石布置（图7-106）。

图7-106　三山石样式

主石：主石通常是组合中的核心和主体，它的形状和姿态决定了整体的主题和氛围。主石应该有足够的视觉吸引力和表现力。次石：次石在组合中起到平衡和配合的作用，它的形状、大小和位置与主石形成一种和谐的关系。次石切忌夺取主石的视觉主导权，而是通过形态和位置来增强整体的稳定感和美感。配石：配石则是整个组合中的衬托和补充，它可以通过形状或者色彩上的对比来增加视觉的层次感和深度。配石的角色在于丰富整体的视觉效果，使整个组合更生动有趣（图7-107至图7-110）。

图7-107　三块石头组合1

图7-108　三块石头组合2

图7-109　三块石头组合3

图7-110　三块石头组合4

（四）五尊石

相对于三山石而言，五尊石包含了五块石头，分别称为主石、次石、配石、角石和随石，各自具有不同的角色和位置。"五石"在中国古代园林中一般代表五岳，即东岳泰山、西岳华山、南岳衡山、北岳恒山、中岳嵩山五座道教名山，而在日本园林中"五石"则一般代表"金、木、水、火、土"道家五行。

主石：主石是整个组合的核心和焦点，它的形状、大小和姿态决定了整体的主题和主导效果。主石通常位于整个组合的中心或稍偏位置。次石：次石在五尊石中起到次要但重要的平衡作用，它的角色类似于三山石中的次石，通过形态、大小和位置的巧妙安排，与主石形成良好的比例和视觉效果。配石：配石是在五尊石中的第三个主要元素，它与主石和次石形成相辅相成的关系。配石可以通过形态和色彩的对比来增加整体景观的层次和深度。角石：角石在五尊石中的位置通常位于边角或者组合的边缘，它们的角色是承担整体结构的支撑和平衡。角石的选择和布置要考虑到整体的稳定性和视觉的流动性。随石：随石是五尊石组合中的最后一块石头，它可以在整个布局中起到填充和衬托的作用。随石通常位于组合的空隙或主次石之间，以增强整体的和谐感和视觉的完整性（图7-111至图7-113）。

图7-111 五尊石样式

图7-112 五块石头组合1

图7-113 五块石头组合2

（五）散置石

散置石在一般情况下不做主景使用，只起点缀，烘托的作用。因此对石头要求不高，但重在组合，组合的优劣决定着散置的成败。散置的石头常用奇数布置，一般在三五块至数十块不等。散置一般遵循"攒三聚五，散漫理之"的原则（图7-114至图7-117）。

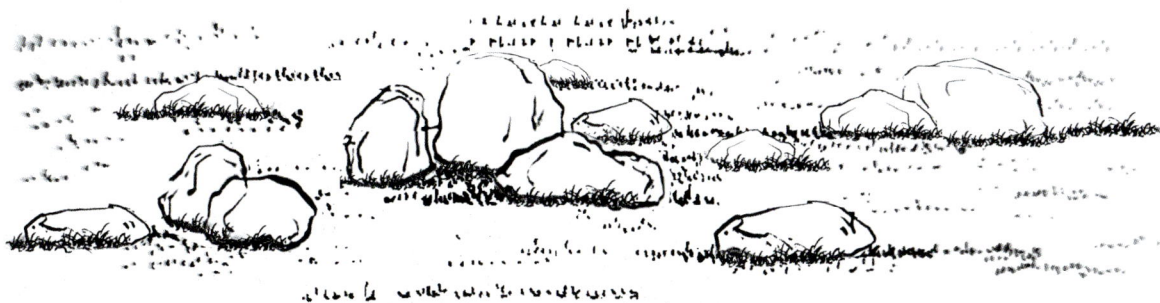

图7-114　散置石样式

图7-115　自然界中散置石头有聚有散、疏密有致

图7-116　水岸散置石

图7-117　山坡散置石

（六）驳岸石与瀑布石

石头配置有时与水池驳岸和跌水瀑布紧密结合。在用石头做驳岸时首先要处理好驳岸石头与水面的关系，其次要注意石头疏密聚散和前后错落。在用石头做跌水瀑布时一定要处理好瀑布的各块石头的位置和作用（图7-118至图7-121）。

图7-118　缀石驳岸1

图7-119　缀石驳岸2

图7-120　瀑布石头布置1

图7-121　瀑布石头布置2

（七）日本枯山水

日本山水庭园精巧细致，讲究意境，极富诗意和禅味。以清纯、自然的风格，创造出一种简朴、清宁的致美境界。受佛教禅宗和宋代山水画的影响，在13世纪时日本时兴用一些常绿树、苔藓、沙和砾石等营造枯山水园。

在日本枯山水中，每块景石都代表不同的意象。一块景石代表须弥山石像；两块景石代表坐禅石，老和尚讲经，小和尚听经；三块石头代表三尊石，一个中尊，两个侍尊；五块石头代表金、木、水、火、土；佛菩萨石由几十块景石组成；多组景石组合的有七五三石（15个景石分成7个、5个、3个三组，以一个中心石为对称轴两侧各置一组景石）；龟石和鹤石是象形组合，龟石有6块，头、尾和四足；鹤石4块，头、尾和2个鹤羽。

用白砂石镂成波纹状来代表海洋，传统的波纹有涟漪式、起波式、纲代式、男性式、青海式、漩涡式、狮毛式和观音式等。在小巧、静谧、深邃的枯山水中，细细耙制的白砂石铺地，叠放有致的几尊石组，用石组象征瀑布，用白沙象征流水，用修剪的树木象征山的意趣，简洁清纯的禅意布置，便能表现大江、大海、岛屿和山川；不用滴水却能表现恣意汪洋，不筑一山却能体现高山峻岭，悬崖峭壁。

枯山水分为筑山枯山水和平庭枯山水两种，而平庭枯山水一般分为真式、行式和草式三种。

1. 真式平庭

守护石（由五个石组做成如同瀑布），守护石的副石、座胴石、上座石、月阴石、二神石请造、中岛石、短册石、踏分石（伽蓝石）、二柱石、洗手钵、礼拜石（又叫大极）、寺配石。一山、二山、三山及寂然木等以石表现其山的形态，专将一石组，用2～3株树木，在右边添加圆形的树为好。一般真式平庭在书院客厅前布置（图7-122）。

图7-122 真式平庭样式
（池田二郎，1992）

2. 行式平庭

配置的石有守护石（三个一组，兼作上座石）、座胴石（居受石）、月阴石、荡漾坛平石、拜石、伽蓝石、短册石、二神石。正真木栽植在守护石之后，摆石灯笼。增添树木，以柊树、罗汉松等为好（图7-123）。

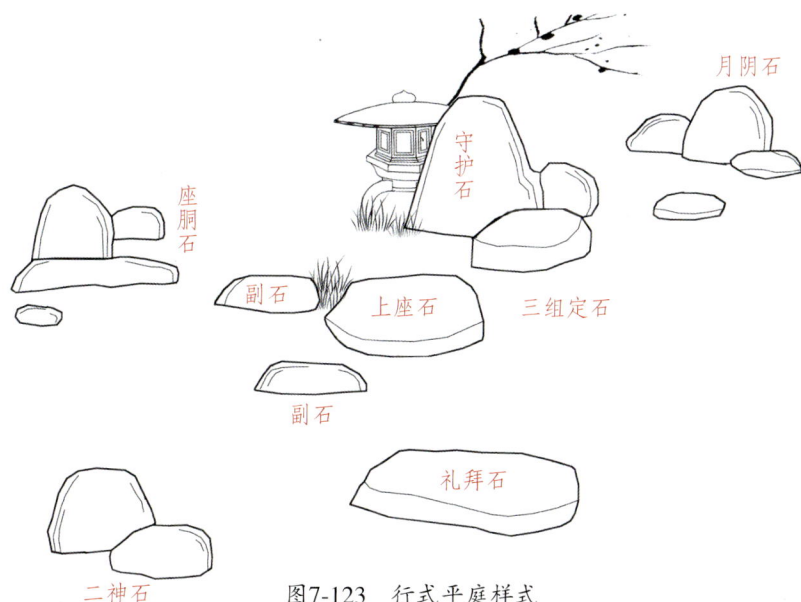

图7-123 行式平庭样式
（池田二郎，1992）

3. 草式平庭

配置的石头有守护石、月阴石、二神石，这里的用石限制很少。树木以松、茶梅、厚皮香之类为好，石和树木的数量也都逐渐减少（图7-124）。

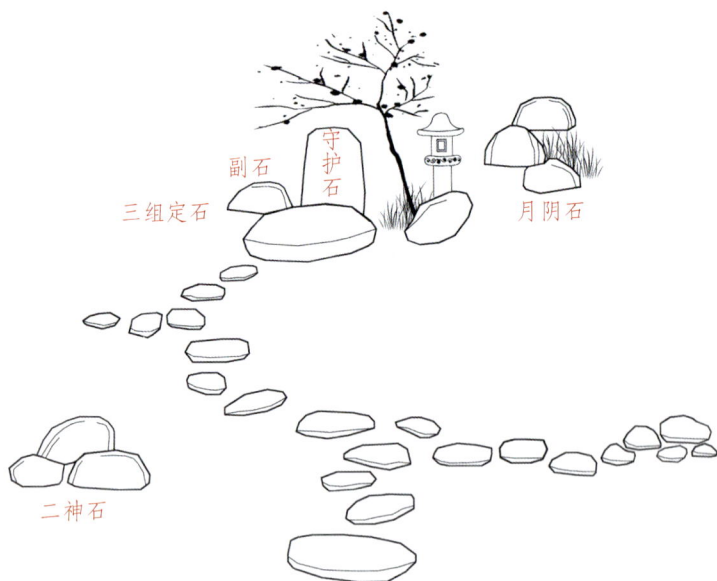

图7-124　草式平庭样式

（池田二郎，1992）

约日本藤原时代所成书的造园著作《作庭记》中对置石的配置之法归纳为主从相随和顾盼呼应。"立石当以水路弯曲处为先，置一形佳者为主石，其它配石皆以与之相应顾盼为度"（"立石诸样"篇），"凡立石，若有逃石，即有追石；若有倾石，即有支石；若有踏石，即有受石；若有仰石，即有俯石；若有立石，即有卧石""凡立石，先择一形佳之主石立之，其它诸石，皆因顺主石，配而立之"（"立石口传"篇）。清代画家龚贤在《画诀》中就树之配置曰："二株一丛，必一俯一仰、一欹一直、一向左一向右……"强调的是对立；就石之配置曰"石必一丛数块，大石间小石，然须联络，面宜一向，即不一向，亦宜大小顾盼"强调的是统一、协调（图7-125至图7-132）。

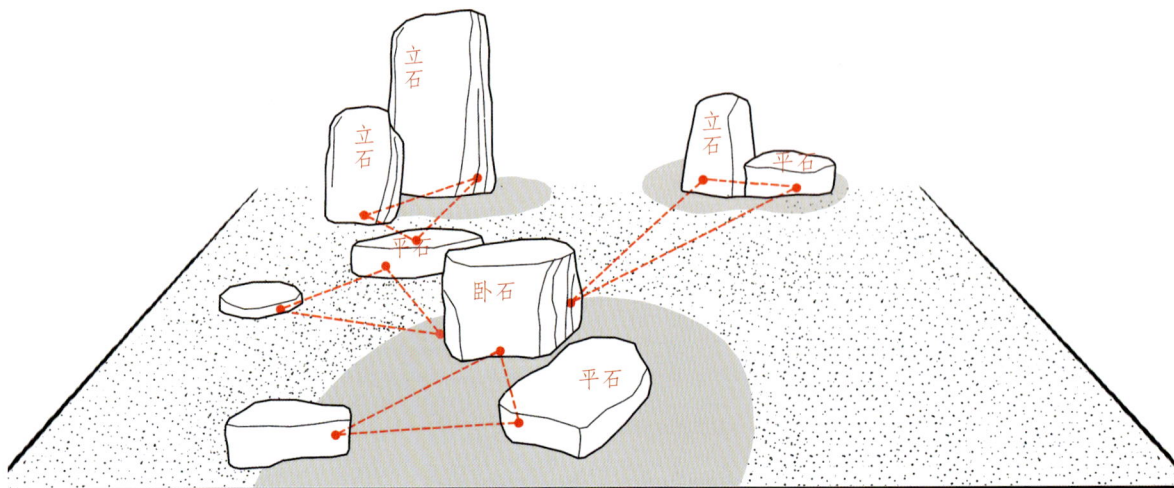

图7-125　日式枯山水置石1

图7-126　日式枯山水置石2

图7-127　日式枯山水置石3

图7-128　日式枯山水置石4

图7-129　日式枯山水置石5

图7-130　日式枯山水置石6

图7-131　日式枯山水置石7

图7-132　日式枯山水置石8

（八）新中式片石山

近几年在新中式园林中常有一种片石代山的做法，将自然山石切割成10～50厘米的片石，通过大小组合，高低搭配，模仿出微型群山的景观。这种做法始于由贝聿铭设计的中国园林博物馆，现已被广泛运用于庭院馆所、公园景观中。所用石头多为河北雪浪石切割磨制而成，有时也用黑山石或其他石材代替（图7-133至图7-143）。

图7-133　新中式片石山1

图7-134　新中式片石山2

图7-135　新中式片石山3

图7-136　新中式片石山4

图7-137　新中式片石山5

图7-138　新中式片石山6

图7-139　片石形式1

图7-140　片石形式2

图7-141　景石作品的背景简洁明晰1

图7-142　景石作品的背景简洁明晰2

图7-143　景石作品的背景芜杂模糊

四、景石配置的做法

　　景石配置时，在平面上要有疏密、聚散和断续，避免成行成排；在立面上要有高低变化，主石一定是最突出的，可通过不同的埋深度强调主景石。每一块石头下端都要埋进土里，这样可以保证其稳定性。同时，石头之间应能组成大小不一的不等边三角形，有助于主视角的观赏效果。

　　在营造置石景观时，最基本的造景手法有以下四个方面。

（一）一埋

置石下端应当埋进土壤，土石相融，"山有脉、石有根"，石乃天地之骨，"骨贵坚深，而不浅露"。需做到师法自然，这样的山石才具有自然的灵气，才能谈得上对自然山石的概括和提炼。好的景石配置，要达到"拳石即是泰山，涓流即是沧海"的景观意境（图7-144至图7-146）。

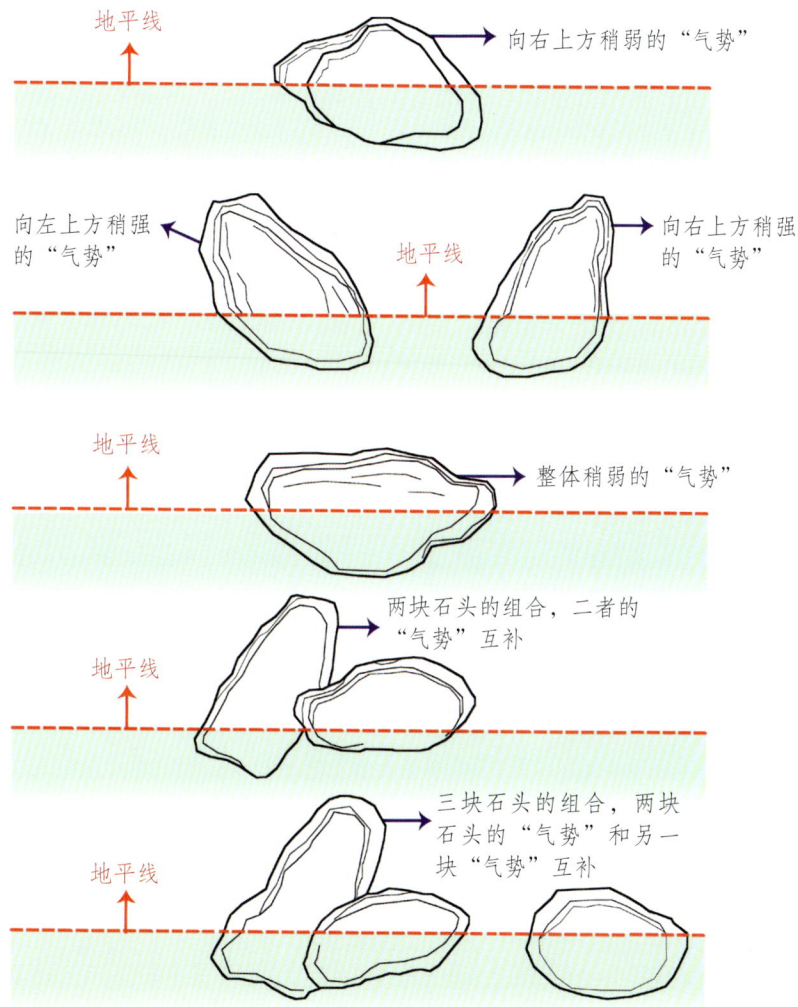

地平线　　　　　　→ 向右上方稍弱的"气势"

向左上方稍强的"气势"　　　地平线　　　向右上方稍强的"气势"

地平线　　　　　　→ 整体稍弱的"气势"

地平线　　　　　　→ 两块石头的组合，二者的"气势"互补

地平线　　　　　　→ 三块石头的组合，两块石头的"气势"和另一块"气势"互补

图7-144　石头埋土后形成不同的效果

图7-145　下端埋进土壤，效果自然

图7-146　土石与铺装融为一体

（二）二选

（1）相地：根据具体的场地环境特点选择和布置景石，要考虑其与周围环境的协调性。

（2）选石：又称"读石"，选择合适的石头观赏面。根据需要选择合适的石头，尽量就近取材，选择当地特色的自然石。

石有千面，石头进场摆放时，要挑选最佳观赏面。最佳观赏面的选择应该注意三个方面：形状、纹理和颜色。首先是石头的形状，能够与周围植被和地形相互呼应，形成和谐的整体视觉效果。要选形态自然的石头，避免选择纯粹圆形、方形等几何形体，这样能更好地融入自然环境中，增加景观的自然感和美观度。其次是石头的纹理应统一，且层次丰富。能够在不同光线下展现出石材独特的质感和层次感（图7-147、图7-148）。计成在其著作《园冶》中讲"理者相石皱纹，仿古人笔意"，意思是掇山置石时应"相石皱纹"，这里所说的"皱法"就是石头的纹理。第三是石头的颜色，应与景观色调协调一致，能够增强景观的色彩层次和视觉深度。选石应尽量选择未经机器打磨或切割、有风化痕迹、被水流冲击过或带有锈迹和苔藓的石头，这些石头通常更具有天然的美感和古朴。在选石时，种类须统一，局部和整体须协调，否则容易导致效果杂乱、不伦不类。

图7-147　横向纹理的景石布置

图7-148　竖向纹理的景石布置

（三）三尺寸

注意空间尺度。根据不同的空间尺度采取不同的方法，大空间应当简约大气，选择大体量景石；小空间应当精致小巧，选择小体量景石。

常见的现象是置石体量不当。具体表现为大空间摆小石头，空旷无物；小空间摆巨石，急促闷塞（图7-149、图7-150）。

图7-149　石头尺寸合理，与环境协调

图7-150　石头过大，与环境不协调

最佳距离应根据人的观看视角来确定，置石高度H与最佳观赏距离L之间的关系是H/2 <L<2H，如图7-151所示。

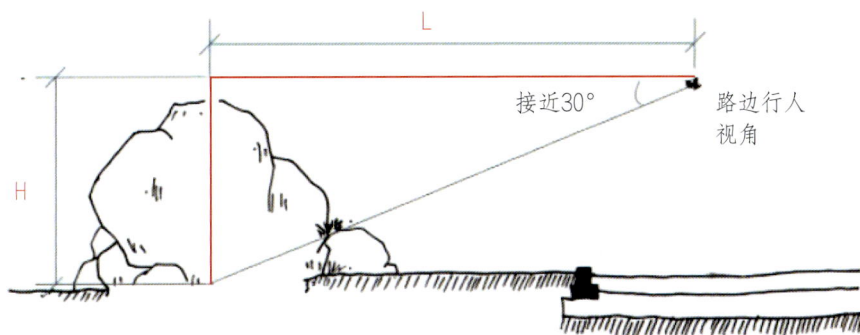

图7-151　置石高度与最佳观赏距离的关系图
（岭南论坛，2019）

石头是自然的材料，每一块石头的样式和形状都不一样，此处数值（H/2 <L<2H）仅作为一般路边置石最佳距离的参考值，具体的石头摆放样式应根据石头所要表达的意境灵活处理，不一定非得拘泥于此形式。

（四）四布局立意

考虑组石景观的"布局和立意"。

（1）布局：可分为宏观布局和微观布局两个方面。宏观布局是指尺度稍大的空间布局，以"空间规划、高低错落"作为全园置石的主导思想。确定主要观赏点，合理安排置石位置。注意石头的主次关系，高低错落，创造层次感。微观布局是指小尺度空间内的布局，强调"先立宾主之位，再定远近之形"，讲究主次关系，不可杂乱无章，随意搭配（图7-152至图7-154）。

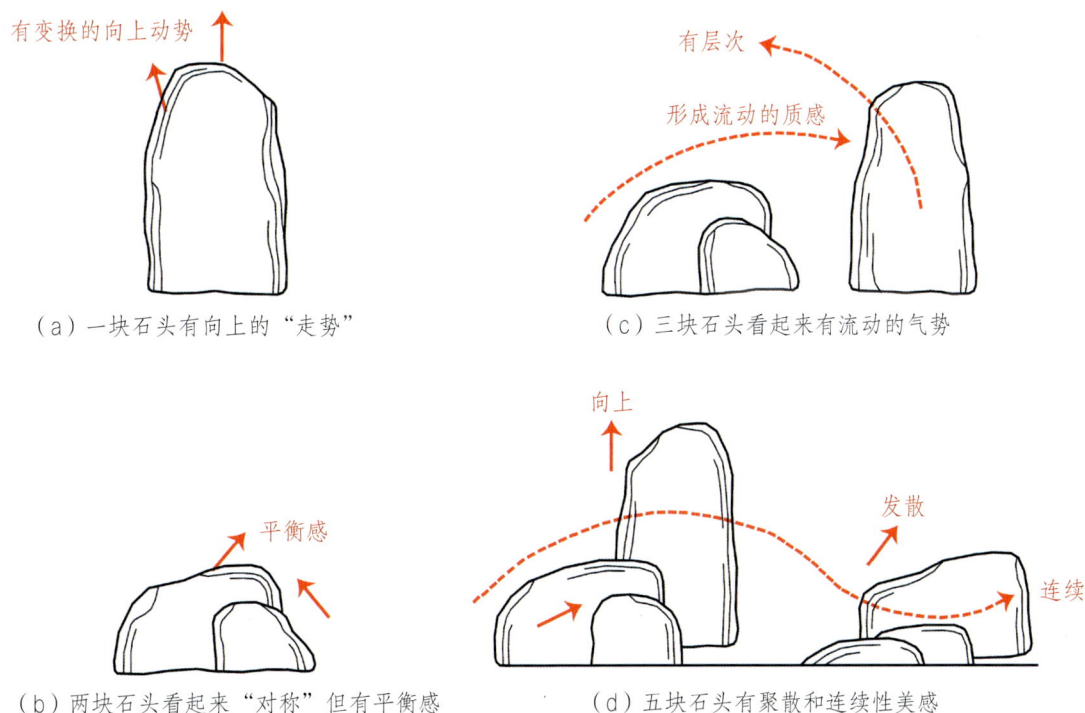

（a）一块石头有向上的"走势"

（c）三块石头看起来有流动的气势

（b）两块石头看起来"对称"但有平衡感

（d）五块石头有聚散和连续性美感

图7-152　组石景观的布局

图7-153　大小景石自然布置

图7-154　新增加景石与自然景观完美融合

（2）立意：意即意境，景观置石要讲究意境，"胸中有丘壑"需要对山石本身的尺度、纹理、造型和色彩等有整体的把控，要与周围环境相融合，发挥置石的艺术作用，反映所在地的文化内涵，表达人们的情趣和思想。优秀的景观置石讲究立意，需要对山石本身的尺度、纹理、造型和色彩等有整体的把控，要与周围环境相融合，发挥置石的艺术作用，反映所在地的文化内涵。

置石之法根据石头与石头之间的距离和位置可分为堆置石、片置石和散置石三种。堆置石是指大小石头可以上下相叠压的情况，多用于假山瀑布；片置石是指石头与石头之间几乎全部紧靠在一起，围绕一个聚点成片布置，要注意石头的大小搭配；散置石是指石头与石头疏密有致，大小相间，高低错落，若断若连布置，石头散而不乱（图7-155至图7-167）。

图7-155　留园冠云峰，有主次，景观效果好

图7-156　松石组合

图7-157　泰山石景观1

图7-158　泰山石景观2

图7-159　泰山石景观3

图7-160　泰山石景观4

图7-161　泰山石景观5

图7-162　泰山石景观6

图7-163　泰山石景观7

图7-164　泰山石景观8

图7-165　石头和松树疏密聚散、错落有致、效果协调

图7-166　石头纹理杂乱，不统一

图7-167　石头太多，无疏密聚散，无大小主次变化，不协调，效果杂乱

泰山松

第三节　泰山松石景观

　　泰山松石景观，简称"松石配"，就是泰山松与景石的组合搭配。这里的"配"，是指"配合""搭配"，是指松与石的配合。既然是配合，就有个主次问题，要么是石头配合松树，用石头去衬托松树的坚毅和坚贞，以松树为主，以石头为辅，即"石配松"；要么是松树配合石头，用松树去衬托石头的沉稳和古朴，以石头为主，以松树为辅，即"松配石"。一定要有主次，不可两强相争，二者不可兼顾。其次是注意合理搭配，一是松树之间的配植要合理，二是石头之间的配置要合理，三是松石之间的搭配要协调，四是与周围环境要协调，这里强调的是搭配和谐统一、相得益彰，并不一定也不必要是用最好的松树去配最好的石头，石头和松树只要合理搭配就可形成好的松石景观作品。

一、泰山松石景观营建原则

　　泰山松石景观营建应遵循主次分明原则、合理搭配原则、成组布局原则和背景清晰原则，以及考虑松树的形态、树势和正倚与石头的质地、大小和颜色等因素，以达到美观、适用、经济的配置效果。

（一）主次分明原则

　　泰山松石景观营造的主次分明原则是决定这组园林景观性质和地位的关键性原则。

　　松石景观的两大要素是松树和石头，首先是确定二者的主次。以松树为主，石头为配景的松树景观，在园林景观范畴中属软景，是为突现泰山松青翠飘逸的个体美或层次丰富的群体美，要以松树（孤植时）或以松树的主树（组栽时）为主，围绕这株松树为中心展开，这株松树要高大、优美，位置要在最显要的地方。而石头作为配景是为松树服务的，是为衬托松树而存在的，石头大多散置于松树根部，来衬托松树根的稳固和整组松石景观的稳定（图7-168）。以石头为主，松树为配景的置石景观，在园林景观范畴中属于硬景，这时要以石头（孤赏石）或以石头中的主石为中心展开，这块石头要厚重奇特，位置处于最重要或最显要的地方。松树作为配景不可过大和过高，大多分布于石头后面作为石头的背景，用松树的青翠来衬托石头的古朴厚重。有时松树也会散点或成组散植于石山上，主要为了增加石山的清秀和衬托山的高大雄伟（图7-169）。

　　其次是主与次之间不但要有对比，还要有统一。主景与次景（树与石或石与树）之间，主石与次石之间不但要有高低、大小、质感和色彩的对比，更要以主景为中心，各景观要素之间要有统一，要有整体感，有松树树势的统一，石头纹理的统一以及树与石的紧密融合等。

　　第三是主与次之间，各要素之间要相互呼应。无论是松配石还是石配松，松树与松树之间，石头与石头之间，松与石之间都要有呼应。每株树、每块石，树石之间不仅仅是单个元素的叠加，各要素要有高低、远近、俯仰、疏密等的呼应，是一个完整的严密的整体，松与松之间，石与石之间，松与石之间要紧密相连，气韵贯通。

图7-168　石配松，以松为主，用石头衬托泰山松之青翠多姿

图7-169　松配石，以石为主，用泰山松衬托山水之清秀

（二）合理搭配原则

泰山松石景观的合理搭配原则不仅仅是松树与松树之间的合理搭配，也不仅仅是石头与石头之间的合理搭配，还有松与石之间的合理搭配。

松与石的搭配是自然界中树与石相结合的典范，是中国古今园林中典型的自然景观和丰富的人文情怀紧密融合的产物。合理的松石搭配，犹如一幅幅优美的中国山水画卷，既有青绿山水的秀丽多彩，又具水墨山水的淡雅广阔。

松与石的搭配首先是景观中刚与柔的融合。石头古朴浑重、刚健沉稳，而松树相对于石头则飘逸潇洒、妩媚多姿，松与石的合理搭配就会刚柔相济、阴阳相衡。

松与石的合理搭配还是色彩的对比与调和。无论是灰白的湖石、黄色的黄蜡石、灰黑的黑山石，还是有黑白花纹的泰山石，石头或淡雅或鲜亮的色彩与松树如碧玉的青翠形成鲜明的对比，石衬松绿，松衬石亮，相得益彰。而松石的色彩紧密融合在一起，更显松石景观之层次丰富，松之多姿，石之恒稳。

松与石的合理搭配在于松树与石头之间大小的搭配、高低的错落、前后的交叉和左右的呼应等，每株松树、每块石头，通过合理的平面布局和立面排布，树与树之间顺势而为，石与石之间井然有序，松与石之间顾盼有情。

松与石的合理搭配还在于松树与石头之间的疏密聚散和虚实藏露安排。松树配置的疏密聚散和石头配置的疏密聚散二者紧密相融，松树密处则石密，石头疏处则松疏，聚处紧凑而不拥塞，散处疏朗而不松弛。松树和石头的藏与露，遮挡和隐藏了影响景观的缺陷，将最好的面、最主要的景观显露出来，将次要的、差的松树和石头虚化为背景，作为烘托，而将主要的、美的松和石真实表现，加重表现，虚实共存，更能突出主题，主次分明（图7-170、图7-171）。

图7-170　松石在室内的禅意搭配1　　　　　图7-171　松石在室内的禅意搭配2

（三）成组布局原则

泰山松和石头的成组布局原则是松石搭配最主要的基本原则之一，包括泰山松的成组布局和景石的成组布局以及成组的泰山松与成组的景石之间的搭配组合（图7-172）。

泰山松的配置组合，从两株（一大一小、一高一低、一正一倚或一直一曲）到三株（两株聚在一起，另外一株分散开来，可称之为两聚一散），到五株（三株一组加两株一组），直至七株、九株……都是由一加二的基本单元组合叠加而成的，一生二、二生三、三三不断，使松树组合由少到多，不断延展增加。而景石的配置也是从双置石（一主一次、一立一卧或一高一低）到三山石（一主一次一配或一立一卧一平，也是两聚一散），到五尊石（主石、副石、配石、角石和随石），直到七块、九块……也都是由一加二的基本单元组合叠加而成的，不断延展的。

这种一加二、二加三的分组叠加，才会使得松树组合和景石组合有疏有密、有聚有散、灵活多变，有规律又有章法。

当然，松树的配置和石头的配置也不是简单的叠加。一株、二株、三株、五株、七株、九株、十一株……，一块、二块、三块、五块、七块、九块、十一块……，大组分小组，小组再分组，直至一加二结构。每组的数量也是千变万化的，组与组之间的距离也是有聚散的，同时每株之间、每组之间，都是靠顾盼呼应来紧密联系在一起的。另外，所谓的叠加，也并不是原本三株，再在旁边加两株就变成了五株组合，再加两株就变成了七株组合。若只是这么简单地增加，就会使松树组合结构变得松散，疏密聚散也难以把控。因为株数的增加就会改变整组松树的结构，就可能改变整组松树的主次关系、揖让关系和呼应关系等。我们对松树组合的分组拆解分析时可以这样分解，但组合时应当从大局着眼，事先从整体上考虑布局好整组松树的主次，先做最主要的一组，然后围绕主组展开。整组松树的分组，整组松树的疏密聚散，才能使整组松树结构严谨，布局合理。景石的分组也是用同样的办法，要成组布局，围绕主石形成主组，围绕主组布置次组和配组，但一定要"攒三聚五"，三五成组。

图7-172　松树和石头成组布局

对于多株松树的组合要综合考虑各种关系，结构一定要严谨，疏密要得当，一定要注意以下问题：其一是三株不成一线，无论多少株，不管从哪个方向，三株或三株以上松树在平面布置上尽量不在一条直线上。在景石布置上称三石不成一线，三块或三块以上石头尽量不在一条直线上。其二是松树组合或石头组合的疏密、两聚一散，三加二的叠加，在三株（块）布置时可能显现得明显一些，多株（块）以后再把控这种聚合结构就会变得困难一些，因为多株（块）时株距也会相应缩小，但株与株或块与块的间距一定要疏密有致、聚散分明。其三是多株松树组合时整体树势要统一，在组合的局部可能有树势的顾盼，但不能改变整体的树势；多块石头组合时也要注意各石头走向的顾盼和呼应；石头与松树之间的走势，方向也要注意一致和呼应。

（四）背景清晰原则

泰山松石景观是一种个性鲜明、极具特色的园林景观，无论是松配石还是石配松一般都作为主景来布置。因此在景观营建时为突出其景观效果，泰山松石景观的背景和配景尤其应当注意。

首先泰山松是常绿针叶树种，在选择泰山松石景观的背景树时，应切忌使用针叶树，如雪松、白皮松等，否则就会造成针叶树之间混淆不清；其次泰山松的叶色偏深绿色，因此在选择背景树时应尽量不用深绿色树种如大叶女贞、广玉兰等，这样很容易造成背景和主景色彩上模糊不清，可以选取色叶树种和浅绿色树种来衬托；第三，泰山松为平顶松，所以背景树的冠形尽量选取尖顶或卵圆形，不要用平展树形的树种如苦楝、合欢等，要有林冠线的对比。总之，选择泰山松景观的背景林时一定要慎重，要以突出松树景观为第一要务，背景要清晰明了、简洁大方，最适合的背景树是色叶或浅色，尖顶或卵圆顶的阔叶树种，如银杏、金叶槐、紫叶李、红叶碧桃等。

同时，在泰山松石景观与背景林之间要留有适当的距离，二者要有分界，切忌混栽在一起。甚至可以不用背景林，直接用白墙或蓝天、草坪作为背景，反而显得泰山松石景观简洁大方而效果突出（图7-173）。总之要考虑背景的远近、高低、浓淡、林冠线和林缘线等，使得松树和石头成为视觉焦点，背景则相对模糊或简化，从而突出主题元素，避免背景过于复杂而分散观众的注意力。

图7-173　明晰的背景突显松石景观的简洁大方

有时根据景观需要，要在泰山松石景观中配置一些植物。但在配置植物的选择上应当尽量简洁明了，应当结合地形，以草坪为主，可以少量搭配几个金叶女贞球和红叶石楠球等造型植物，但要疏密有致。也可以结合景石，点缀几株连翘或迎春，一可丰富色彩，二可软化景石，增加松树与景石的联系；有时也可以少量配置几株小型灌木如红枫、梅花等，丰富景观内容，但一定要注意少量，切忌喧宾夺主，一定宁缺毋滥，宁少毋多。

二、泰山松石景观营建类型

泰山松石景观营建的两个要素是松树和石头，两者是有主次的，可以根据松与石的主次关系将松石景观分为两种类型：以体现松树的苍翠挺拔、遒劲多姿为主，松树周围点缀少许景石的称之为"石配松"；以石头为主，主要表现石头的精美和雄伟浑厚，松树作为背景或配景的称之为"松配石"。

（一）石配松

泰山松因姿态苍劲、刚毅挺拔、四季常青、叶翠如盖等特点，为世人所喜爱。为突现松树的英姿和坚韧，常在松树周围点缀一块或几块自然景石，即石配松的手法。在这里景石的作用首先是"衬托"，石之淡雅衬托松之青翠，石之沉稳衬托松之坚韧，用石头去衬托松树；其次是"配合"，用石头配合松树高大挺拔、破岩而出，用石头配合松树盘曲遒劲、根扎巉岩。"石配松"，通过石头的衬托和搭配，突现出泰山松的个体美和群体美，体现出松树刚毅、苍劲和挺拔的精神品质。

1. 突出单株泰山松个体美的石配松

孤植的泰山松能够使其独特的形态得到更好的展现，无论是其苍劲的枝干、浓郁的针叶，还是其适应极端环境的生命力，都能在孤植的情况下得到最大程度的凸显。用石头的沉稳厚重去衬托泰山松的古朴自然和多姿多态，用石头淡雅的灰暗色调去衬托松树的常青苍翠，皆是为突出泰山松的个体美。松树以石为根，犹如破岩而出，咬定青山不放松，使松树根深蒂固，稳如磐石，更加突现了松树的坚韧和不屈，展现了松树与自然环境的和谐共生，强调松树与自然的紧密联系和相互依存（图7-174至图7-179）。

图7-174　用石头的质感衬托松树的多姿

图7-175　泰山松傲然屹立于奇石之上

图7-176　米黄的石头衬托出松树的苍翠

图7-177　矮平的石头衬托出松树的飘逸

图7-178　石盆与泰山松的结合

图7-179　大门口的泰山松

2. 突出成组泰山松搭配美的石配松

　　每一株泰山松都有其独特的造型，都具有其个体的形态美，当然每株松树也都有其不够完美之处。而根据景观需要，两株、三株或五株松树通过高低搭配、前后错落、左右揖让和相互呼应配置在一起的松树组合，则更加强了泰山松美的特征和气势，同时掩饰了每株松树的瑕疵，使得松树景观更加完美。松树组合点缀成组的景石，更加衬托了松树景观的形态和质感，丰富了景观的文化内涵（图7-180至图7-183）。

图7-180　景石抬高了地形，使松树显得更加飘逸

图7-181　石头使松树站稳了脚跟，倾而不倒

图7-182　石头掩住了松根，增加了松树的自然野趣

图7-183　成组散置的景石衬托高低错落的三株松树

3. 突出丛林泰山松群体美的石配松

泰山松的丛林景观是一种独特优美的植物景观，在园林中被广泛应用。泰山松林清幽苍翠，夏可乘凉听松涛飒飒，冬可驻足观松雪皑皑，既有重要的生态效益，又有深厚的文化内涵。而在松林下点缀成组的景石，则会使松林愈发清秀，石头是松林有益和必要的补充。松下磐石，可静坐对弈清谈，亦可醉卧放歌阔论，营造出"偶来松树下，高枕石头眠"的悠闲意境（图7-184至图7-187）。

图7-184 景石小溪与松林浑然一体

图7-185 成组的景石与松林浑然一体

图7-186　点缀的景石与松林浑然一体

图7-187　石头与松林自然布置，浑然一体

（二）松配石

石头在园林中的应用源于人们对大自然的崇拜和中国古代以石代山的思想。置石在泰山松石景观中大多作为配景使用，多为衬托松树而存在，而以石头为主，用泰山松去衬托石头的松石景观也就是俗称的"松配石"景观，大体有两种：一是用松树衬托突出孤赏石的奇特优美和重要地位，二是用松树衬托石山的雄伟秀美和调和景观的刚柔关系。

1. 突出孤赏石的松配石

为了突出孤赏石的奇特、重要内容或重要地位，将石头放置在中心位置或最重要位置，周围衬以泰山松的松石景观。这时泰山松大多作为背景使用,一般种植于石头后面或两侧。孤赏石的配松最忌用两株相似的泰山松像门神一样分立石头两侧,这样既不能突出石头而显得主次不分,又会使得景观呆板无趣。可以选一株松树栽于石后,也可用三株大小不一的松树分置于石头的周围,但一定要前后错落、相互搭配。

根据孤赏石的景观作用,可分为三种。

(1)孤赏石具有奇特美,作为主景观:一块奇石具有美丽的花纹、典型的石质或奇异的石形等,可以单独赏玩,如具有一定的体量,就可以作为一个景点的主景观。在主景观的后面和两侧配置两株或三株泰山松,松树的秀美更加衬托出石头的奇特和壮观,两者相得益彰(图7-188至图7-191)。

图7-188 奇石在松树的衬托下更显精美

图7-189 泰山松衬托出石头的浑厚稳重

图7-190　奇石与松树相映成趣

图7-191　奇松与怪石完美融合

（2）孤赏石位置险要，作为风水石使用：一般在正对道路的尽头处或十字路口的四角绿地中常常放置一块巨石，既可以作为风水石，又可以作为景观石使用。这时在石头周围配置泰山松和其他植物景观，既可以衬托出石头的重要作用，又可以丰富景观内容，一举两得（图7-192）。

图7-192　在道路街角绿地的泰山石同时起着风水石的作用

（3）孤赏石内容重要，作为题刻石使用：在景观园林中，景石还有一个作用就是题刻，可以题刻名称用于景点或作为门牌，也可以题刻重要内容。这时在石头周围配置的泰山松则更能显现出石头的重要性，突出石头所表达的重要内容（图7-193至图7-196）。

图7-193　小区门口的奇石作为门牌石使用

图7-194　公园门口的奇石作为门牌石使用（正面）

图7-195　公园门口的奇石作为门牌石使用（背面）

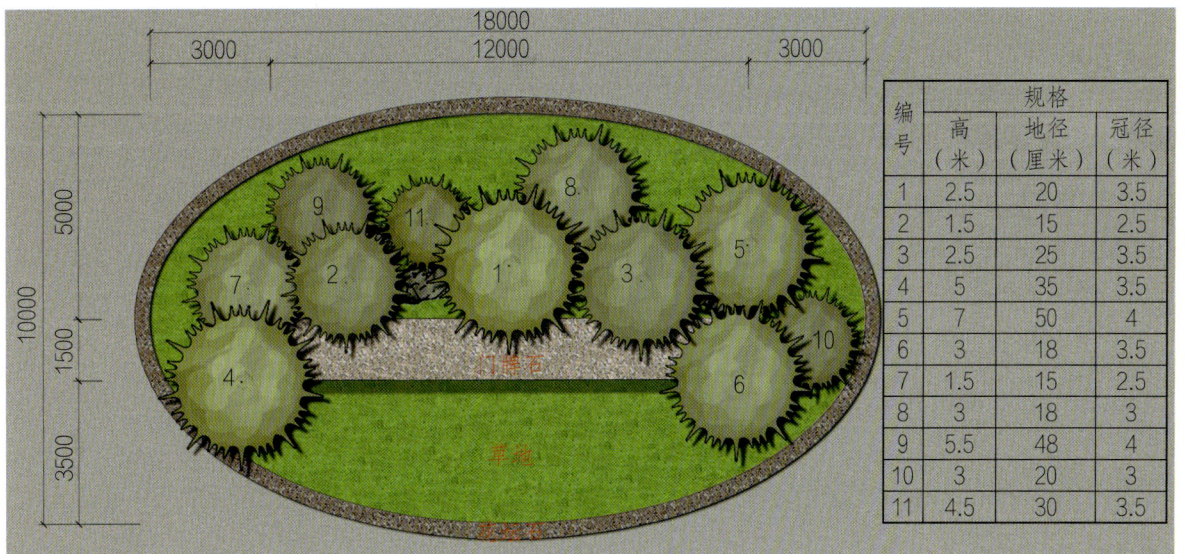

编号	规格		
	高（米）	地径（厘米）	冠径（米）
1	2.5	20	3.5
2	1.5	15	2.5
3	2.5	25	3.5
4	5	35	3.5
5	7	50	4
6	3	18	3.5
7	1.5	15	2.5
8	3	18	3
9	5.5	48	4
10	3	20	3
11	4.5	30	3.5

图7-196　公园门口的奇石作为门牌石使用（平面图）

2.点缀石组的松配石

在松配石组合中，有时一块石头由于体量偏小或形态缺陷的原因，达不到预想的气势或效果，就需要在主石旁边点缀一两块小的石头，形成石头组合。泰山松则以主石为中心，前后左右错落布置，共同衬托石头的精美和壮观。这时用来配合的小石头是起到弥补主石缺陷的作用，切忌体量过大或位置靠前，避免喧宾夺主（图7-197、图7-198）。

图7-197 群松衬托出奇石的精美

图7-198 奇石在群松中更为突出

3. 点缀石山的松配石

石头与松树的配置，是人们在长时间园林实践中师法自然的结晶，是不断探索，不断总结，不断提炼出来的经典景观组合。用泰山松装点石山，既能衬托出山体的雄伟壮丽，又能增添山的清幽秀美，松离不开山，山缺不了松，二者形影不离、相互依存（图7-199、图7-200）。

图7-199 瀑布与泰山松相得益彰

图7-200 石山上的泰山松使得整体景观刚柔相济

三、泰山松石景观评价体系

（一）泰山松配置的评价

泰山松配置的评价标准依据的原则是：①树势统一原则；②主次分明原则；③顾盼呼应原则；④疏密得当原则；⑤错落有致原则；⑥正倚搭配原则（图7-201）。

图7-201　泰山松景观

（二）景石配置的评价

景石配置的评价标准依据的原则是：①对比统一原则；②主次分明原则；③相互呼应原则；④疏密有致原则；⑤土石相融原则；⑥寸石生情原则（图7-202）。

图7-202　雪浪石景观

（三）泰山松石配置的评价

泰山松石配置的评价标准依据的原则是：①主次分明原则；②相互呼应原则；③搭配合理原则；④背景清晰原则（图7-203至图7-205）。

图7-203　泰山松石景观的正面

图7-204　泰山松石景观的侧面

图7-205　泰山松石景观的背面

（四）泰山松石景观与周围环境配置的评价

泰山松石景观与周围环境配置的评价标准依据的原则是：①背景清晰；②配景简洁；③主题突出；④与周围环境协调（图7-206至图7-208）。

图7-206　泰山松、石笋搭配的背景简洁明晰

图7-207　泰山松、石山与周边环境完美融合

图7-208 自然界中泰山松石的完美融合

松无石，不足以体现松的坚毅和苍古；石无松，不足以展现石的灵动和生机，唯有二者相辅相成，互为衬托，方能相得益彰。

松石的配置，在《园冶》中曰："岩曲松根磅礴"，就是说松树在曲岩中方显根深蒂固。明代吕初泰《雅称》有言："松骨苍，宜高山，宜函洞，宜怪石一片"，也是说松的苍劲和坚毅要用嶙峋的怪石，峥嵘的高山来衬托。日本古代造园巨著《作庭记》有言："立石以一物为倚凭，小山之前端，树之根部……等处，常依之而立石"，也是说置石宜于松之根部，松以石为根，石以松为倚。

唐代大诗人、大画家王维有众多诗句描述了松与石所创造的绝美意境。"悦石上兮清泉，与松间兮茅屋"（《送友人归山歌二首》），"闲花满岩石，瀑布映杉松"（《韦侍郎山居》），"明月松间照，清泉石上流"（《山居秋暝》），"声喧乱石中，色静深松里"（《青溪》），"飒飒松下雨，漎漎石上流"（《自大散以往深林密竹磴道盘曲四五十里至黄牛岭见黄花川》），清泉、瀑布、茅屋、明月、细雨与松石共同创造出了一幅幅静谧闲适的田园风光和桃源秘境，而这也正是现代园林所追求的山水园林意境。以松之柔衬石之刚，以水之动衬石之静。松与石，刚柔相济，动静相宜。

松配石而坚，石配松而华。

参考文献

曹南燕，陈素伟，景峰，等，1997.世界文化和自然遗产——中国风景名胜区[M].上海:上海科学技术出版社.

崔田田，2020.泰山松石美学分析及景观评价[D].泰安:山东农业大学.

池田二郎，1992.日本造园设计与鉴赏[M].陈吾，译.北京:中国科学技术出版社.

代卫英，2012.唐诗中的松意象[D].石家庄:河北师范大学.

国家林业局，2003.中国树木奇观[M].北京:中国林业出版社.

高淑珍，2022.中国山水画中"松"的表现形式研究[D].哈尔滨:哈尔滨师范大学.

计成，1988.园冶注释[M].陈植，注释.北京:中国建筑工业出版社.

江必新，2022.青松赋[N].山西市场导报（8）.

景观周，2017.松与石，园林造景的最佳CP[EB/OL].（2017-06-12）[2024-09-02].https://mp.weixin.qq.com/s/
　　uCJ8XFXOO1GbddptzLwtOg.

岭南论坛，2019.行业技术|景观置石之"一埋二选三尺度，四求趣味五类足"[EB/OL].（2019-01-22）[2024-09-02].
　　https://www.sohu.com/a/290816744_656606.

刘爱民，2012.苍松古韵[M].天津:天津人民美术出版社.

刘晖，1985.黄山松[M].北京:新华书店北京发行所.

卢晓克，2011.中国古典园林松景营建探析[D].武汉:华中农业大学.

马伯乐，2004.百松图集[M].苏州:古吴轩出版社.

毛良乾，2001.庐山古树名木[M].香港:香港文化出版社.

聂剑光，1987.泰山道里记[M].济南:山东友谊书社.

《山东森林》编辑委员会，1986.山东森林[M].北京:中国林业出版社.

山东树木志编写组，1984.山东树木志[M].济南:山东科学技术出版社.

单建军，2003.泰山松韵[M].北京:五洲传播出版社.

邵忠，2008.中国盆景艺术[M].北京:中国林业出版社.

宋朝枢，1991.山西树木图志[M].北京:科学出版社.

松风水月轩，协春园艺，2019.松石之美，师法自然[EB/OL].（2019-04-28）[2024-09-25].https://mp.weixin.qq.com/
　　s/0MWzBWNhBNfUXnwK7gFn7g.

新苗商，2021.日本园林与十大枯山水庭院[EB/OL].（2021-02-06）[2024-09-02].https://mp.weixin.qq.com/s/
　　eGVngTCTfzElD2okFUdvPQ.

新景观设计，生生景观，2023.松，刚柔并济的美[EB/OL].（2023-04-17）[2024-10-09].https://mp.weixin.qq.com/s/
　　AVwNtVmkceS-EOZTQs8WAg.

王概，2015.芥子园画谱[M].南京:江苏凤凰美术出版社.

徐昊，2020.松树盆景造型与养护技艺[M].福州:福建科学技术出版社.

徐化成，1992.油松地理变异和种源选择[M].北京:中国林业出版社.

徐晓白，吴诗华，赵庆泉，等，1994.中国盆景制作技艺[M].合肥:安徽科学技术出版社.

杨建峰，2011.中国山水画全集[M].北京:外文出版社.

杨耀，1991.杨耀泰山松写生[M].天津:天津人民美术出版社.

杨建飞，2021.宋人山水[M].杭州:中国美术学院出版社.

袁德贞，2016.园林叠山理水技艺图解[M].北京:中国林业出版社.

张杰，于东明，谷峰，2011.泰山石园林应用景观评价体系研究[J].中国园林，27（10）:80-84.

张捷，郑朝，蓝铁，2018.传统山水画[M].杭州:中国美术学院出版社.

赵庆泉，2017.文人树盆景[M].北京:中国画报出版社.

赵庆泉，2019.盆景创作笔记[M].北京:中国林业出版社.

赵庆泉，王志英，1989.中国盆景造型艺术分析[M].上海:同济大学出版社.

周郢，2015.泰山历代名画述略[J].泰安:泰山学院学报，37（2）:30-38.